潟湖生态系统综合整治研究

——以海南省典型潟湖生态系统为例

刘一霖　林国尧　文万宝 等　著

科 学 出 版 社

北　京

内 容 简 介

潟湖是海洋生态系统的重要组成部分，因其在海陆边缘、海淡水交接处，易于利用，曾一度陷入开发过度、污染突出、生态退化的困境。本书以我国海南省八门湾潟湖为研究对象，通过对水质、沉积物、生物、排污源等的多次调查结果对比，探寻潟湖生态系统变化趋势、演变规律、存在问题、治理目标、整治工程方案，提出必须严格控制陆源污染、养殖区面积，保护潟湖中典型红树林生态系统，以及合理规划用海强度，以期为我国潟湖生态系统利用和保护提供参照。

本书可供海洋学、生态学等相关领域的科研人员、管理人员阅读参考。

审图号：琼 S（2023）239 号

图书在版编目（CIP）数据

潟湖生态系统综合整治研究：以海南省典型潟湖生态系统为例 / 刘一霖等著. —北京：科学出版社，2023.10

ISBN 978-7-03-069883-4

Ⅰ. ①潟… Ⅱ. ①刘… Ⅲ. ①湖泊-生态环境-环境综合整治-研究-海南 Ⅳ. ①X524

中国版本图书馆 CIP 数据核字（2021）第 190563 号

责任编辑：孟莹莹 程雷星 / 责任校对：宁辉彩

责任印制：徐晓晨 / 封面设计：无极书装

科学出版社 出版

北京东黄城根北街 16 号

邮政编码：100717

http://www.sciencep.com

北京中科印刷有限公司 印刷

科学出版社发行 各地新华书店经销

*

2023 年 10 月第 一 版 开本：720 × 1000 1/16

2023 年 10 月第一次印刷 印张：15

字数：302 000

定价：148.00 元

（如有印装质量问题，我社负责调换）

作 者 名 单

（按姓氏拼音排序）

陈　孝	陈明和	陈小艳
纪桂红	林国尧	刘一霖
莫文渊	庞　勇	宋长伟
文万宝	叶翠杏	赵　伟

前　言

向海洋进军，加快建设海洋强国，已经成为新时代我国海洋事业发展的目标取向。必须进一步关心海洋、认识海洋、经略海洋，加快海洋科技创新步伐，保护海洋生态环境。潟湖是由沿岸沙嘴、沙坝或滨外坝等围拦海湾、河口或其他浅海水域形成的半封闭或封闭性浅海水域，是重要的海岸湿地类型，是生产力高、生物多样性强的生态系统，具有重要的生态、经济和社会价值。改革开放40多年来，人们对潟湖的开发日渐增多，在自然环境演变和人为过度利用的状况下，潟湖面积逐渐缩小，部分潟湖甚至已经消亡，成为一种十分稀缺的自然资源，亟须采取有效的管控措施。近年来，国内外学者逐渐意识到潟湖生态系统的重要性，从沉积物、波浪、潮流、泥沙等多个方面开展研究。许多学者探索和尝试使用不同方法对国家级尺度、省级尺度、区域尺度的潟湖生态系统及其价值进行评估研究。但是，由于潟湖越来越少，对潟湖生态系统的研究非常少，且这些研究大多集中在某一个时间点的特定区域的潟湖，对潟湖生态系统的时间和空间变化研究则更少，很难探寻其变化趋势。为此，本书基于2015年海南省本级部门预算项目“海南省潟湖综合整治示范研究——以八门湾为例”，以潟湖生态系统为切入点，以海南省（不含南海诸岛）典型潟湖生态系统为研究对象，通过历史和现状调查数据对比研究，合理地评估当前潟湖生态系统受社会经济发展和人为干扰产生的变化，分析其变化趋势、演变规律、存在问题及原因，提出整治的目标和方案，为未来合理有效地保护和利用潟湖资源提供参照。

感谢在本书完成过程中所有参与人员的辛苦付出，以及海南省海洋与渔业科学院、中国海洋大学、国家海洋局海口海洋环境监测中心站对作者的全力支持。

由于水平有限，书中难免存在不足及数据未及时更新等问题，敬请广大读者批评指正。

刘一霖

2022年12月于海南海口

前言

目　录

第 1 章　潟湖生态系统基本情况

1.1　潟湖的形成与演变

1.1.1　潟湖的组成

潟湖原为海域的一部分，是由沿岸沙嘴、沙坝或滨外坝等围拦海湾、河口或其他浅海水域形成的半封闭或封闭性浅海水域，它一般由沙坝、潮汐通道和纳潮盆地三个部分组成[1]（图 1-1）。

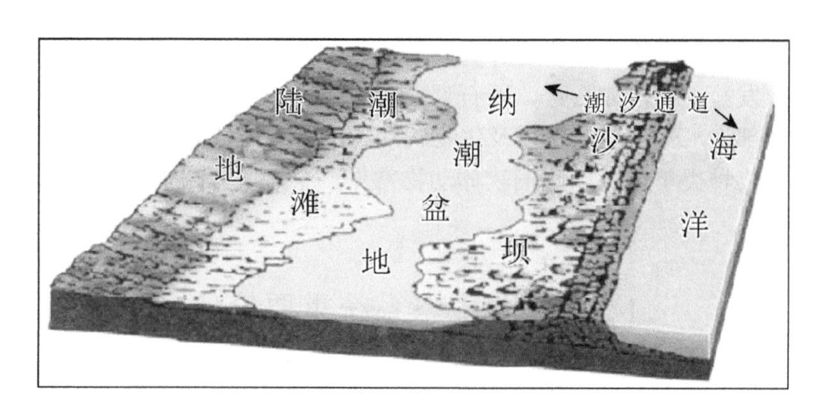

图 1-1　沙坝、潮汐通道和纳潮盆地示意图

沙坝是整个沙坝-潟湖体系的基干，是沙坝-潟湖体系变化发展的核心[1]。沙坝根据成因划分为滨外坝、沙嘴、连岛沙坝三种类型。

潮汐通道是潟湖与外海进行水体交换的通道，主要由口门深槽、落潮三角洲和涨潮三角洲组成，其水体交换能力直接影响潟湖水质的好坏[1]。

纳潮盆地包括潮滩和水下浅滩，由沙坝与外海相隔，其不仅受潮汐潮流等海洋水动力的影响，还受陆地沉积和生物活动的影响[1]。

1.1.2　潟湖的形成原因

第四纪冰期后（公元前 7000 年～前 6000），随着海平面上升，全球很多沿海地区形成与岸线平行的长形堆积体，俗称为障壁岛。障壁岛把沿岸部分水域与海洋隔离，水体交换借助障壁通道，被隔离的沿岸部分水域即发展为潟湖。

潟湖的形成通常需要适宜的天气支持。尤其是干旱、半干旱环境，雨量充沛，水系发达，才能保障潟湖形成，并不易被淡化。潟湖的寿命很短，许多潟湖已演变为淡水湖，或因淤积堵塞水浅演变为沼泽。在某些无遮蔽岸段，因波浪剧烈的作用或沙坝体受破坏，或沙坝体受波浪的推动向岸侧变迁而使潟湖消亡。

1.1.3 潟湖判别标志

潟湖判别标志如下。

（1）在剖面中常处于陆相地层和海相地层之间，并与障壁岛沉积共生。

（2）沉积体呈板状平行岸线分布，单个层序厚度多小于 10m，面积为数平方千米至数十平方千米。

（3）靠障壁一侧为砂，富含介壳碎屑，内部为富含有机质或泥炭的粉砂和黏土，并含蒸发盐矿物，如石膏、硬石膏、岩盐等。

（4）中部为水平层理构造以及生物扰动构造，近障壁处有小型交错层。

（5）生物种类单调，以底栖软体动物常见，个体发生畸变，反映了咸水及超咸水的环境[2]。

1.2 潟湖生态系统重要价值

潟湖不仅是海洋与陆地的缓冲地带，还是侵蚀和沉积过程的平衡地带[1]。潟湖生态系统具有极高的生态、资源、环境功能以及科研和休闲旅游价值。主要体现在以下方面。

（1）防洪抑洪与调节洪水功能。潟湖能吸收和储存洪水、调节水位，改变洪峰高低和行洪过程，阻缓洪水速度，减少灾害。

（2）防潮护岸功能。潟湖外围沙洲可防止台风、风暴潮侵蚀冲刷海岸，起到保护海岸的作用。

（3）天然的养殖场功能。潟湖是鱼、虾、贝和螃蟹的孕育场，也是邻近渔民的天然养殖场，具有渔业资源养护及捕获等功能[3]。

（4）渔港建设良址功能。由于潟湖外侧往往有沙洲作为防波堤，其内风平浪静，因此有时可以改建为人工港[3]，如新村中心渔港、白马井中心渔港等。

（5）生态功能。潟湖湿地资源丰富，可作为野生动植物栖息地，同时具有净化水质的功能。

（6）科普观光和旅游游憩的功能。潟湖自然风景宜人，适合开展科普观光和旅游休闲活动。

1.3　我国潟湖生态系统基本情况

我国有漫长的海岸线和辽阔的海洋，具有众多的潟湖，潟湖多在港湾基础上和沿岸泥沙漂运丰富的条件下形成，如海南的万宁小海、文昌八门湾、陵水新村港和黎安港，广东的茂名水东港、陆丰甲子港、汕尾品清湖，山东的日照万平口、荣成天鹅湖，福建的厦门五缘湾等。

从潟湖历史变迁看，据不完全统计，1979 年，我国大陆海岸潟湖岸线总长度为 2692.62km，总面积为 1092.8km^2，岸线最长的大陆海岸潟湖是水东港潟湖，岸线长度为 97.80km，面积最大的是埕口潟湖，面积是 69.53km^2[4]。1979 年，从各省（自治区、直辖市）潟湖岸线长度方面来看，广东省的海岸潟湖岸线最长，为 1174.90km，占我国大陆海岸潟湖岸线长度的 43.6%；山东省次之，岸线长度为 718.30km，占我国大陆海岸潟湖岸线长度的 26.7%；辽宁省位居第三位，岸线长度为 445.70km，占我国大陆海岸潟湖岸线长度的 16.6%[4]。1979 年，从各省（自治区、直辖市）潟湖面积方面来看，广东省的海岸潟湖面积最大，为 474.33km^2，占我国大陆海岸潟湖总面积的 43.4%[4]；山东省次之，面积为 276.94km^2，占我国大陆海岸潟湖总面积的 25.3%；河北省位居第三位，面积为 200.02km^2，占我国大陆海岸潟湖总面积的 18.3%。

2000 年，我国大陆海岸潟湖岸线总长度为 2513.55km，总面积为 947.85km^2[4]，较 1979 年分别减少了 179.07km 和 144.95km^2。岸线最长的大陆海岸潟湖依旧是水东港潟湖，岸线长度为 95.81km；面积最大的是埕口潟湖，面积是 58.79km^2[4]。但是，都存在岸线长度和面积缩小等问题。可以说，在自然环境演变和人为过度开发利用下，人们对潟湖的开发利用日渐增多，潟湖湿地面积逐渐缩小，部分潟湖甚至已经消亡。潟湖生态系统已经成为一种十分稀缺的自然资源，如果不采取有效的保护措施，潟湖的生存状态将会面临更加严峻的考验。

1.4　保护及治理潟湖生态系统的必要性

党的十八大以来，党中央、国务院高度重视生态文明建设，先后出台了一系列重大决策部署，提出了“五位一体”的总体布局。2015 年 7 月印发的《国家海洋局海洋生态文明建设实施方案》（2015～2020 年），提出了 4 个方面共 20 项重大工程项目，包括“蓝色海湾”“银色海滩”“南红北柳”“生态海岛”四大治理修复类工程。《中华人民共和国国民经济和社会发展第十三个五年规划纲要》第九篇第四十一章第二节明确提出“实施‘南红北柳’湿地修复工程和‘生态岛礁’工程”，第三节提出开展“蓝色海湾整治”等海洋重大工程；第十篇第四十五章提出“加强生态保护修复”。习近平总书记在党的十九大报告中提出了“加快生态文明体制改革，建设美丽中国”，部署了“推进绿色发展”“着力解决突出环境问题”“加大生态系统保护力度”“改革生态环境监管体制”四项举措，指出了“必须树立和践行绿水青山就是金山银山的理念”，并明确要求“加大生态系统保护力度”。

由于大规模围垦、养殖不合理开发应用，潟湖生态环境恶化趋势日益严重，潟湖资源遭受到极大的破坏并濒临消亡，开展潟湖生态系统的保护与治理迫在眉睫。因此，应当充分借鉴国内外潟湖（湖泊）整治的成功案例，准确掌握我国潟湖现状、存在问题及原因，从潟湖附近海域的海洋生态环境、水动力及泥沙运动、海洋地质地貌、开发利用现状等方面开展调查和研究，科学制定有针对性的综合整治措施和适度利用方案，为潟湖保护以及领导决策提供依据。

另外，开展潟湖生态系统的治理与保护是一项系统工程，应从水动力研究的角度，分析其变化趋势、演变规律、存在问题及原因，提出整治的目标和方案。通过现场踏勘和对出（入）海口海域的潮流、潮汐、水位特征和波浪等海洋动力作用的研究，以及对历史地形图的比较，分析滩涂、河口、潮汐通道、口门的变化趋势、演变规律、存在问题及形成原因，提出整治目标和方案。从保护水体环境的角度，分析潟湖生态系统水体环境现状、存在问题及原因、治理目标和方案。通过对陆源污染排入调查分析，结合水质、沉积物、生物等的调查结果，探寻潟湖生态系统水体环境现状、存在问题及污染原因，提出加强水体自净能力的目标和治理方案。从保护红树林等典型植被角度，分析潟湖生态系统生态环境及资源现状、存在问题及原因，提出整治目标和方案。从整治效果的角度，评估潟湖生态系统治理实施后，水体和生态环境改善的效果和作用。

因此，加快实施潟湖生态系统保护与整治，既是进一步遏制潟湖生态环境恶化的迫切需要，也是践行生态文明理念的现实需要。

第2章　国内外潟湖综合整治成功案例

鉴于我国潟湖治理成功案例较少，本章在阐述日本琵琶湖和中国无锡五里湖两个淡水湖作为水治理成功案例的基础上介绍厦门五缘湾潟湖治理。

2.1　日本琵琶湖治理案例分析

2.1.1　琵琶湖概况

琵琶湖是日本第一大淡水湖，也是日本最古老的湖泊，位于日本京畿地区滋贺县中部，水面面积约674km^2，容积为275亿m^3。琵琶湖是1400万人生活用水的来源地，也是农业用水和工业用水的重要来源[5]。

1930年琵琶湖还属于贫营养的湖泊[5]，但从20世纪60年代开始，随着日本经济高速增长，人类生活方式和社会生产活动发生巨大改变，琵琶湖的自然面貌发生了很大的变化，琵琶湖的环境遭到了严重污染和破坏，水质变差，浅水区更是堆满了漂浮的各种生活垃圾[6]。到70年代早期，琵琶湖水质污染达到了高峰，取自琵琶湖的水有明显臭味，1977年琵琶湖发生了淡水的赤潮现象，并在随后的近10年内频繁发生，从1983年开始南湖沿岸还产生了绿藻[5]。从1972年起，日本政府全面启动了“琵琶湖综合发展工程”，历时近40年，使琵琶湖水质由地表水质五类标准提高到三类标准。

2.1.2　琵琶湖水质恶化原因分析

造成琵琶湖水质恶化的主要原因如下。

一是随着城市化和工业化的发展，人类社会生产活动和生活方式发生剧烈改变，城市工业和生活污染物排放量增加，农业污染排放和水土流失未加治理，使得湖体水质与湖区自然环境、景观和生态水循环等恶化的情况日益明显，加之湖体本身封闭性较强，对污染物的承载能力较弱。

二是当时缺乏综合保护措施。到20世纪60年代，琵琶湖的环境负荷已经超过湖水的承载能力，传统的保护方式和仅以政府为主的单一保护方式已无法改善水环境的自循环功能。在这一背景下，滋贺县政府于1972年制订了琵琶湖综合开发计划，以防洪、水资源利用和环境保护为三大支柱，实施了共25年的综合开发项目，取得了明显成效。

三是当时缺乏完善的法规体系。在1972年制订琵琶湖综合开发计划之前，滋贺县政府在1965年出台了《县自然公园条例》，1969年出台了《县公害防止条例》，并公布了《琵琶湖综合开发特别措施法》等，琵琶湖的管理法规才得以逐步完善，并起到良好的约束作用[7]。

2.1.3 综合治理措施

1. 制定有关法规和条例

滋贺县政府十分重视对琵琶湖管理相关制度的建设，先后出台了《水质污染防治法》《排水条例》《琵琶湖富营养化防治条例》《湖泊水质保护特别措施法》《水质污染防治法实施令》《环境基本法》《生活排水对策推荐条例（清水条例）》等相关的法规、制度和条例。《琵琶湖富营养化防治条例》对工厂和事业单位制定了严格的排水基准值，特别是氮和磷的排放浓度的限制；同时在法律上禁止了含磷合成洗涤剂的使用。《琵琶湖富营养化防治条例》号召人们对一味追求物质丰富和生活便利的现代生活观念进行反省，强调应该在自然和人之间建立一种和谐的关系，同时要求行政部门、企业和民众共同努力保护琵琶湖[7]。

2. 制定具体排水负荷削减措施

生活排水负荷削减的一个重要对策是进行高度的末端处理，处理手段主要是加强下水道建设和合并处理净化槽。工业排水负荷削减对策主要有两个：一是设立排水基准，对不同行业、不同排水量规模的企业分别做排水基准限制，并区分新设企业和既有企业的规定，对新设企业实行更严格的污染排放限制；二是采用低利融资制度，政府实施针对脱氮除磷专项融资制度，中小企业如果进行处理设施建设，可得到长期低利的融资。农业排水负荷削减对策有：进行施肥量的削减，提倡施肥方式从重点施基肥改为重点追肥；改良施肥方法，普及全层施肥方式，普及施肥田植机，提高施肥效率；对土壤进行相应的管理；对灌溉用水和排水进行相应的管理；在施肥期间防止污水流出等[5]。

3. 工程措施

1）污水处理工程

琵琶湖的首要污染源是生活污水，工业污水和农业污水次之。由于工业污水经企业内部处理后均达到比较严格的地方污水排放标准，工业污染源基本得到控制，污染源控制措施主要集中在生活污水的处理上。为保护琵琶湖水质，有效削减生活排水相关污染负荷，日本政府开展了以修建下水道为主的工作。为保护农业用水水质及改善农村生活环境，促进琵琶湖等公共水域的水质保护，以一至数个村落为对象，修建了小规模下水道及农村排水处理设施。为削减降水时市区屋顶和路面流出的污物，2003 年区域内修建了 1200 亩（1 亩≈666.67m^2）的集水区域，将 5mm 的初期降水量引入城市下水道中的市区排水蓄积沉降池，进行植被净化、接触氧化及土壤净化。为减少进入琵琶湖污染物的负荷，日本政府还采取了对入湖河道、湖泊重点污染区域进行疏浚和用砂覆盖底泥等措施[7]。

2）湖岸保全工程

对琵琶湖湖边平地的开发，各支流带来的泥沙淤积，湖边平地构架被破坏，这些都使自然湖岸不断遭受侵蚀，对生态系统、水质和自然景观有较大的负面影响。保护和恢复自然湖岸主要进行了前海边的保全和改造、琵琶湖沿岸地带的保护，并实施了相关工程措施[7]。

3）洪水防治工程和水利用工程

在治河防洪方面，琵琶湖的水位调控幅度得到了提升，即使水位上升幅度增加，洪水灾害发生的概率也大幅减小。为了抵御洪水，在琵琶湖四周低地设立了堤防和排水排涝设施，将受灾程度降至最低。为了预防折弯、河底较高的河川泛滥，滋贺县政府开展了浚深河床、拓宽河道等河道整治工程。濑田川是琵琶湖的唯一出口，通过拦河大坝重建、航道整治，以及取水设施的建立，琵琶湖的供水量大幅度增加并确保了生活及生产等所需的供水[7]。

2.1.4　治理效果

经过多年努力，琵琶湖的治理取得了良好的效果，生物多样性增加，有超过 1000 种动植物生长在其中，鱼类约 46 种，贝类约 40 种，水草约 70 种，被称为日本淡水鱼的宝库，琵琶湖的淡水珍珠养殖也十分有名。1950 年 7 月 24 日，日本成立琵琶湖国家公园，1993 年琵琶湖列入《国际重要湿地名录》，2003 年《琵琶湖观光利用条例》施行[7]。

2.2　无锡五里湖治理案例分析

2.2.1　五里湖概况

五里湖是太湖梅梁湖伸入陆地的一片水域，中间有大堤与太湖隔开，大堤上有闸，只要关闸，五里湖和太湖就不流通，因此五里湖类似于一个独立的湖泊。五里湖是著名的风景旅游区，治理前水面面积 5.15km^2，东西长约 6.0km，南北宽 0.3～1.5km，平均水深 1.8m，蓄水 840 万 m^3[7]。

2.2.2 存在问题及原因分析

（1）湖水污染严重。河道带入大量工业、生活、种植（养殖）业污水，约360万m^3淤泥被二次污染，周边3000多亩鱼塘被污染，湖中6000亩围网投饵养鱼场受到污染，藻类和其他生物受到污染。大量生活污水排放也是五里湖水质逐年恶化的主要原因。

（2）底泥淤积，污染严重。20世纪五六十年代，湖中淤泥完全被农民用作农田有机肥，80年代因大量使用化肥，湖泥大量积存。五里湖淤泥厚0.2～2.0m，淤泥总量约360万m^3，淤泥中营养盐含量较高，有机质、总磷（total phosphorus，TP）、总氮（total nitrogen，TN）的监测平均值分别为4.037%、0.261%、0.119%。

（3）圈围现象比较严重。围湖造地、造塘工程使湖面缩小近一半，围湖造地和大规模水产养殖占用了大量湖面，而且鱼塘的废水及污泥进入湖泊，成为五里湖重要的污染源，同时也破坏了自然湖岸的景观和生态系统。

（4）五里湖是一个相对封闭的水域，水体流动少，自净能力差[7]。

2.2.3 综合治理措施

按照治标与治本相结合、工程措施与非工程措施相结合的治理原则，采取“截污、生态清淤、退渔还湖、动力换水、建闸挡污、湖岸整治、生态修复”等综合措施，实现治理目标。

（1）截污：将五里湖周边旅游景点、宾馆、饭店、企事业单位等产生的污废水截入地下污水管道，接入芦村污水处理厂处理，实现达标排放。

（2）生态清淤：对五里湖湖区（面积5.15km^2）及长广溪北段水域（面积0.45km^2）进行清淤，清淤厚度0.2～0.7m，清淤总量240.1万m^3，总计清淤有机质、TP和TN分别为1394.80t、90.18t和41.11t。

（3）退渔还湖：五里湖湖区各类养殖鱼塘共有3125.9亩，将上述鱼塘全部清退，并按照规划部门提供的规划岸线，对养殖鱼塘进行还湖。退渔还湖后，湖面面积共7.60km^2。

（4）动力换水：五里湖水质较差，实施换水工程，将水质较好的湖水换入五里湖，可以改善五里湖水动力条件，有利于水质改善。

（5）建闸挡污：环湖河、小渲港、陆典桥浜、蠡溪河、骂蠡港、曹王泾、长广溪等入湖河道水质很差，均为Ⅴ类或劣Ⅴ类。改善五里湖水环境，同时配合换水工程，在各入湖河道建节制闸控制。

（6）湖岸整治：根据湖岸现状及生态修复的要求，结合五里湖地区概念设计规划，确定对 19.4km 范围内的湖岸进行整治。护岸以斜式土坡为主，局部地段采用浆砌块石挡墙。同时清理杂乱脏差的湖岸，还五里湖岸清水秀的面目。

（7）生态修复：五里湖呈现严重的富营养化状态，有益生物类群的数量逐渐减少，需要在人工的帮助下，重建和恢复水生生态系统。根据五里湖治理分区规划，将生态修复划分为先锋恢复区、重点治理区、景观旅游区、湖滨浅水区以及保留区，以恢复沉水植被为主。生态修复工程通过人工辅助手段共计种植面积为 2.33km^2 的水生植被，占退渔还湖后湖体总面积的 30.7%[7]。

2.2.4　治理效果

五里湖疏浚区的水质监测数据显示，总磷和高锰酸盐指数有较为明显的降低，表征水体洁净程度的透明度指标也有升高的趋势，基本能达到 50cm 左右。疏浚后五里湖表层底泥污染物含量比疏浚前有较大程度的降低，有效地抑制了底泥污染物向上覆水体的释放。经过整治，水生生态系统得以恢复，生物多样性指数达到中等，水生植被覆盖率大于 20%，湖周边植被覆盖率达 50%～60%，水质明显得到改善，已建五里湖生态湿地公园[7]。

2.3　厦门五缘湾治理案例分析

2.3.1　五缘湾概况

五缘湾湿地公园是厦门最大的主题生态公园，被喻为厦门独一无二的“城市绿肺”，它位于厦门市五缘湾片区南部，全园南北长约 3km，东西宽约 0.5km，用地范围内地势平坦，标高在 0～12m，东南地势较高，中部及北部地势较低，总占地面积为 92 万 m^2[8]。

2.3.2　存在问题及原因分析

修复前五缘湾湿地的主要问题如下。

（1）植被单薄，品种单一。修复前现场保留一些木麻黄、果林和朴树林，整体植物单一，生态系统脆弱。

（2）水体污染严重。周边主要存在一些砖厂、电镀厂、村庄和农田，很多工厂废水、居民生活污水以及农药化肥残留物直接排放到湿地中，导致水体污染严重。

（3）水体盐碱度偏高。受海水影响，涨潮的时候海水倒灌，导致湿地内的水含盐量偏高。

（4）人文服务设施单一。公园内有三个破旧的庙宇，没有其他人文服务设施[8]。

2.3.3 生态修复目标

通过水体的整治和植物的补充种植，改善水环境和增加植物郁闭度，从而改善湿地公园的生态环境，吸引更多的鸟类及其他生物，修复湿地生态系统，使其更加完善，同时适当结合一定的休闲服务设施，为人们提供认识湿地、了解湿地、宣传湿地、热爱自然、亲近自然、回归自然的场所[8]。

2.3.4 综合治理措施

（1）规划分区。根据湿地保护及功能的要求，将公园划分为五个区：①核心无人保护区，以原生态保护为重点，主要是为鸟类提供安全完整的活动空间；②核心外围保育区，以修复和保护为主；③生态游憩区，以游览、旅游、休闲、度假为主；④生态湿地游览区，以娱乐、科普、展示、生态净化为主；⑤游客服务区，为游客提供服务和湿地展示宣传。

（2）文化多样性及生境多样性的保护。湿地内原先存在的一些庙宇通过修缮和改建，使庙宇文化得到更好地发挥。同时，随着湿地的建设完善，各种湿地相关的文化活动也相继开展，满足人们对湿地文化的多样性需求；对五缘湾湿地具有海湾、鱼虾池、农田以及丘陵低山生态环境的树林等多样的生境进行保护性的修复建设。

（3）水体修复。根据五缘湾湿地公园地形、地势、污染源分布特点、水文特征，结合公园整体设计规划及建设成自然生态系统公园的要求，采用底泥矿化处理、微生物净化、人工浮岛净化、生物栅、增氧推流、复合滤床处理、人工湿地等生态修复技术措施，通过多个污染点逐步改善、修复、重建，最终实现水质改善。例如，设计制造了总面积达到1000m^{2}的125个花瓣形人工浮岛，分散性固定在水系湖区；在湿地公园东侧，结合迷宫景观，设置了一个面积为2400m^{2}的人工湿地。通过水生植物根部的吸收、吸附和根际微生物对污染物的分解、矿化以及植物化感作用，削减水体中的氮、磷等营养盐和有机物，抑制藻类生长，净化水质，恢复洁净好氧湖泊生态系统。

（4）植被修复。植物品种的选择上，在保护原有植物的基础上，以乡土树种为主，补种一些适合湿地生长的植物，如水生植物、临水植物以及耐盐碱植物等，同时在一些关键位置适当增加一些开花等观赏性植物。在植物群落上尽量做到层次丰富，植物品种多样，完善植物整体生态功能。

（5）生态护岸。在保持原有曲折的河岸线基础上，采用植被生态护岸。主要采用乔灌混植以及各种水生植物的组合搭配，从水生植物向陆生植物延续，利用植物舒展而发达的根系稳固堤岸，完美地将护岸与大自然融为一体。

（6）旅游休闲设施。园区内根据服务功能需要布置一些园路、木栈道、景亭、生态净化池、鸟巢和服务房等，在材料选择上采用风格统一、易融于环境的天然材料，如木材、石材等，同时在造型设计上也贯彻生态节能的理念，在符合现代审美要求的基础上尽量减少能源消耗。

（7）组织科普宣传及科研活动。在满足湿地生态景观功能的基础上，通过开展各种科普、科研等宣传活动，使湿地更具主题化、生态化。例如，设置关于湿地方面知识的介绍、湿地生态系统观测、水质监测试验为主的科研展示活动或以湿地景观体验、湿地植物观察、鸟类观察等为主的体验活动；抑或以展示湿地净化过程等为主的认知活动[8]。

2.3.5 治理效果

（1）改善水质。治理前，湿地水系主要水质指标超过地表水劣Ⅴ类标准，其中氨氮（NH_3-N）、总氮（TN）、总磷（TP）、化学需氧量（chemical oxygen demand，COD）平均指数分别是Ⅴ类标准的 6 倍、7.6 倍、5 倍、2.5 倍以上，水体处于严重富营养化状态，局部水域颜色从淡绿色转为灰绿再变为深绿色，最后变为暗绿发臭状态。经过治理，至 2009 年 9 月，湿地水系整体水质均达到Ⅴ类标准，实现了生态系统平衡，基本恢复了水生态自净功能。

（2）植被覆盖率提高，生物多样性提升。通过整体植物规划设计，已形成不同种类的植物分区，有水生植物区、木麻黄林保护区、朴树林保育区、诱鸟植物区、开花植物区等，目前湿地公园植物群落已基本成型，植物品种多样。同时，利用昆虫、鸟类、风力、流水等自然力量带来更丰富的植物资源，形成具有自我更新能力的湿地生态群落。

（3）海岸湿地鸟类多样性得到保护。厦门观鸟会的会员通过观察发现，尽管五缘湾周边进行了较大规模的房地产开发，但是由于建立了湿地公园，鸟类的种群数量并没有明显减少，从 2007 年开始对五缘湾进行鸟类的持续观测，至 2010 年 3 月，记录到的鸟种已经超过 100 种。对照五缘湾区域生态修复前的鸟类资源本底调查（9 科 25 种湿地水鸟和 17 科 29 种山林及农田鸟类），说明五缘湾海岸湿地鸟类多样性得到了保护。

（4）文化服务功能大幅提升。经过湿地公园建设，五缘湾已成为厦门市市民的又一旅游休闲观光热点、科普教育基地[8]。

2.4 案例启示与经验总结

分析上述案例，得到以下启示。

（1）潟湖（湖泊）治理是一项长期、复杂和艰巨的任务。从琵琶湖治理案例来看，1972 年滋贺县制订了琵琶湖综合开发计划，1987 年、1993 年、1997 年分别制定了三期水质保全计划和未来发展规划。琵琶湖被污染后，日本政府花了 30 年时间恢复水质。一般来说，潟湖（湖泊）治理需要十几年甚至几十年的时间，生态系统恢复需要更长时间，因此潟湖（湖泊）治理是一项长期、复杂和艰巨的任务。

（2）政府要充分重视并在财政上提供有力保障。日本琵琶湖治理能够取得一定成效，其中主要的原因就是滋贺县政府高度重视，并付出巨大努力。在法律条例制定上执行严格的标准；在机构设置上政府主要部门牵头多部门协同发挥作用；琵琶湖被污染后，日本政府共投入 180 亿美元，在财政政策上给予大力支持，使治理工作顺利进行。

（3）潟湖（湖泊）治理不能通过单一手段完成。潟湖（湖泊）是一个由物理环境、化学物质、生态系统共同组成的复杂体系，要使潟湖（湖泊）总体环境根本好转，应以总量控制为目标，在全流域控源、截（挡）污、清淤、退塘、修复水体、修复生态、提高公众环保意识等，软硬措施相结合，不能单靠某一措施。

（4）生态的概念贯穿于规划、设计、施工等各个环节之中。五缘湾综合整治基本上能做到以尊重现状的生态环境为前提。生态城市的建设，不仅仅要抓项目事前、项目事中环节，更重要的是项目事后环节有效的科学管理，只有这样才能真正将规划引导落地并最终实现目标。

（5）预防为主，保护优先，环境保护与经济发展并进。从上述案例来看，潟湖（湖泊）都是先污染、后治理的传统治理模式，随着人口增多，经济快速增长，若污染治理和环境保护相对滞后，导致水环境恶化升级，生态环境破坏严重，届时再投入大量资金对其进行长时间整治，将是亡羊补牢的做法。因此，潟湖的治理应与经济发展同步进行，预防为主、保护优先，从源头减少污染和破坏的产生。

第 3 章　海南岛潟湖概况

3.1　自然环境概况

3.1.1　地理位置

海南岛面积在 500hm^2 以上的潟湖有海口市和文昌市交界的东寨港、文昌市的八门湾、琼海市的沙美内海、万宁市的小海、万宁市的老爷海、陵水黎族自治县（简称陵水县）的黎安港、陵水县的新村港、三亚市的铁炉港、儋州市的新英湾和澄迈县的花场湾，具体见表 3-1。

表 3-1　海南岛 500hm^2 以上潟湖面积表

序号	潟湖名称	所在市（县）	面积/hm^2
1	东寨港	海口市、文昌市	6214.32
2	八门湾	文昌市	3965.64
3	沙美内海	琼海市	841.78
4	小海	万宁市	4440.97
5	老爷海	万宁市	575.16
6	黎安港	陵水县	872.48
7	新村港	陵水县	2142.83
8	铁炉港	三亚市	871.40
9	新英湾	儋州市	4915.16
10	花场湾	澄迈县	1437.30

注：表中潟湖面积数据来源于海南省 908 岸线调查潟湖段数据。

3.1.2　地形地貌

海南岛形似一个呈东北至西南向的椭圆形大雪梨，总面积（不包括卫星岛）约 3.39 万 km^2，是我国仅次于台湾岛的第二大岛。整个岛屿地势中间高周围低，以岛中部的五指山为中心，向周围逐渐形成山地、丘陵、台地、平原的环形地貌[9]。在区域性的地质构架基础上，经冰后期海侵[3]，在海洋动力和河流动力的共同作用下，形成了港湾、潟湖，并在沿岸发育了砂质海岸、基岩海岸和珊瑚礁、红树林生物海岸地貌。

3.1.3 潮汐波浪

潟湖主要形成于浪控海岸，又靠潮差来维系[4]。波浪推动泥沙运动并在合适的动力条件下沉积，泥沙做向岸或沿岸运动形成潟湖，潟湖在中等偏下潮差的海岸易于保持[4]，潮差过大会影响沙坝的形成，潮差过小，泥沙容易在纳潮盆地中淤积，影响潟湖内水体与海洋的交换，最终会导致潟湖消亡。海洋水动力条件是潟湖湿地发育的主要控制因素，潟湖的发育取决于波浪和潮汐的强度比，1/10 大波波高（平均波高）与平均潮差之比接近于 1 时，容易发育潟湖[10]。

海南岛周边近岸海域潮汐和波浪特征如表 3-2 所示。由表可见，海南岛沿岸潮差的基本特点是东部、南部潮差比较小，西部、北部较大。海南岛北部以偏北向浪为主，东部和南部以偏南向浪为主，平均波高均在 1m 以下。东部、南部海域平均波高潮差比相对接近于 1，反映在海南岛环岛潟湖分布上，以东部、南部为主，西部、北部较少。

表 3-2 海南岛周边近岸海域潮汐和波浪特征 （单位：m）

海域	潮汐		波浪		波高潮差比值
	平均潮差	极端最大潮差	平均波高	最大波高	
北部海域	1.11	2.90	0.5	3.0	0.45
东部海域	0.73	1.90	0.9	4.0	1.23
南部海域	0.79	2.03	0.7	7.0	0.89
西部海域	1.47	3.40	0.8	6.0	0.54

注：潮汐、波浪数据来自《海南海情》，海南省海洋与渔业厅，2010 年 6 月。

3.1.4 水系

海南岛地势中间高周围低，水系为海岛独立水系。全岛有 154 条河流呈辐射状向四周独流入海，或形成入海河口，或汇入潟湖水域后经潮汐汊道与外海连通，如文教河、文昌河汇入八门湾，万泉河注入沙美内海，龙首河注入小海等，汇入潟湖的主要河流及其特征如表 3-3 所示。在潟湖的形成和演变过程中，波浪作用强，河流动力相对较弱，河口湾表现为波优型特征，如老爷海、黎安港、新村港等潟湖基本无河流注入。

表 3-3　汇入潟湖的主要河流及其特征

河流名称	长度/km	流域面积/km^2	平均流量/(m^3/s)	年径流量/($\times10^9$m^3/a)	河床平均比降	总落差/m	汇入的潟湖
演州河	50	253	—	—	0.0018	148.3	东寨港
演丰东河	31.5	76.7	—	—	0.001	53.4	
演丰西河	20.3	53.9	—	—	0.00106	51.6	
罗雅河	23.4	51.7	—	—	0.00185	85	
文教河	51	523	13.55	4.27	0.00117	65.7	八门湾
文昌河	49	345	16.34	3.62	0.0017	84.7	
万泉河	156.6	3693.22	164.41	51.39	0.0112	523	沙美内海
龙滚河	47.4	214	4.1	—	0.0208	642	
九曲江	49.7	277.62	11.4	—	0.008	67.98	
文曲水	9.69	25.18	—	—	0.000134	—	
太阳河*	75.7	592.51	9.8	—	0.00149	876	小海
龙首河	33.2	135.78	2.5	—	0.00182	616	
龙尾河	38.2	158.02	3.2	—	0.00273	706	
官栈河	16.05	30.77	—	—	0.00548	—	
溪九河	19.37	42.25	—	—	0.00192	—	
白石河	18.05	36.15	—	—	0.00114	—	
周村河	5.99	8	—	—	0.00177	—	
南山河	26.64	97.08	—	—	0.00156	—	
北坡水	25.53	30.35	—	—	0.000176	—	
大长岭水	4.20	2.68	—	—	0.0030	—	
铁炉河	—	—	—	—	—	—	铁炉港
北门江	62.2	648	3.35	1.06	0.0245	301.1	新英湾
春江	55.7	558	8.94*	2.82*	0.0179	344.6	
花场河	20	117	—	—	0.00167	—	花场湾

* 数据来源于海南史志网—地方志书—市县志。

3.1.5　资源条件

潟湖是海岸带湿地类型之一，又处于海陆相交的地带，常有陆地河流注入，受河流和海洋动力的共同影响，其不仅具有湿地的生态价值功能，在泥质潮滩上发育红树林、在纳潮水域内生长海草，还可以作为避风港口、优良的养殖场所和重要的矿区，是资源丰富的海岸带类型。

1. 港口资源

潟湖潮汐通道口门深槽段蔽浪、泊稳条件佳，往往被开发成渔港乃至大型港口。海南岛典型潟湖港口，自北向南、自东向西主要有铺前港、清澜港、港北港、黎安港、新村港、洋浦港、马村港等。其中，洋浦港为海南省最大的货运港口，清澜港为海南省第二大渔港。

2. 红树林资源

海南岛潟湖纳潮水域周围往往有泥质潮滩发育，周期性的潮水浸淹和热带、亚热带的气候特点，是红树林生长的有利条件。东寨港至清澜港的东北沿岸红树林发育最为茂盛，生长良好，丛林高6～10m。在其他潟湖的淤泥质潮滩上也有小面积的红树林发育，如铁炉港、新英湾、花场湾等。其中，在东寨港建立了国家级红树林保护区，面积4000多公顷，是中国建立的第一个红树林保护区。清澜港红树林省级自然保护区总面积2900多公顷。

3. 海草床资源

海草床广泛分布于海南近岸港湾、潟湖区域，文昌沿岸高隆湾、长圮港，琼海龙湾和潭门，是海南海草床主要分布区域[11]。其中，新村港和黎安港海草种类丰富，密度大，生长良好，港内的海草对水质起到很大的平衡和调节作用，也是港内养殖业得以持续发展的条件[11]。相应地，该区具有较高的生物多样性，在2009年海南岛海草床大型底栖生物调查中，共调查到大型底栖生物41科75种，黎安港和新村港的大型底栖生物种类居多，分别有35种和21种[11]。此外，港内有多种经济种类和濒危动物（绿海龟和斑海马），该区在海南省海洋功能区划中，也被划定为海草海洋保护区。

4. 旅游资源

海南岛潟湖旅游资源丰富，极具特色，如东寨港红树林景区被誉为“海上森林公园”，具有世界地质奇观“海底村庄”；八门湾（清澜港）东郊椰林风韵独特，沙美内海（万泉河口）为博鳌亚洲论坛会址所在地，又是世界入海河流河口海岸自然景观保存最完好的地方；新村港疍家渔民以海为伴，以舟为家，以渔为业；铁炉港水上餐厅和渔排特色鲜明。

5. 渔业资源

潟湖内优越的避风条件和周期性的水体交换，为水产养殖提供了良好的自然条件。潟湖养殖池塘主要分布在八门湾、小海、新英湾等。目前，八门湾养殖池塘面积达 2106hm^2。

海南岛典型潟湖的资源分布如表 3-4 所示。

表 3-4　海南岛典型潟湖的资源分布表

序号	潟湖名称	港口资源	红树林资源	海草床资源	旅游资源	农渔业资源
1	东寨港	▲*	▲*		▲*	▲*
2	八门湾	▲*	▲*		▲*	▲*
3	沙美内海				▲*	
4	小海	▲			▲*	▲*
5	老爷海			▲	▲*	▲*
6	黎安港	▲		▲*		▲*
7	新村港	▲	▲	▲*	▲	▲*
8	铁炉港		▲*	▲	▲*	
9	新英湾	▲*	▲*		▲*	▲*
10	花场湾	▲*	▲*	▲		

*《海南省海洋功能区划（2011～2020 年）》中明确划定了对应的海洋功能区——港口航运区、红树林海洋保护区、海草海洋保护区、旅游休闲娱乐区、农渔业区等。

3.2　典型潟湖的形成

海南岛沿岸为弱潮海岸，是众多独立入海河流的河口地带，在全新世海平面上升的影响下，滨面转移及其泥沙的向陆搬运和堆积作用[12-14]促使沿岸以沙坝-潟湖地貌体为主要特征。沙坝-潟湖体系的形成与演变从长时间大尺度上来讲，也是弱潮环境现代河口三角洲淤积充填发展的过程，即近 5000～6000 年来，河流输出的泥沙淤积充填，沙坝-潟湖体系因适应海平面变化而通过自身调整达到动态平衡的过程。海南岛的潟湖类型多样、形态各异，取决于冰后期海湾被封堵时的初始形态和目前所处的演变阶段，下面简要介绍典型潟湖的形成过程。

1. 东寨港

东寨港是1605年琼州大地震后形成的沉陷区，东寨河由大地震前较窄的河流成为大地震后较宽的河流；大地震后沉陷区继续以较大的幅度下沉，逐年扩大，最终演变形成东寨港，即东寨港是琼州大地震后长达400年由河流变港湾长期、缓慢演变形成的，其为溺谷湾。但鉴于当前东寨港地貌（图3-1）形态上具有潟湖的特征——具纳潮水域且口门处具潮汐通道与外海相连，故本书将其纳入潟湖讨论。

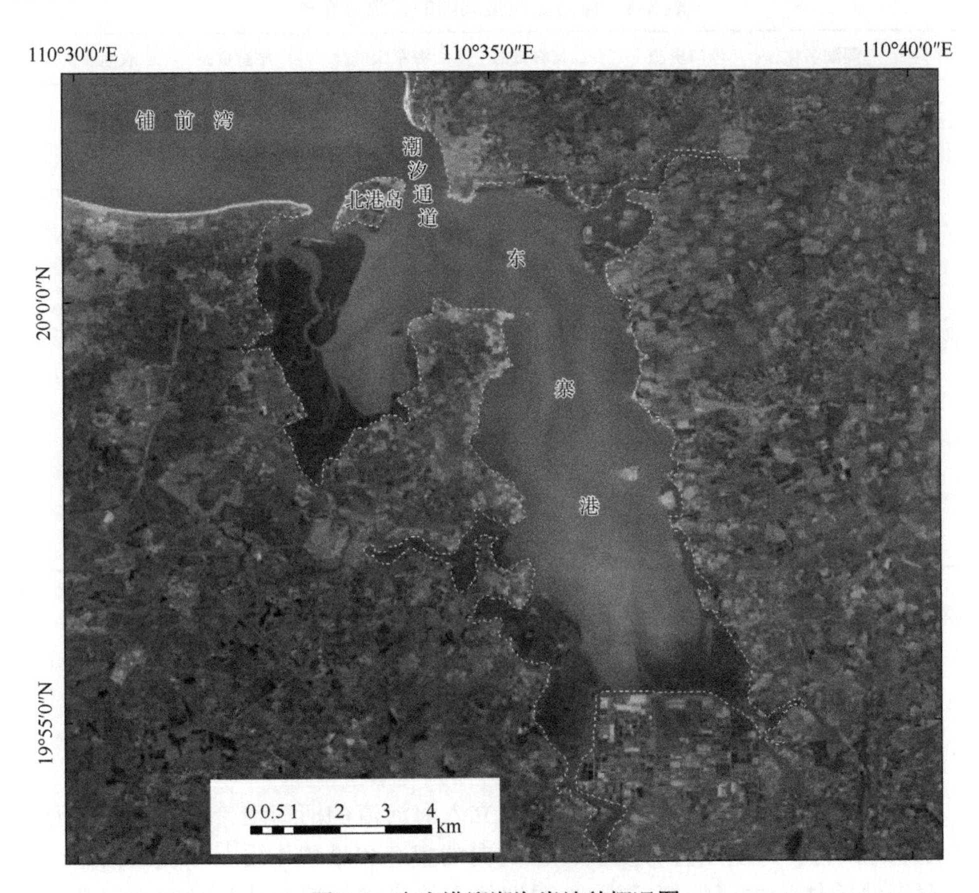

图3-1　东寨港潟湖海岸地貌概况图

2. 八门湾

八门湾地处清澜凹陷区。冰后期海侵过程中，琼东北隆起带的花岗岩风化壳遭受海蚀作用，大量泥沙在沿岸波流搬移下，在其东南部的清澜凹陷区产生堆积，从而发育了沙嘴、潟湖和潮汐通道体系（图3-2）。

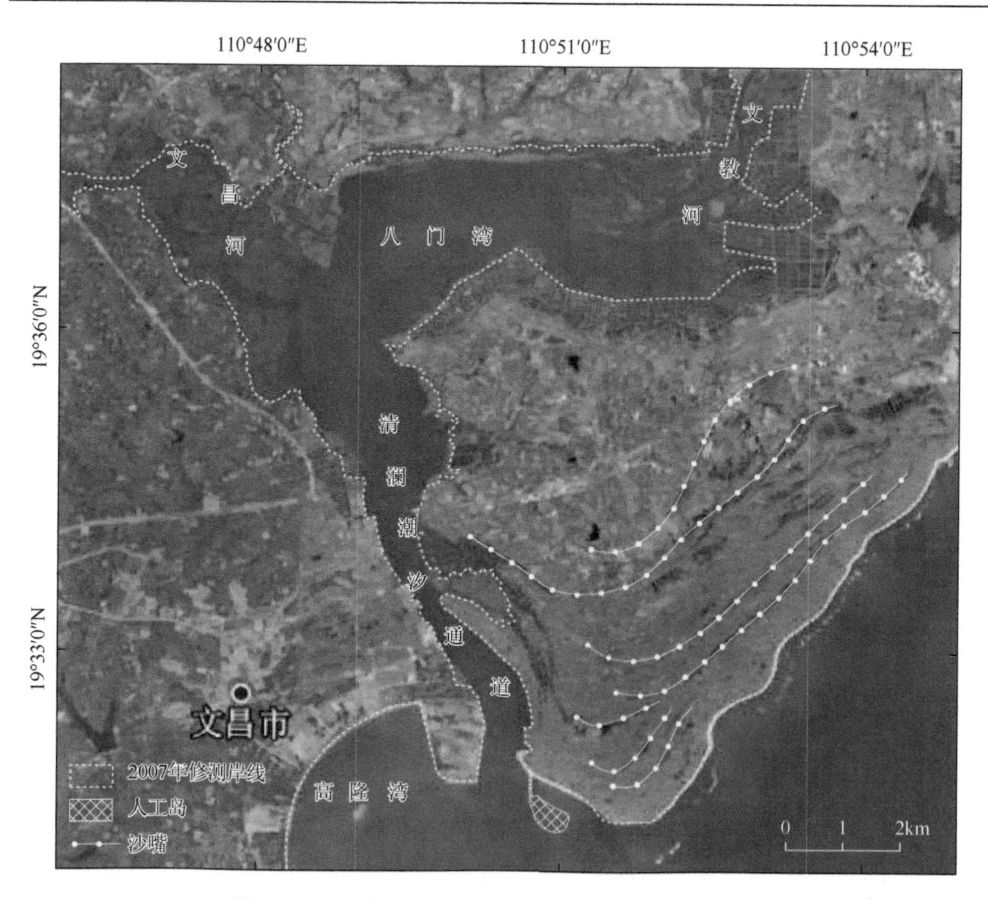

图3-2 八门湾潟湖-潮汐通道-砂坝海岸地貌概况图

八门湾潟湖呈“T”形，东西长度约11.0km，南北向宽度为2.5～3.0km，面积约40km^2。文教河和文昌河分别从潟湖东西两侧流入八门湾，经清澜潮汐通道注入南海。潟湖中部水深1m左右，与清澜潮汐通道相连的局部水域水深2～3m。沉积物以黏土类和粉砂类为主，泥沙主要来源于文昌河和文教河的河流输沙。从文昌河沿八门湾南岸到清澜港，生长着大片红树林，因此八门湾形成高盐、缺氧、具周期性潮汐变化[15]的潟湖环境。

3. 沙美内海

沙美内海是万泉河口中被玉带滩海岸沙坝围拦河口浅海而形成的潟湖，其地貌形态狭长，水浅坡缓（图3-3）。东侧为玉带滩沙坝，西、南两侧岸陆分别有九曲江、龙滚河注入，北侧通过万泉河口流入南海。九曲江全长49.7km，流域面积277.62km^2，平均流量11.4m^3/s，龙滚河发源于万宁市内罗岭，全长47.4km，流域面积214km^2[16]。两河流域内植被茂盛，年输沙量均很小。

图 3-3　沙美内海潟湖海岸地貌概况图

沙美内海是伴随着玉带滩沙坝的发育而形成的，其演变是一个不断淤浅的过程[17]。枯水期湾内底质沉积物活动性很弱，输运率很小，几乎为封闭的浅水环境，沉积物以粉砂和黏土为主。玉带滩的阻隔使沙美内海与外海失去了直接的水体交换，河水注入使沙美内海的盐度小于 1‰，淤堵的水量使潟湖内水面比海平面高，潟湖水从出口处流出，阻挡了咸水侵入，因而成为龙滚河和九曲江汇入泥沙的沉积环境[17]。

4. 小海

小海潟湖面积约 44km^2，其与东面的南北沙坝、口内涨潮三角洲、河流三角洲、潮汐通道口门一道构成我国南海地区发育完整的沙坝-潟湖地貌体系（图 3-4）。小海沿岸有八条河流汇入，流域面积 1082km^2，年径流量约为 16.22×10^{8}m^3，其中，以太阳河、龙尾河、龙首河三条河流较长；太阳河长 75.7km，面积 592.51km^2，平均流量 9.8m^3/s，1972 年改道以后，小海径流量减少至 8.23×10^{8}m^3[18]。此外，受北堤修筑、盐墩三岛围垦及网箱养殖等人类活动的影响，其口门发生了较大改变。目前口门宽度仅 30～40m，大部分水深仅 1.0m，平均水深约 0.8m，需靠人工疏浚才得以维持。

图 3-4　小海潟湖海岸地貌概况图

5. 老爷海

老爷海位于神州半岛上，沿岸沙堤的形成分隔了沿岸水域，使沙堤内侧的水域成为狭长的半封闭水体，呈东西向延伸，长达 11km，面积约 5.8km^2，水深大多为0.5m，西南侧口门为其与外海沟通的潮汐通道。沿岸有较多养殖区分布，水质较差。老爷海潟湖海岸地貌概况如图3-5所示。

图3-5　老爷海潟湖海岸地貌概况图

6. 黎安港和新村港

冰后期海侵时，南湾岭、平头山、六量山、陵水角以及港门岭等山丘为岸外岛屿，其北侧水域则沿着山丘之间的狭道与外海水体沟通。波浪和海流将侵蚀的大量泥沙沿着狭道搬运到岛屿北侧堆积，因而在平头山和六量山北侧形成一条呈南北走向的连岛沙洲，使山丘北侧的水域分隔为东西两个半封闭潟湖水体，东部为黎安港，西部为新村港。

新村港面积约为21km^2，涨潮三角洲、落潮三角洲较为发育，口门北岸为新村码头堤岸，南岸为由基岩组成的南湾猴岛。新村港潮汐通道长3～4km，口门段里侧深槽长为1.3km，有一条深为10m的冲刷槽，深槽平均水深约4m；口门段长约500m，冲刷槽深度达11m，“咽喉”部位宽约260m，平均水深约5m；口门以外即落潮主水道长约1.5km，位于从南湾猴岛山脚向西延伸的边缘沙坝与北岸东西走向的沙坝之间，其冲刷槽深度为5m，平均水深约3m[19]。新村港潟湖内边滩发育，局部地段有珊瑚礁分布，潟湖西北岸和北岸有曲港河等小溪流入。黎安港和新村港潟湖海岸地貌概况如图3-6所示。

7. 铁炉港

铁炉港是冰后期海侵过程中海面上升缓慢或停留阶段形成的。冰后期海侵和沙堤塑造，使海棠湾近岸海域逐渐被分隔开来，沙堤内侧成为半封闭的潟湖水体。

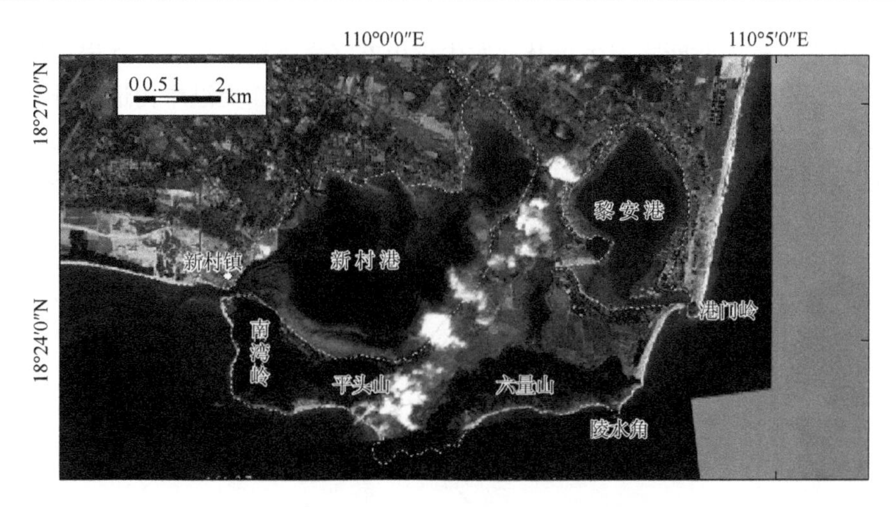

图 3-6 黎安港和新村港潟湖海岸地貌概况图

铁炉港的潟湖形态，是由沙堤与岛屿（先后海角）连接在一起并分隔水域而形成的。潟湖地貌体系形成以后，经风沙吹填，风成沙丘向沙堤内侧迁移，又受陆源泥沙（铁炉河来沙）淤积，以及风暴潮漫越沙堤并在沙堤内形成冲越扇。铁炉港潟湖海岸地貌概况如图 3-7 所示。

图 3-7 铁炉港潟湖海岸地貌概况图

8. 新英湾

新英湾和洋浦湾是在雷琼拗陷的基础上形成的溺谷湾。新英湾和洋浦湾位处王五-文教东西向断裂带的西段，断裂带以北为琼西北断陷，以南则为琼中隆起。

第四纪时期，琼西北断陷产生抬升并发生火山玄武岩喷溢，构成玄武岩台地；南部由湛江组和北海组沉积层构成堆积平原。北门江和春江受沿岸构造抬升影响，地表水流落差加大，对低洼地产生侵蚀和下切。在冰后期海侵过程中，海面上升，河流的侵蚀和下切能力逐渐减弱，而波浪对海岸的侵蚀作用加强，沿岸形成浪蚀陡崖和平台，构成洋浦湾南部浅滩的基本轮廓。距今6000年左右，海面上升至现海面高度附近，新英湾-洋浦湾被海水侵入成为溺谷型海湾。

鉴于新英湾溺谷湾在地貌形态上具有与潟湖相似的特征——具纳潮水域和潮汐通道（图3-8），本书将其纳入潟湖讨论。

图3-8 新英湾潟湖海岸地貌概况图

9. *花场湾*

花场湾是玄武岩台地环抱的带状海湾，在近海湾北侧有一段低洼谷地与石农湾水体相互沟通。当石农湾湾顶的马岛形成时，使进出花场湾的水流分别经马岛西端的决口和东侧的口门与石农湾沟通。花场湾沿岸有双杨河、美浪河、花场河与美末河等主要山溪性河流。晚更新世低海面时，这些山溪性河流经石农湾流入琼州海峡，沿程侵蚀和下切，把大量侵蚀物质输入海峡。冰后期海侵过程中，随着海面上升，河流的侵蚀作用和搬移泥沙的能力不断减弱，河流作用仅在花场湾沿岸的河口营造沙洲和冲积扇。与此同时，外海的悬浮泥沙随涨潮流携带进入湾内淤积。在陆源泥沙和海相泥沙的交互沉积下，海湾日益淤浅，形成宽阔的淤泥质浅滩。低潮时，大部分浅滩出露水面，仅在其北侧的水流通道地段尚有水深1.0～3.0m的狭窄水域。花场湾潟湖海岸地貌概况如图3-9所示。

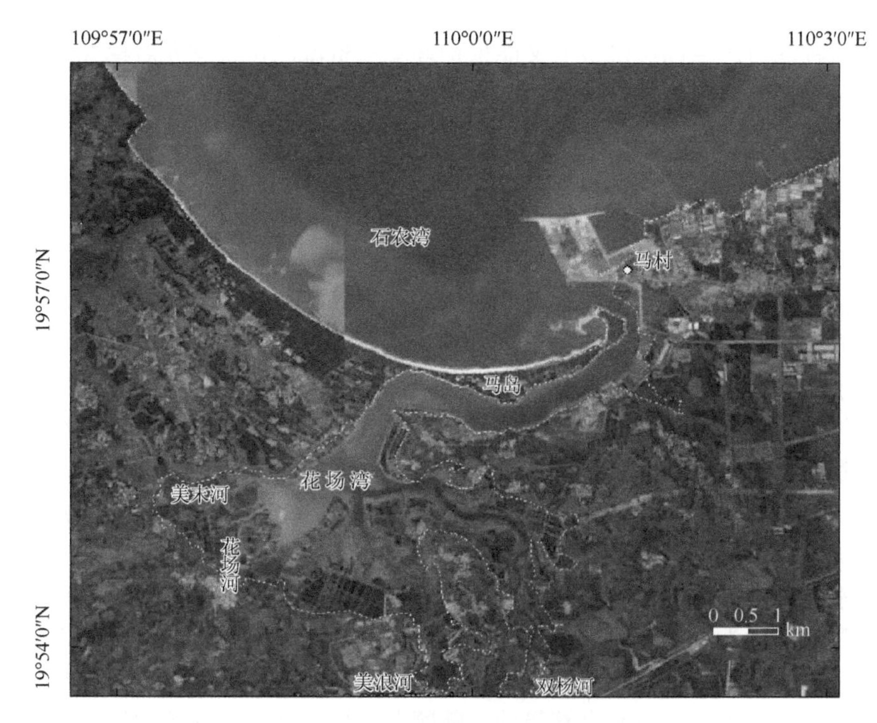

图3-9 花场湾潟湖海岸地貌概况图

3.3 潟湖周边社会经济情况

3.3.1 人口与城镇

潟湖作为重要的滨海湿地，是天然的养殖场，自古以来便是鱼、虾、贝和螃蟹的孕育场，因而其周边城镇人口大多是世代以潟湖为生的渔民，其中不乏当地著名的渔村渔镇。例如，东寨港周边，演丰镇、塔市村是海口市主要的渔镇渔村，铺前镇是文昌市乃至全省的渔业重镇之一；新村港和黎安港周边，新村镇和黎安镇是陵水县的两个重要渔镇，是海南省主要的麒麟菜养殖基地之一，渔业人口达到总人口的40%；最典型的是小海，作为海南岛最大的潟湖（不含东寨港和新英湾），自古以来水产资源丰富，盛产鱼虾，是和乐、后安、大茂、北坡、港北5个乡镇11万人的衣食之源。

近些年来，由于捕捞过度和养殖密度过大，潟湖里的渔业资源逐渐匮乏，渔获渐少；水质恶化和水体富营养化，不利于养殖，死鱼、死虾现象层出不穷，靠潟湖为生的渔民面临重重困境，不得不另谋生路。加上潟湖往往具备丰富的旅游资源，目前多被规划为休闲旅游娱乐区，越来越多的渔民需要转产转业，转向休闲渔业这种既可产生高经济效益又能保护环境和资源的可持续发展模式，因此，传统渔业人口的占比将逐年下降。

3.3.2 经济概况

潟湖周边乡镇居民的经济收入主要来源于捕捞、养殖，兼有少量的水稻等农作物种植。社区家庭劳动力中，家庭捕捞、养殖以男性为主，有小部分妇女参加捕捞和养殖[20]。捕捞产品销售及水稻等种植和家务以妇女为主。

由于潟湖具有防台风功能，海南岛的大多潟湖是渔港建设的良址，如新村中心渔港、白马井中心渔港、港北一级渔港、黎安二级渔港、新英二级渔港，当地渔民依托渔港，主要以造船出海捕捞谋生。海洋捕捞渔船作业主要为刺网、围网和钓业等方式，而潟湖内的捕捞主要为抬网、笼壶类定置网、陷阱类插笼网等方式。

海水养殖主要是滩涂高低位池养殖、渔排网箱养殖和麒麟菜养殖。高低位池养殖主要的品种为石斑鱼、南美对虾和东风螺等。渔排网箱养殖饲养的主要鱼类有石斑鱼、红友鱼、红鱼、白鲳、军曹鱼等鱼类品种和龙虾。养殖的鱼类产品大多销往广州、深圳、香港和台湾等地。麒麟菜养殖主要分布在黎安港和新村港，属于筏式养殖，经济效益可观。

3.4 潟湖生态系统环境状况

3.4.1 基本情况

潟湖自然条件得天独厚，是天然的避风良港、重要的渔业增养殖区，有丰富的旅游资源，因此潟湖内部及周边区域常常是渔业、农业、旅游业等发达的地区。随着社会经济的发展，城乡人口的增多，污水管网建设严重滞后，大量城乡生活污水未经处理由入海河流、径流携带最终进入潟湖内湾，潟湖内船舶作业、渔船排污及沿岸高位池养殖废水未经处理直排等，均可造成潟湖内湾污染物总量增加。然而，潟湖通常水深较浅，口门自然发育形成的沙坝，或者人工堤坝，或者口门外围填海工程的阻拦作用，使其与外海水体交换不畅，因此在水交换能力一定的情况下，潟湖内湾水体环境出现不同程度的恶化。

同时，沿岸养殖池的建设占用潟湖的水域面积，减少了潟湖的纳潮量，环境容量减小，大量养殖渔排的搭建也阻挡了水流，水体自净能力减弱，也同样影响潟湖内湾的水体环境质量。

多方面原因导致海南岛潟湖的水体环境质量处于下降的状态，尤其是小海潟湖的水体环境最差。由于水体环境的恶化，潟湖内常发生大面积死鱼死虾事件，造成养殖效益下降。因此，海南省相关职能部门对潟湖环境的监测主要关注潟湖的水产养殖功能，但仅对海口东寨港、陵水黎安港、陵水新村港三个潟湖型海水增养殖区开展了环境质量综合监测，其他潟湖海水养殖区目前尚未纳入常规监测体系。

3.4.2 常规环境监测结果

根据《2015年海南省海洋环境状况公报》，海口东寨港、陵水黎安港和陵水新村港海水增养殖区环境监测结果显示，其环境质量满足养殖功能要求，综合环境质量等级为优良。

1. 水质状况

《2015年海南省海洋环境状况公报》显示，实施监测的海水增养殖区水质状况总体良好，大部分监测要素符合二类海水水质标准，基本满足养殖功能的要求，影响水质的监测要素主要有活性磷酸盐、粪大肠菌群、pH、溶解氧和无机氮等。陵水新村港和海口东寨港增养殖区局部海域不时出现粪大肠菌群和活性磷酸盐超过功能区要求的情况；陵水黎安港海域偶尔出现个别监测要素超过功能区要求的状况；陵水黎安港海水增养殖区水质状况较好。

2. 沉积物质量状况

《2015年海南省海洋环境状况公报》显示，实施监测的海水增养殖区沉积物质量总体良好，各增养殖区沉积物中多氯联苯、六六六、滴滴涕、总汞、镉、铅、铜、砷、铬、锌和粪大肠菌群均符合一类海洋沉积物质量标准，主要污染要素有硫化物和有机碳。海口东寨港海水增养殖区各项监测要素均符合一类海洋沉积物质量标准；陵水黎安港个别站位硫化物含量超过一类海洋沉积物质量标准；陵水新村港个别站位硫化物、有机碳含量超过一类海洋沉积物质量标准。

3. 生物质量状况

《2015年海南省海洋环境状况公报》显示，实施监测的海水增养殖区生物质量总体较好，大部分监测要素符合一类海洋生物质量标准，主要污染要素为铅、滴滴涕。实施监测的海水增养殖区贝类中均未检出麻痹性贝毒（paralytic shellfish poison，PSP）和腹泻性贝毒（diarrhetic shellfish poison，DSP）。

4. 综合环境质量等级

综合评价结果表明，2015年三个潟湖型海水增养殖区综合环境质量等级均为优良。2011～2015 年综合评价结果表明，海南省海水增养殖区综合环境质量等级保持优良，海水增养殖区环境质量状况满足增养殖功能要求。

3.4.3 周边海洋工程项目对潟湖的环境监测结果

潟湖内部和口门外海域开发利用程度较高，海洋工程项目在开展海域使用论证工作时，会对内湾及口门附近海域的水质、沉积物及生态环境进行调查。这些海洋环境监测资料对了解潟湖内湾的海洋环境及生态状况有着重要的意义。本书收集了 2011～2015 年部分潟湖内湾及口门附近的水质、沉积物环境、生物质量调查历史数据，并分析、评价了这些潟湖内部海域环境质量状况。

1. 八门湾

1）水质状况

根据 2015 年 6～7 月八门湾海域水质质量调查结果，超标因子为活性磷酸盐、COD、溶解氧、无机氮、锌和铜。其中，水质中超标因子最为严重的为活性磷酸盐，超标率为 66.7%，其次为 COD，超标率为 38.1%，溶解氧超标率为 9.5%，无机氮、锌和铜的超标率均为 6.1%。

从站位分布来看，水质中超标污染物主要分布在八门湾潟湖内及潮汐通道口门附近的站位。位于八门湾潟湖内的 1～9 号站位活性磷酸盐超过四类海水水质标准，位于潮汐通道口门附近的 10～12 号站位也属于四类或劣四类海水水质，位于航道的 13 号站位溶解氧、活性磷酸盐、锌和铜均超二类海水水质标准，位于高隆湾的 14 号站位受潮汐通道的影响，为二类海水水质，而 15～20 号站位处于近海靠外海域，均属于一类海水水质。

根据 2012 年 6 月八门湾海域的水质质量调查结果，各监测项目（除溶解氧、无机氮外）在水质中的浓度平面分布基本呈现出内湾浓度大、从内湾至口门外海域浓度逐渐变小的特征，表明八门湾潟湖内水交换能力较弱，对污染物的自我净化能力较弱，导致潟湖内污染物含量高，部分站位水质未满足所在海洋功能区的水质环境管理要求。超标站位主要集中在潟湖内湾，特别是八门湾旅游休闲娱乐区、清澜港农渔业区，已达四类海水水质标准，主要超标因子为 COD、油类；口门外海域水质仅无机氮含量超过一类海水水质标准。超标原因主要在于八门湾潟湖内接纳大量未经处理的城镇废污水、养殖废水，养殖排泄物长期累积及受到船舶排污的影响，加上水动力条件较差，不利于污染物的稀释净化。

综上，八门湾海域的水质主要受潟湖内污水影响，潟湖内水质质量受多种环境因子制约，如文昌河和文教河的径流影响，沿岸工业企业的排污影响，沿岸水产养殖排污影响及潟湖内海水养殖影响，因此，对潟湖内的海洋环境现状进行综合整治就显得尤为重要。

2）沉积物状况

2015 年 6～7 月八门湾海域表层沉积物质量调查结果显示，沉积物中主要的超标因子为有机碳和硫化物，超标率分别为 30%和 20%，超标站位集中在内湾。

位于八门湾旅游休闲娱乐区的 Z1 号和 Z6 号站位沉积物质量超出一类海洋沉积物质量标准，未达到所在海洋功能区的沉积物环境管理要求。其中，Z1 号站位的有机碳和硫化物分别超标 0.03 倍和 0.63 倍，Z6 号站位的有机碳和硫化物分别超标 0.12 倍和 0.41 倍，Z5 号站位沉积物中有机碳含量超标，超标 0.02 倍。执行二类海洋沉积物质量标准的监测站位中，沉积物质量达到所在海洋功能区的沉积物环境管理要求，位于清澜港港口航运区的监测站位沉积物质量也符合所在海洋功能区的沉积物环境管理要求。

根据 2011 年 4 月和 2012 年 6 月八门湾海域沉积物质量调查结果，八门湾海域表层沉积物超标因子主要为石油类、有机碳和硫化物，超标站位集中在潟湖内湾，表明潟湖内湾水质环境的恶化已影响到沉积物环境质量。

综上，八门湾潟湖内湾大量废污水随河流排污、城市地表径流入湾，受到未经处理的高位池养殖废水排放、养殖排泄物的长期影响，且潟湖内湾水动力条件较差，污染物入海后便被阻抑在内湾，长期累积在沉积物环境中，造成潟湖内湾表层沉积物环境质量超标。

3）生物质量状况

2012 年 6 月八门湾海域海洋生物质量监测结果显示，所采集的贝类、甲壳类和鱼类生物样品中汞、砷、铜、铅、锌、镉、铬和石油烃含量均符合评价标准要求，表明八门湾海域所调查的生物体未受污染。

2. 东寨港

海南省海洋开发规划设计研究院和国家海洋局海口海洋环境监测中心站于 2015 年 3 月 13 日在铺前湾附近海域布设 24 个水质监测站位和 13 个沉积物站位开展环境监测，其中 1～4 号站位位于东寨港潟湖海域。

水质监测结果显示，位于东寨港潟湖的 1～4 号站位水质中，除了活性磷酸盐含量超过一类海水水质标准外，其他监测项均符合一类海水水质标准要求。春季调查期间属于枯水期，受径流影响，沿岸居民生活污水未经处理直接排放最终进入东寨港潟湖内，铺前湾和东寨港潟湖沿岸众多高位池养殖废水排放，且铺前渔港内作业船舶较多，内湾水动力交换较差，导致东寨港潟湖内海域水质中活性磷酸盐含量超标。

沉积物监测结果显示，1 号、2 号站位沉积物中铜超出一类海洋沉积物质量标准，超标倍数分别为 0.45 倍、0.22 倍，其他监测因子均符合一类海洋沉积物质量标准。

海南省海洋与渔业科学院于 2015 年 3 月 13 日在铺前湾海域采集的鱼类（丽鲹、小鞍斑鲾、三棘鲀、黑鲷、黑边鲾、鹿斑鲾）、甲壳类（墨锈斑蟳、刀额新对虾）、头足类（台湾枪乌贼）和贝类（斧文蛤、楔形斧蛤）中重金属（汞、砷、铬、锌、镉、铅、铜）和石油烃测定结果，表明铺前湾海域鱼类、甲壳类、贝类的汞、砷、铬、锌、镉、铅、铜和石油烃含量均未超标。

3. 小海

国家海洋局海口海洋环境监测中心站受委托于 2011 年 8 月 3 日在小海潟湖及周边海域布设 20 个水质、10 个沉积物站位开展环境监测，其中 1～10 号站位均位于小海潟湖内部海域。

水质监测结果显示，位于小海潟湖的 1～10 号站位 COD 均超出二类海水水质标准，超标倍数范围为 0.32～0.73 倍。小海潟湖内 COD 超标的主要原因是沿岸居民的生活污水、养殖废水以及潟湖内渔排养殖的残饵和排泄物直排入海，使水中的有机物含量增加。加上小海潮汐通道狭长，原汇入小海内的太阳河经人为改道后，小海潟湖内部与外界的水交换能力越来越差，导致排入小海潟湖内的有机污染物数量因逐渐累积而增多。现场踏勘也发现潟湖内水体浑浊，带有很浓的腥味，大量垃圾堆积，港内淤泥厚达 1 米多，表明小海的水质恶化非常严峻。

沉积物监测结果显示，6 号、7 号站位硫化物含量超一类海洋沉积物质量标准，超标倍数分别为 0.20 倍、0.11 倍；5 号、6 号和 7 号站位的石油类含量超一类海洋沉积物质量标准，超标倍数分别为 0.09 倍、0.15 倍和 0.16 倍。9 号站位未检出镉、锌，其他站位的监测因子均达到一类海洋沉积物质量标准。表明受小海潟湖内渔排网箱养殖、未经处理的生活污水排放、渔船作业排污等影响，养殖饵料、表层海水油膜经自然沉降或者吸附在水体中的颗粒物上沉降至海底，使海底沉积物中石油类含量增大，硫化物含量增加，这种长期积累的影响使沉积环境呈现缺氧状况，底质受到污染。据调查，潟湖内淤泥厚达 1m 多，表明小海潟湖内沉积环境污染较为严重，暴雨过后因水体受到二次污染的影响，常出现养殖生物大量死亡的现象。

引用国家海洋局海口海洋环境监测中心站 2011 年 8 月 3 日在小海潟湖及附近海域采集的贝类（多棘裂江珧）、鱼类（高体鰤、眼镜鱼、中华骨鳞鱼和长鳍篮子鱼）、软体类（中华枪乌贼）和甲壳类（汉氏梭子蟹）中重金属（汞、砷、铬、锌、镉、铅、铜）及石油类测定结果，小海潟湖及附近海域海洋生物贝类（多棘裂江鮡）中的铅含量超标，超标倍数为0.02倍，其他生物（鱼类、甲壳类和软体类）体内的汞、砷、铬、锌、镉、铅、铜和石油类含量均未超标，小海潟湖及附近海域生物质量总体良好。

3.5 确权用海情况

海南岛潟湖周边现状用海类型有：渔业用海、交通运输用海、旅游娱乐用海和造地工程用海。十大潟湖内确权用海现状如下。

1. 东寨港潟湖

东寨港潟湖内确权的用海有334宗，总用海面积614.32hm²，占用海岸线5.47km，均为渔业用海，主要为文蛤、牡蛎、泥蚶和渔排网箱养殖用海。其中，开放式养殖317宗，用海面积529.59hm²，占用海岸线5.41km；围海养殖16宗，用海面积84.49hm²；建设填海造地1宗，用海面积0.24hm²，占用海岸线0.06km。

潟湖内红树林资源丰富，中南部为东寨港国家级红树林自然保护区，总面积3337.6hm²，现有少量旅游开发，建有东寨港红树林景区，设有游艇专用码头、少量栈桥观景长廊，海上旅游活动以游船海上观光为主，旅游项目及配套设施还需完善；美兰海底村庄位于潟湖北部，是地震沉陷形成的，海水退潮时，乘船游览，透过海水，遗迹依稀可辨，其奇特的水下景观，在国内外罕见，现划为海洋特别保护区；曲口三级渔港为渔业基础设施用海，规模小，基础设施不齐全，没有防波堤，护岸堤长260m，渔业码头长20m，抗风险能力差；保护区内虾塘分布密集，属于围海养殖用海，按照《东寨港国家级自然保护区环境综合治理退塘还林工作实施方案》，保护区内的虾塘将全部实施退塘还林；开放式养殖用海，主要有网箱养殖和生蚝养殖，由海南富圆投资有限公司投资建设的演丰深海网箱养殖基地位于新溪角，三江湾生蚝养殖基地位于茄南村；潟湖内可见定置网捕捞，俗称“迷魂阵”，该捕捞方式大小通捕，对渔业资源破坏极大，是一种非法的捕捞方式。

2. 八门湾潟湖

八门湾潟湖内确权的用海有29宗，总用海面积331.17hm²，占用海岸线7.64km，用海类型有渔业用海、交通运输用海、旅游娱乐用海和造地工程用海，主要分布在清澜港潮汐通道及口门周边海域。其中渔业用海13宗，用海面积192.84hm²，占用海岸线4.55km；交通运输用海10宗，用海面积52.64hm²，占用海岸线 2.65km；旅游娱乐用海 5 宗，用海面积 85.02hm^2，占用海岸线 0.39km；造地工程用海 1 宗，用海面积 0.67hm^2，占用海岸线 0.05km。

3. 沙美内海潟湖

沙美内海潟湖没有确权的用海。东屿岛是博鳌亚洲论坛永久会址，沿岸有少量的旅游开发，建有度假酒店、高尔夫球场和游艇码头等旅游设施，可开展游艇观光、滨海垂钓等活动。玉带滩为强烈侵蚀岸段，滩面陡而窄。养殖用海主要分布在东海村沿岸、龙滚河和九曲江汇入口周边，以养殖虾塘为主。大面积的虾塘不仅对沙美内海生态环境产生了一定的破坏，还造成潟湖水域面积减小，纳潮量显著降低。

4. 小海潟湖

小海潟湖内没有确权的用海。自古以来，小海资源丰富，盛产和乐肥蟹、血鳝、港北对虾、后安鲻鱼、盐墩沙虫等名优特产，是和乐、后安、大茂、北坡、港北 5 个乡镇 11 万人的衣食之源。20 世纪 70 年代，小海周边大兴围海造塘及在口门内侧弯道深槽附近布设大量渔排网箱。这些传统渔业用海作为历史遗留问题，未办理海域使用证，一直是万宁市海洋管理的难题。目前，小海的渔排网箱养殖主要分布在港北渔港口门及潮汐通道，池塘养殖几乎遍布整个潟湖沿岸。由于养殖密度过大，加上太阳河改道等不合理的整治工程，小海的纳潮量减少，水体交换减弱，水质恶化，不利于养殖，部分区域已出现废弃池塘和渔排。港北渔港位于小海口门处，规划建成国家一级渔港，已基本完工，有拦沙堤、码头、护岸等构筑物用海，港池和航道用海以及赛龙船等旅游设施用海。龙首河、龙尾河入海口段已建设防洪整治工程，拓宽河道，修建及加固防洪堤，堤后修建了水泥硬化道路，后方养殖池塘连绵成片。

5. 老爷海潟湖

老爷海潟湖内确权的用海只有 1 宗，用海类型为旅游娱乐用海，用海面积 3.63hm^2，占用海岸线 55m，位于老爷海潮汐通道口门外。

老爷海海水池塘养殖、渔排网箱养殖等海水养殖业发达，是海南省较早大规模开展海水养殖生产活动的海域之一。海水池塘养殖主要分布在口门、坡头渔港、福禄沟及老爷海内湾沿岸一带海域。口门及潮汐通道两侧沿岸有房地产开发项目。港门岭临海东侧有华港集团倾力打造的万宁南燕湾悬崖海景酒店，隔口门相望的沙坝上有酒店式公寓开发建设；潮汐通道内有一处章雄鱼苗培育场，待鱼苗长大便把渔排拉到洲仔岛周边海域投放；口门西桥东侧养殖渔排星罗棋布，一直延伸到后城岭海域。桥下可停靠渔船，渔户以渔排为家；风豪大桥海域水比较浅，渔排分布密集，严重影响了老爷海潟湖的航运功能及水环境，废弃的渔排较多。有定置网捕捞用海；龙保村岬角处海域的渔排网箱养殖成一定规模，且分布有生蚝养殖。

6. 黎安港和新村港潟湖

黎安港潟湖内确权的用海有33宗，总用海面积60.28hm^2，不占用海岸线，用海类型有渔业用海和交通运输用海。渔业用海31宗，用海面积58.86hm^2，多为麒麟菜、珍珠、文蛤和渔排网箱养殖用海；交通运输用海2宗，用海面积1.42hm^2。

新村港潟湖内确权的用海有293宗，总用海面积265.02hm^2，占用海岸线2.80km，用海类型有渔业用海和旅游娱乐用海。其中，渔业用海291宗，用海面积191.69hm^2，占用海岸线2.80km，以麒麟菜和渔排网箱养殖用海为主，还有个别渔业基础设施用海；旅游娱乐用海2宗，用海面积73.33hm^2，均为养殖旅游业基地游乐场用海。

7. 铁炉港潟湖

铁炉港潟湖内确权的用海为0宗。铁炉港原先以养殖用海为主，有网箱养殖、滩涂养殖及高位池养殖等多种养殖方式，养殖密度过大，海洋环境逐渐恶化，使得潟湖内生长的红树林和海草床生态系统受到破坏。随着铁炉港旅游区开发建设，政府逐步对养殖用海进行综合整治，拆除养虾池和非法占用海域搭建的养殖渔网、渔排，并进行一定补偿。现在铁炉港潟湖内的养殖用海几乎完全退出，唯有口门附近留有部分渔排，作为水上海鲜餐厅或养殖渔排，并已全部进行了登记统计，以便于发展休闲渔业。

8. 新英湾潟湖

新英湾潟湖内确权的用海有13宗，总用海面积39.03hm^2，用海类型有渔业用海、交通运输用海和造地工程用海。渔业用海5宗，用海面积11.05hm^2，为石斑鱼围海养殖和白马井中心渔港建设填海造地用海；交通运输用海7宗，用海面积23.55hm^2；造地工程用海1宗，用海面积4.43hm^2。

9. 花场湾潟湖

花场湾潟湖内确权的用海有11宗，总用海面积352.29hm^2，不占用海岸线，用海类型有渔业用海和造地工程用海。其中，渔业用海7宗，用海面积

195.35hm²，均为围海养殖，以养殖对虾、贝类和石斑鱼等品种为主；造地工程用海 4 宗，用海面积 156.94hm²。

10. 海域使用现状评价

综上，以确权用海来说，十大潟湖用海有 714 宗。其中，渔业用海 681 宗，交通运输用海 19 宗，旅游娱乐用海 8 宗，造地工程用海 6 宗，如图 3-10 所示。因此，海南岛潟湖用海现状大多为渔业用海，以渔港基础设施用海、养殖池塘用海、定置网捕捞用海、渔排网箱养殖用海为主。其中，渔港基础设施用海主要为清澜一级渔港、港北一级渔港、黎安二级渔港、新村中心渔港、新英二级渔港和白马井中心渔港；养殖池塘用海普遍存在于各潟湖内，围海养殖用海占用了大量红树林保护区，部分养殖池塘破坏了原有红树林资源；定置网捕捞在各潟湖均有分布，渔具布局密集，影响潟湖通航和景观环境；渔排网箱养殖多分布在各潟湖口门及潮汐通道，养殖设施陈旧，给船舶航行带来安全隐患且造成水质恶化。

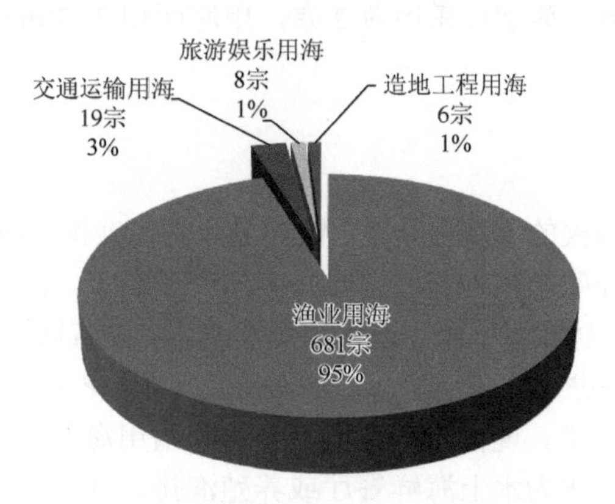

图 3-10　十大潟湖海域使用现状类型构成图

3.6　存在问题及原因分析

1. 口门缩窄破坏潟湖稳定

潟湖口门是潟湖动力结构体系的主要控制点，口门的变化将影响潟湖系统的稳定性[21]。近几十年来，随着潟湖周边地区经济社会的发展，人类开发活动影响加剧，海南岛部分潟湖出现不同程度的面积减小、口门缩窄。例如，新村港口门及潮汐通道因渔排网箱养殖分布过密导致纳潮量减少（图 3-11）；小海修筑防沙堤、太阳河入海河流改道、人类围垦导致口门缩窄等。在潟湖内的潮坪滩涂上大面积围垦，这种方式减小了纳潮水域面积，降低了纳潮量，使潮动力减弱，进一步引发潮汐通道、口门的淤积萎缩。口门缩窄又使水动力条件变弱，导致水体交换变差，进而导致水质恶化、沉积速率加快等问题。例如，小海中部和南部沉积环境在 20 世纪 50 年代之前稳定，之后发生了很大的变化。

图 3-11　新村港口门的养殖渔排

2. 水体环境出现不同程度的恶化

潟湖内湾海域开发程度较高，周边人口分布集中，虽然海南省各个沿海市（县）均建有污水处理厂，但目前这些污水管网主要覆盖市政中心一带，各个潟湖周边城镇的污水管网建设严重滞后，沿湾仍然有大量未经处理的废污水直接排入入海河流并最终进入潟湖内湾。由河流携带入湾的污染物总量较大，造成各个潟湖海水各项指标含量升高，使潟湖水体环境质量下降。随着城镇经济发展和人口增多，入湾废污水总量也不断增大，若不能实现对各入海河流的废污水截污，潟湖内湾水体环境将进一步恶化。

各个潟湖沿湾岸线基本被养殖用的高位池和低位池占据，养殖废水、清塘底泥废水未经处理直接排海，内湾渔排网箱养殖残留饵料、排泄物的排放，部分区域生活垃圾的直接堆放，以及渔船排污，也是内湾水体环境恶化的重要原因（图 3-12～图 3-19）。潟湖内湾水质一旦受到污染，累积在底泥中的污染物在暴雨时会重新释放到水体中，易造成水体二次污染。万宁小海潟湖水产养殖在暴雨时期常出现大面积死鱼、死虾事件，这与潟湖淤泥厚达 1m 多，暴雨过后水体二次污染有密切关系。

图 3-12 沿湾密布的高位池

图 3-13 沿岸低位池

图 3-14 高位池养殖废水直接排放

图 3-15 高位池养殖废水排放沟

图 3-16 高位池清塘及其底泥废水排放

此外，潟湖口门通道较窄，围海养殖使潟湖的纳潮面积和纳潮量大幅减小，同时受内湾密集的养殖渔排或密布的定置网捕捞设施（图 3-20）、口门外围填海工程等阻拦作用，内湾水动力条件减弱，与外海水体交换不畅，水体自净能力下降，不利于潟湖内部水体污染物的稀释净化，这也是内湾水体环境恶化的原因之一。洪水期大量的污染物被迅速输送至外海，还会影响口门外近岸海域的水体环境。

图3-17　清澜渔港锚泊渔船排污（一）

图3-18　清澜渔港锚泊渔船排污（二）

图3-19　清澜渔港船舶修理厂作业排污

图3-20　新村港密布的定置网

3. 生态资源遭受破坏

1）红树林

海南岛潟湖属于热带潟湖，其气候与海水盐度适合红树林生长，以东寨港至清澜港的东北沿岸红树林发育最为茂盛（图3-21），其他潟湖如铁炉港、新英湾、花场湾、新村港等也有小面积的红树林发育。随着人类对潟湖的开发利用加剧，大面积红树林被毁林造塘（图3-22），养殖污水直排更是带来了环境污染和生物污染问题，加上过度捕捞和工程侵占，潟湖红树林遭受严重破坏，面积锐减。

图 3-21　东寨港生长良好的红树林

图 3-22　砍伐红树林而建的养殖池塘

2）海草床

新村港和黎安港海草种类丰富，密度大，生长良好（图 3-23 和图 3-24）。在现场踏勘中发现，新村港和黎安港岸上池塘污水直排入海草保护区，对海草生长有一定影响（图 3-25 和图 3-26）。

图 3-23　新村港生长良好的海草

图 3-24　黎安港生长良好的海草

水质透明度劣于新村港

图 3-25　新村港池塘养殖污水和垃圾直排

图 3-26　黎安港岸上池塘污水直排入海草保护区

3）珊瑚

新村港和黎安港曾生长有珊瑚，但因麒麟菜养殖以及周边养殖池塘的大量开挖、围垦、污水直排而消失（图3-27和图3-28）。

图3-27　新村港用珊瑚碎屑堆砌的养殖池塘

图3-28　黎安港岸滩珊瑚碎屑隐现

4. 渔业养殖捕捞开发管理无序

潟湖内渔排网箱养殖和周边养殖池塘开发无序（图3-29～图3-36），大部分未办理养殖证和海域使用证，如万宁的老爷海和小海，周边渔业人口较多，渔排网箱和后方虾塘密布，但目前仅有一宗确权用海，退塘还海难度较大。养殖废水、清塘底泥废水及残留饵料、排泄物未经处理直接排海（图3-33），严重影响潟湖的水体环境；定置网捕捞渔具布局密集（图3-34），破坏了潟湖的渔业资源和生态环境，且存在通航隐患；渔排网箱养殖密布口门和潮汐通道（图3-35和图3-36），造成通航和水动力问题。

图3-29　老爷海后方密布的虾塘

图3-30　小海防护堤后方的虾塘

图 3-31 新英湾的围海养殖

图 3-32 沙美内海的围海养殖

图 3-33 花场湾直接排海的养殖废水

图 3-34 东寨港的定置网捕捞

图 3-35 新村港潮汐通道密布的渔排网箱

图 3-36 黎安港海面星罗棋布的渔排网箱

3.7 典型潟湖的选定

作者对海南岛 10 个面积达到 500hm^2 以上的潟湖进行了调查分析，为了更加深入地探讨潟湖整治的有关问题，现选取一个潟湖作为海南省潟湖综合整治的典型案例，选取方法采用层次分析法。

3.7.1　层次分析法简介

层次分析法是由美国运筹学家托马斯·L. 萨蒂（Thomas L. Saaty）于 20 世纪 70 年代提出的一种解决多目标复杂问题的定性与定量相结合的决策分析方法[22]。它的基本原理是根据具有递阶结构的目标、子目标（准则）、约束条件、部门等来评价方案，采用两两比较的方法确定判断矩阵，然后把判断矩阵的最大特征向量的分量作为相应的系数，最后综合给出各方案的权重（优先程度）。

3.7.2　层次模型结构的建立

（1）目标层：选择合适的潟湖。

（2）标准层：区位条件、资源条件、存在问题的典型性、生态系统的典型性、整治急迫性、政府意愿、有无规划或整治方案、整治后是否适宜开发。

（3）备选方案：东寨港、八门湾、沙美内海、小海、老爷海、黎安港、新村港、铁炉港、新英湾和花场湾。

（4）层次模型结构如图 3-37 所示。

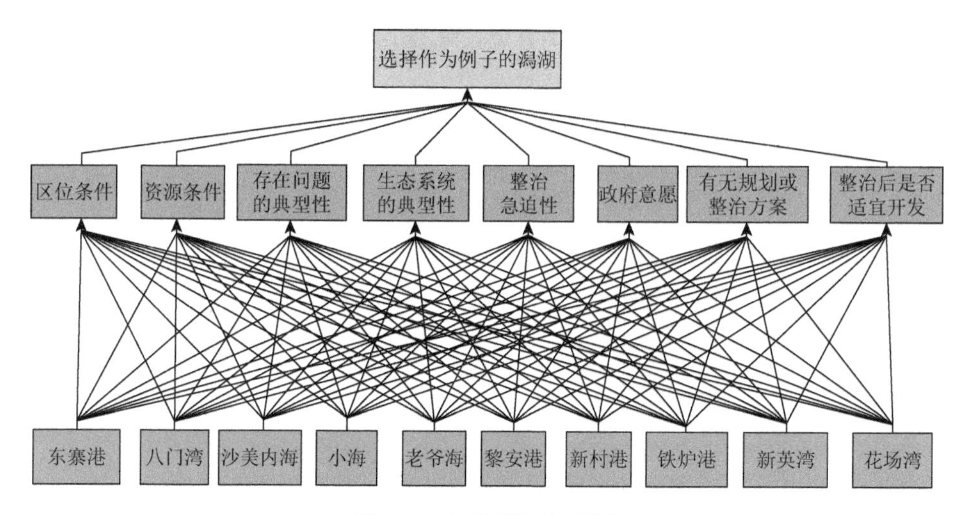

图 3-37　层次模型结构图

3.7.3 判断矩阵的建立

为了使各个标准或在某一标准下各方案两两比较以求得其相对权重，引入了相对重要性的标度，如表 3-5 所示。

表 3-5 两两比较法的标度与定义说明

标度 a_{ij}	定义
1	i 因素与 j 因素相同重要
3	i 因素比 j 因素略重要
5	i 因素比 j 因素较重要
7	i 因素比 j 因素非常重要
9	i 因素比 j 因素绝对重要
2, 4, 6, 8	为以上两判断之间的中间状态对应的标准值
倒数	若 j 因素与 i 因素比较，得到的判断值为 $a_{ji} = 1/a_{ij}$

1. 两两比较矩阵

根据相关资料及实地踏勘了解到的情况，对各标准相对总目标的重要性及各备选方案相对每一标准的重要性做出评估，得到下列判断矩阵，如图 3-38～图 3-46 所示。

1. 选择作为例子的潟湖　一致性比例：0.0532；对"选择作为例子的潟湖"的权重：1.0000；λ_{max}：8.5248

选择作为例子...	区位条件	资源条件	存在问题的典型性	生态系统的典型性	整治后是否适宜开发	有无规划或整治方案	政府意愿	整治急迫性	Wi
区位条件	1.0000	0.3333	0.2000	0.2000	0.1429	0.3333	0.3333	0.1429	0.0239
资源条件	3.0000	1.0000	0.3333	0.3333	0.2000	2.0000	2.0000	0.2000	0.0608
存在问题的典...	5.0000	3.0000	1.0000	1.0000	0.2500	3.0000	3.0000	0.2000	0.1113
生态系统的典...	5.0000	3.0000	1.0000	1.0000	0.2500	3.0000	3.0000	0.2000	0.1113
整治后是否适...	7.0000	5.0000	4.0000	4.0000	1.0000	5.0000	5.0000	0.5000	0.2652
有无规划或整...	3.0000	0.5000	0.3333	0.3333	0.2000	1.0000	2.0000	0.2000	0.0511
政府意愿	3.0000	0.5000	0.3333	0.3333	0.2000	0.5000	1.0000	0.2000	0.0430
整治急迫性	7.0000	5.0000	5.0000	5.0000	2.0000	5.0000	5.0000	1.0000	0.3334

图 3-38 标准层对目标层的判断矩阵图

2. 区位条件　一致性比例：0.0369；对"选择作为例子的潟湖"的权重：0.0239；λ_{max}：10.4953

区位条件	东寨港	八门湾	沙美...	小海	老爷海	黎安	新村	铁炉港	新英湾	花场湾	Wi
东寨港	1.0000	5.0000	5.0000	7.0000	7.0000	5.0000	5.0000	1.0000	5.0000	7.0000	0.2845
八门湾	0.2000	1.0000	0.5000	3.0000	3.0000	0.5000	0.5000	0.2000	0.5000	3.0000	0.0542
沙美内海	0.2000	2.0000	1.0000	3.0000	3.0000	0.5000	2.0000	0.3333	2.0000	4.0000	0.0890
小海	0.1429	0.3333	0.3333	1.0000	1.0000	0.5000	0.5000	0.1429	0.5000	2.0000	0.0336
老爷海	0.1429	0.3333	0.3333	1.0000	1.0000	0.5000	0.5000	0.1429	0.5000	2.0000	0.0336
黎安	0.2000	2.0000	2.0000	2.0000	2.0000	1.0000	1.0000	0.2000	0.5000	3.0000	0.0707
新村	0.2000	2.0000	0.5000	2.0000	2.0000	1.0000	1.0000	0.2000	0.5000	3.0000	0.0615
铁炉港	1.0000	5.0000	3.0000	7.0000	7.0000	5.0000	5.0000	1.0000	5.0000	8.0000	0.2740
新英湾	0.2000	2.0000	0.5000	2.0000	2.0000	2.0000	2.0000	0.2000	1.0000	3.0000	0.0758
花场湾	0.1429	0.3333	0.2500	0.5000	0.5000	0.3333	0.3333	0.1250	0.3333	1.0000	0.0232

图 3-39　备选方案对区位条件的判断矩阵图

3. 资源条件　一致性比例：0.0290；对"选择作为例子的潟湖"的权重：0.0608；λ_{max}：10.3890

资源条件	东寨港	八门湾	沙美...	小海	老爷海	黎安	新村	铁炉港	新英湾	花场湾	Wi
东寨港	1.0000	1.0000	7.0000	4.0000	3.0000	3.0000	0.5000	3.0000	2.0000	3.0000	0.1628
八门湾	1.0000	1.0000	7.0000	4.0000	3.0000	3.0000	0.5000	3.0000	2.0000	3.0000	0.1628
沙美内海	0.1429	0.1429	1.0000	0.2000	0.1667	0.1667	0.1111	0.2000	0.1429	0.2000	0.0145
小海	0.2500	0.2500	5.0000	1.0000	0.5000	0.5000	0.2000	0.5000	0.3333	0.5000	0.0387
老爷海	0.3333	0.3333	6.0000	2.0000	1.0000	1.0000	0.2000	0.5000	0.3333	1.0000	0.0551
黎安	0.3333	0.3333	6.0000	2.0000	1.0000	1.0000	0.2000	0.5000	0.3333	1.0000	0.0551
新村	2.0000	2.0000	9.0000	5.0000	5.0000	5.0000	1.0000	4.0000	3.0000	5.0000	0.2626
铁炉港	0.3333	0.3333	5.0000	2.0000	2.0000	2.0000	0.2500	1.0000	0.5000	2.0000	0.0760
新英湾	0.5000	0.5000	7.0000	3.0000	3.0000	3.0000	0.3333	2.0000	1.0000	3.0000	0.1185
花场湾	0.3333	0.3333	5.0000	2.0000	1.0000	1.0000	0.2000	0.5000	0.3333	1.0000	0.0541

图 3-40　备选方案对资源条件的判断矩阵图

4. 存在问题的典型性　一致性比例：0.0246；对"选择作为例子的潟湖"的权重：0.1113；λ_{max}：10.3302

存在问题的典...	东寨港	八门湾	沙美...	小海	老爷海	黎安	新村	铁炉港	新英湾	花场湾	Wi
东寨港	1.0000	0.1429	0.2000	0.2000	0.2000	0.1429	0.1667	0.3333	0.2000	0.2000	0.0179
八门湾	7.0000	1.0000	3.0000	3.0000	3.0000	1.0000	2.0000	5.0000	3.0000	3.0000	0.2091
沙美内海	5.0000	0.3333	1.0000	1.0000	1.0000	0.3333	0.5000	3.0000	1.0000	1.0000	0.0775
小海	5.0000	0.3333	1.0000	1.0000	0.5000	0.3333	0.5000	3.0000	1.0000	1.0000	0.0723
老爷海	5.0000	0.3333	1.0000	2.0000	1.0000	0.3333	0.5000	3.0000	2.0000	2.0000	0.0954
黎安	7.0000	1.0000	3.0000	3.0000	3.0000	1.0000	2.0000	5.0000	3.0000	3.0000	0.2091
新村	6.0000	0.5000	2.0000	2.0000	2.0000	0.5000	1.0000	5.0000	3.0000	3.0000	0.1481
铁炉港	3.0000	0.2000	0.3333	0.3333	0.3333	0.2000	0.2000	1.0000	0.3333	0.3333	0.0314
新英湾	5.0000	0.3333	1.0000	1.0000	0.5000	0.3333	0.3333	3.0000	1.0000	2.0000	0.0744
花场湾	5.0000	0.3333	1.0000	1.0000	0.5000	0.3333	0.3333	3.0000	0.5000	1.0000	0.0648

图 3-41　备选方案对存在问题的典型性的判断矩阵图

5. 生态系统的典型性　一致性比例：0.0174；对"选择作为例子的潟湖"的权重：0.1113；λ_{max}：10.2334

生态系统的典...	东寨港	八门湾	沙美...	小海	老爷海	黎安	新村	铁炉港	新英湾	花场湾	Wi
东寨港	1.0000	1.0000	7.0000	5.0000	4.0000	1.0000	1.0000	3.0000	5.0000	3.0000	0.1792
八门湾	1.0000	1.0000	7.0000	5.0000	4.0000	1.0000	1.0000	3.0000	5.0000	3.0000	0.1792
沙美内海	0.1429	0.1429	1.0000	0.3333	0.2500	0.1429	0.1429	0.2000	0.3333	0.2000	0.0174
小海	0.2000	0.2000	3.0000	1.0000	0.5000	0.2000	0.2000	0.3333	1.0000	0.3333	0.0328
老爷海	0.2500	0.2500	4.0000	2.0000	1.0000	0.2500	0.2500	0.5000	2.0000	0.5000	0.0493
黎安	1.0000	1.0000	7.0000	5.0000	4.0000	1.0000	1.0000	3.0000	5.0000	3.0000	0.1792
新村	1.0000	1.0000	7.0000	5.0000	4.0000	1.0000	1.0000	3.0000	5.0000	3.0000	0.1792
铁炉港	0.3333	0.3333	5.0000	3.0000	2.0000	0.3333	0.3333	1.0000	3.0000	1.0000	0.0755
新英湾	0.2000	0.2000	3.0000	1.0000	0.5000	0.2000	0.2000	0.3333	1.0000	0.3333	0.0328
花场湾	0.3333	0.3333	5.0000	3.0000	2.0000	0.3333	0.3333	1.0000	3.0000	1.0000	0.0755

图 3-42　备选方案对生态系统的典型性的判断矩阵图

6. 整治后是否适宜开发　一致性比例：0.0214；对"选择作为例子的潟湖"的权重：0.2652；λ_{max}：10.2872

整治后是否适...	东寨港	八门湾	沙美...	小海	老爷海	黎安	新村	铁炉港	新英湾	花场湾	Wi
东寨港	1.0000	1.0000	6.0000	5.0000	1.0000	3.0000	3.0000	1.0000	5.0000	5.0000	0.1794
八门湾	1.0000	1.0000	6.0000	5.0000	1.0000	3.0000	3.0000	1.0000	5.0000	5.0000	0.1794
沙美内海	0.1667	0.1667	1.0000	0.5000	0.1667	0.2000	0.2000	0.1667	0.3333	0.3333	0.0197
小海	0.2000	0.2000	2.0000	1.0000	0.2000	0.3333	0.3333	0.2000	1.0000	1.0000	0.0336
老爷海	1.0000	1.0000	6.0000	5.0000	1.0000	3.0000	3.0000	1.0000	5.0000	5.0000	0.1794
黎安	0.3333	0.3333	5.0000	3.0000	0.3333	1.0000	1.0000	0.3333	3.0000	3.0000	0.0782
新村	0.3333	0.3333	5.0000	3.0000	0.3333	1.0000	1.0000	0.3333	3.0000	3.0000	0.0782
铁炉港	1.0000	1.0000	6.0000	5.0000	1.0000	3.0000	3.0000	1.0000	6.0000	5.0000	0.1827
新英湾	0.2000	0.2000	3.0000	1.0000	0.2000	0.3333	0.3333	0.1667	1.0000	0.5000	0.0320
花场湾	0.2000	0.2000	3.0000	1.0000	0.2000	0.3333	0.3333	0.2000	2.0000	1.0000	0.0375

图 3-43　备选方案对整治后是否适宜开发的判断矩阵图

7. 有无规划或整治方案　一致性比例：0.0357；对"选择作为例子的潟湖"的权重：0.0511；λ_{max}：10.4793

有无规划或整...	东寨港	八门湾	沙美...	小海	老爷海	黎安	新村	铁炉港	新英湾	花场湾	Wi
东寨港	1.0000	0.5000	8.0000	6.0000	4.0000	4.0000	4.0000	3.0000	7.0000	5.0000	0.2250
八门湾	2.0000	1.0000	9.0000	7.0000	5.0000	5.0000	5.0000	4.0000	8.0000	6.0000	0.3016
沙美内海	0.1250	0.1111	1.0000	0.3333	0.2000	0.2000	0.2000	0.1429	0.5000	0.3333	0.0168
小海	0.1667	0.1429	3.0000	1.0000	0.3333	0.3333	0.3333	0.2500	2.0000	0.5000	0.0326
老爷海	0.2500	0.2000	5.0000	3.0000	1.0000	1.0000	1.0000	0.5000	5.0000	3.0000	0.0806
黎安	0.2500	0.2000	5.0000	3.0000	1.0000	1.0000	1.0000	0.5000	5.0000	3.0000	0.0806
新村	0.2500	0.2000	5.0000	3.0000	1.0000	1.0000	1.0000	0.5000	5.0000	3.0000	0.0806
铁炉港	0.3333	0.2500	7.0000	4.0000	2.0000	2.0000	2.0000	1.0000	5.0000	3.0000	0.1192
新英湾	0.1429	0.1250	2.0000	0.5000	0.2000	0.2000	0.2000	0.2000	1.0000	0.3333	0.0213
花场湾	0.2000	0.1667	3.0000	2.0000	0.3333	0.3333	0.3333	0.3333	3.0000	1.0000	0.0415

图 3-44　备选方案对有无规划或整治方案的判断矩阵图

8. 政府意愿　一致性比例：0.0361；对"选择作为例子的潟湖"的权重：0.0430；λ_{max}：10.4836

政府意愿	东寨港	八门湾	沙美...	小海	老爷海	黎安	新村	铁炉港	新英湾	花场湾	Wi
东寨港	1.0000	1.0000	8.0000	6.0000	5.0000	3.0000	3.0000	1.0000	7.0000	5.0000	0.2097
八门湾	1.0000	1.0000	8.0000	6.0000	5.0000	3.0000	3.0000	1.0000	7.0000	5.0000	0.2097
沙美内海	0.1250	0.1250	1.0000	0.3333	0.2000	0.1429	0.1429	0.1250	0.5000	0.2000	0.0150
小海	0.1667	0.1667	3.0000	1.0000	0.3333	0.2000	0.2000	0.1429	2.0000	0.5000	0.0284
老爷海	0.2000	0.2000	5.0000	3.0000	1.0000	0.3333	0.3333	0.2000	3.0000	2.0000	0.0530
黎安	0.3333	0.3333	7.0000	5.0000	3.0000	1.0000	1.0000	0.3333	5.0000	3.0000	0.1024
新村	0.3333	0.3333	7.0000	5.0000	3.0000	1.0000	1.0000	0.3333	5.0000	3.0000	0.1024
铁炉港	1.0000	1.0000	8.0000	7.0000	5.0000	3.0000	3.0000	1.0000	7.0000	5.0000	0.2130
新英湾	0.1429	0.1429	2.0000	0.5000	0.3333	0.2000	0.2000	0.1429	1.0000	0.3333	0.0221
花场湾	0.2000	0.2000	5.0000	2.0000	0.5000	0.3333	0.3333	0.2000	3.0000	1.0000	0.0443

图 3-45　备选方案对政府意愿的判断矩阵图

9. 整治急迫性　一致性比例：0.0253；对"选择作为例子的潟湖"的权重：0.3334；λ_{max}：9.2958

整治急迫性	东寨港	八门湾	小海	老爷海	黎安	新村	铁炉港	新英湾	花场湾	Wi
东寨港	1.0000	0.1429	0.2000	0.1429	0.1429	0.1429	0.3333	0.3333	0.3333	0.0197
八门湾	7.0000	1.0000	3.0000	1.0000	1.0000	1.0000	5.0000	5.0000	5.0000	0.1938
小海	5.0000	0.3333	1.0000	0.3333	0.3333	0.3333	3.0000	3.0000	3.0000	0.0855
老爷海	7.0000	1.0000	3.0000	1.0000	1.0000	1.0000	5.0000	5.0000	5.0000	0.1938
黎安	7.0000	1.0000	3.0000	1.0000	1.0000	1.0000	5.0000	5.0000	5.0000	0.1938
新村	7.0000	1.0000	3.0000	1.0000	1.0000	1.0000	5.0000	5.0000	5.0000	0.1938
铁炉港	3.0000	0.2000	0.3333	0.2000	0.2000	0.2000	1.0000	2.0000	2.0000	0.0461
新英湾	3.0000	0.2000	0.3333	0.2000	0.2000	0.2000	0.5000	1.0000	2.0000	0.0395
花场湾	3.0000	0.2000	0.3333	0.2000	0.2000	0.2000	0.5000	0.5000	1.0000	0.0339

图 3-46　备选方案对整治急迫性的判断矩阵图

2. 一致性检验

各判断矩阵的最大特征根及一致性比例见图 3-43～图 3-46，从中可以看出，各判断矩阵一致性比例均小于 0.1，在允许范围内，因此可认为以上各矩阵均通过一致性检验。

3. 计算权值

各备选方案对总目标的权值如表 3-6 所示。

表 3-6　备选方案对总目标权值表

	东寨港	八门湾	沙美内海	小海	老爷海	黎安港	新村港	铁炉港	新英湾	花场湾
权值	0.1113	0.1910	0.0203	0.0552	0.1389	0.1421	0.1477	0.1021	0.0447	0.0446
排序	5	1	10	7	4	3	2	6	8	9

4. 结论

综上，各备选方案权值排序为八门湾＞新村港＞黎安港＞老爷海＞东寨港＞铁炉港＞小海＞新英湾＞花场湾＞沙美内海。因此，本书选择八门湾潟湖作为典型案例，深入研究潟湖的综合治理问题。

3.8 小　　结

（1）海南岛面积达到500hm^{2}以上的潟湖有10个，主要形成于浪控海岸，又靠潮差来维系。东部、南部海域波高潮差比相对接近于1，反映海南岛环岛潟湖分布上，以东部、南部为主，西部、北部较少。海南岛潟湖资源丰富，有港口、红树林、海草床、旅游和渔业等资源。

（2）海南岛沿岸为弱潮海岸，以沙坝-潟湖地貌体系为主要特征，该体系的形成与演变，从长时间大尺度上来讲，也是弱潮环境现代河口三角洲淤积充填发展的过程。海南岛的潟湖类型多样、形态各异，取决于冰后期海湾被封堵时的初始形态和目前所处的演变阶段。

（3）潟湖是天然的养殖场，周边乡镇人口大多是世代以潟湖为生的渔民，经济收入主要来源于捕捞、养殖，由于渔业资源逐渐匮乏，水质恶化，渔民面临重重困境，需要转产转业，因此传统渔业人口的占比将逐年下降。

（4）多方面原因导致海南岛潟湖的水体环境质量处于下降状态。随着社会经济的发展，城乡人口的增多，大量城乡生活污水、内湾船舶作业、渔船排污及沿岸高位池养殖废水未经处理直接排入潟湖，造成潟湖内湾污染物总量增加，在水交换能力一定的情况下，潟湖内湾水体环境出现不同程度的恶化。同时，沿岸养殖池的建设占用潟湖的水域面积，减少了潟湖的纳潮量，大量养殖渔排的搭建阻挡了水流，水体自净能力减弱，影响潟湖内湾的水体环境质量。

（5）以确权用海宗数来说，十大潟湖渔业用海宗数占总用海宗数的95%，交通运输用海宗数占总用海宗数的3%，旅游娱乐用海和造地工程用海宗数各占总用海宗数的1%。因此，海南岛潟湖用海现状大多为渔业用海，以渔港基础设施用海、养殖池塘用海、定置网捕捞用海、渔排网箱养殖用海为主。

（6）海南岛潟湖普遍存在口门缩窄破坏潟湖稳定、水体环境出现不同程度的恶化、生态资源遭受破坏、渔业养殖捕捞开发管理无序、旅游资源开发不够等问题，因此对海南岛潟湖进行有效的规划和整治很有必要。

（7）通过层次分析法判定八门湾潟湖是最适宜作为海南省潟湖综合整治研究的典型案例。

第4章　八门湾潟湖生态系统概况

八门湾潟湖位于海南省文昌市东南部，是由文昌河与文教河汇合出海形成的潟湖港湾，包括文昌河河口、文教河河口、八门湾内湾和清澜港潮汐通道，面积3966hm^2，海岸线长73.29km。

八门湾潟湖具有以下功能：①防洪抑涝、调节洪水；②提供野生动植物栖息地和净化水质；③科普观光和旅游游憩；④航运；⑤渔业资源养护及捕获等。

但是，由于历史原因和池塘养殖、定置网捕捞、清澜港潮汐汊道内和口门外西侧浅滩围填海、污水排放等人类开发活动，潟湖面积减小，纳潮面积和纳潮量大幅减小，水动力条件减弱，水体自净能力降低，水环境容量变小，水质下降，红树林资源遭到破坏，红树林生态环境遭受威胁等；文教河、文昌河等河流每年携带大量泥沙流入八门湾，大多数泥沙沉积在河流入海处，造成河口处淤积严重，加上河口两侧大规模围垦养殖，导致流水不畅，特别是洪水期引起壅水，如果遇上天文大潮顶托，文昌河和文教河洪水难以消退，造成洪水淹城，同时，泥沙淤积也严重影响了八门湾的通航能力。另外，多年来管理力度不够，渔业养殖的无序发展造成滨湾、滨海养殖区占用大量海岸带和红树林生长区域，影响潟湖景观。

因此，有必要对八门湾潟湖进行综合整治，通过采取有效的整治措施，改善潟湖环境质量，缓解上游行洪压力，同时增强潟湖景观功能，推动八门湾潟湖生态环境和经济社会的可持续发展。

4.1　地 理 区 位

文昌市位于海南岛东北部，具有区位、资源和人文三大发展优势，东南部和北部是南海和琼州海峡，西部与海口市相邻，西南部与定安县和琼海市接壤，全市平面轮廓近似半月形，陆域面积248800hm^2，海域面积460000hm^2，海岸线长278.5km，有大小港湾40个。海南省委六届九次全会提出打造“海澄文”一体化的琼北综合经济圈，将其定位为海南国际旅游岛创新试验区、高端服务业和高品质消费集聚区、南海开发保护合作的综合平台、北部湾沿岸开放新高地、现代化宜居宜业之城。

八门湾位于文昌市东南部，周边与文昌市的文城镇、东阁镇、文教镇、东郊镇交界。区域内交通以公路为主，223 国道（海榆东线）和海文高速公路呈南北向通过，清澜大桥横跨湾口，从文城出入口至海口不足 1h 车程（60km）。

4.2 自然环境概况

4.2.1 海洋气象

八门湾所在文昌市属热带海洋性季风气候区，冬季受东北季风影响盛行东北风，夏季受东南季风影响盛行东南风，常有热带气旋影响，冬无严寒，夏无酷暑，降水和热量都很丰沛，但季节分布不均，干湿季分明。以下气象要素采用文昌市清澜海洋环境监测站 1959～2008 年的资料统计。

1. 气温

年平均气温为 23.3～25.1℃，最冷月为每年的 1 月，温度为 14.3～20.5℃，最热月为每年的 7 月，温度为 27.3～29.0℃，极端最低气温为 4.2℃，极端最高气温可达 39.1℃。

2. 降水与相对湿度

年平均降水量为 2030.8mm，年最大降水量为 2770.7mm（1997 年），年最小降水量为 978mm（1987 年），降水量多集中在 5～10 月，该 6 个月的降水量占到全年降水总量的 77.4%，其中以 9 月最多，该月月平均降水量为 333.4mm。一日最大降水量为 288.8mm。年平均相对湿度为 85%，受海洋调节，水汽丰富，各月平均相对湿度变化不大，其变幅为 82%～87%。最小相对湿度为 20.1%。

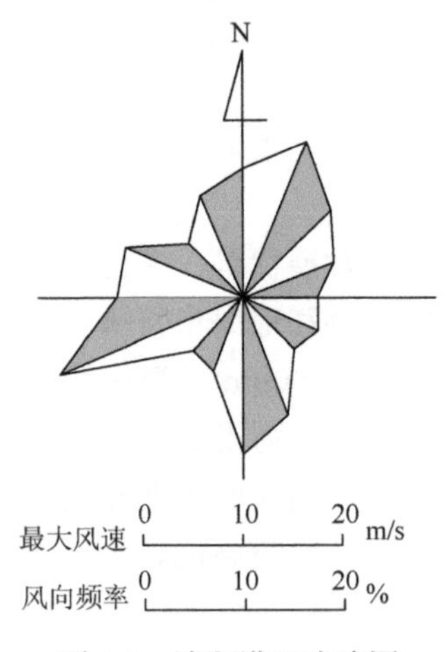

图 4-1 清澜港风玫瑰图

3. 雾况

文昌市每年 12 月至次年 1～4 月为雾季，一般在清晨起雾，10 时前后消失，平均年雾日 20.3 天，最多的年份达 39 天。年平均轻雾日为 30.3 天。

4. 风况

全年平均风速为 2.3m/s，每年的 10 月至次年的 3 月以偏东北风为主，5～8 月盛行偏南风，4 月和 9 月为季风转换季节。全年的常风向为东北风，强风向为北风，最大风速达 27m/s，极大风速可达 40m/s 以上。清澜港风玫瑰图见图 4-1。

5. 热带气旋

八门湾的主要灾害性天气系统是热带气旋。影响该地区的热带气旋来自西北太平洋和南海，据统计，影响该海域的热带气旋平均每年 4.6 个。热带气旋一般出现在每年的 4～11 月，集中在 7～9 月，热带气旋影响该海区时，常会出现大风、暴雨、巨浪和风暴潮，对海岸工程和海洋生态造成很大的危害。

4.2.2 水文条件

1. 潮汐

文昌岸段的验潮站设在清澜港，根据清澜验潮站验潮资料分析，潮汐类型主要以分潮振幅比值$(H_{K1}+H_{O1})/H_{M2}$判别，其中，H_{K1}、H_{O1}、H_{M2}分别为 K1、O1、M2 的振幅，分潮振幅比为 2.178，清澜潮汐特征为不正规全日潮类型。

清澜多年平均潮位为 0.592m（1985 年国家高程基准），极端最高潮位为 3.163m（调查值），出现在 1972 年 11 月 8 日，为 7220 号台风登陆引发风暴潮叠加在天文高潮位所致；极端最低潮位为–0.71m，出现在 2005 年 6 月 23 日。清澜累计平均潮差为 0.89m，极端最大潮差为 2.55m，出现在 1991 年 7 月。

2. 潮流

1）测点位置

海南省海洋与渔业科学院（原海南省水产研究所和原海南省海洋开发规划设计研究院）在八门湾及其附近海域进行了四个航次的连续潮流观测，第一航次是 2008 年 8 月 1 日 9 时～8 月 2 日 10 时，布设四个站 26h 连续潮流观测；第二航次是 2009 年 4 月 29 日 9 时～30 日 10 时，布设五个站 26h 连续潮流观测；第三航次是 2012 年 9 月 26～27 日，布设六个站 26h 连续潮流观测；第四航次是 2016 年 6 月 7～8 日，布设六个站 26h 连续潮流观测。

2）潮位

第一航次海流观测期间潮位利用清澜海洋环境监测站的数据，潮高基面为国家 85 基面。第二航次未进行潮位观测。

第三航次海流观测期间潮位利用清澜海洋环境监测站的数据，潮高基面为国家 85 基面。

第四航次海流观测期间潮位利用清澜海洋环境监测站的数据，潮高基面为国家 85 基面。

a. 第一航次实测潮流统计分析

根据 2008 年 8 月 1～2 日在清澜附近海域进行的四条垂线的各 26h 同步实测

潮流资料，绘制出清澜附近海域四个站各层流速矢量图，见图 4-2～图 4-4，分析海域潮流有如下特征。

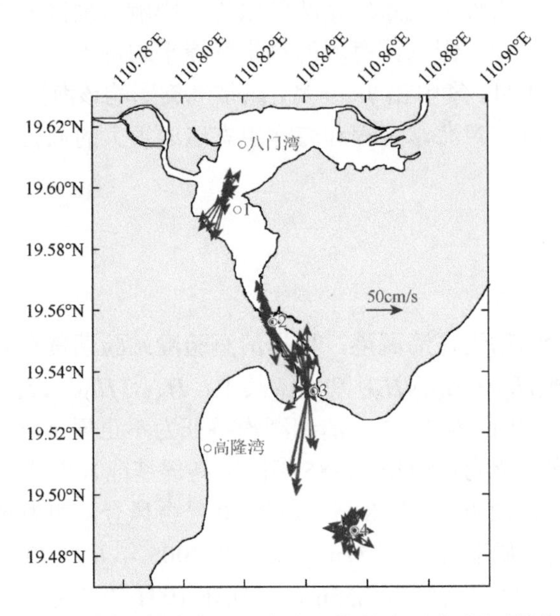

图 4-2　第一航次各测站在大潮期的表层流速矢量图

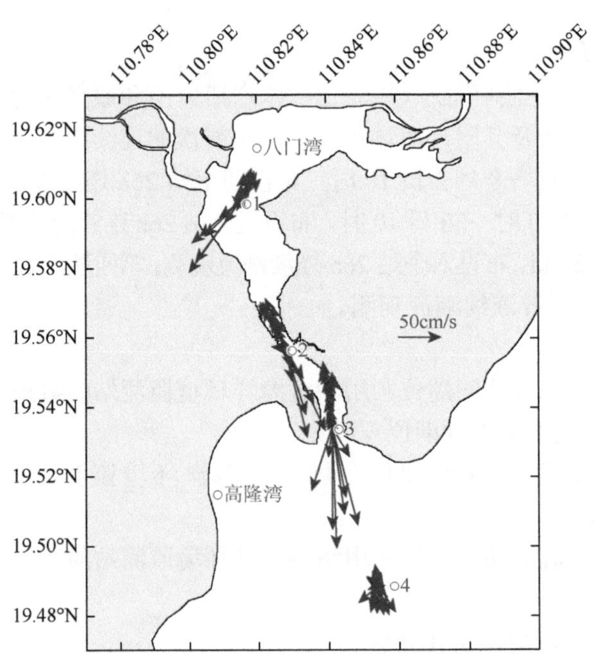

图 4-3　第一航次各测站在大潮期的中层流速矢量图

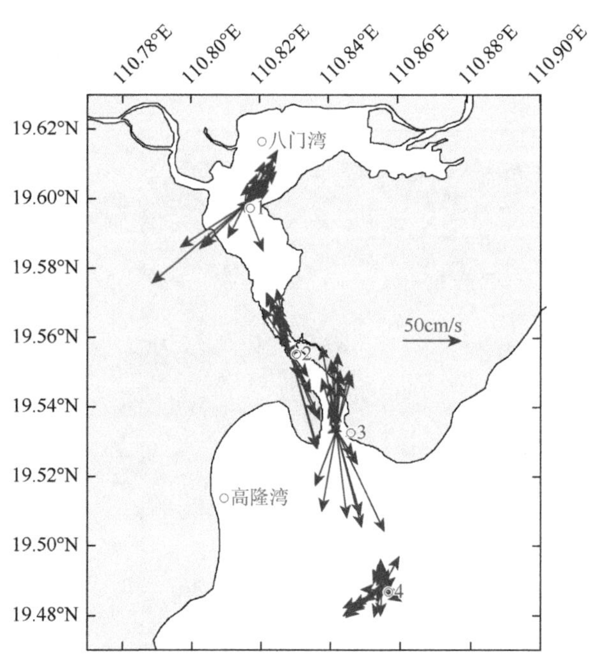

图 4-4　第一航次各测站在大潮期的底层流速矢量图

（1）观察期间潮位过程线有两次高潮和两次低潮，与其对应的流速也发生变化。

（2）潮汐通道内潮流为沿潮汐通道的往复流形式。

（3）实测最大潮流及流向见表 4-1，实测最大落潮流速为 147cm/s，最大涨潮流速为 89cm/s，落潮流速明显大于涨潮流速。

（4）最大落潮流速一般发生在高潮后 2h 左右，最大涨潮流速一般发生在低潮后 2～3h。

表 4-1　第一航次实测潮流最大涨潮、落潮

站号	表层				中层				底层			
	落潮		涨潮		落潮		涨潮		落潮		涨潮	
	流速/(cm/s)	流向/(°)	流速/(cm/s)	流向/(°)	流速/(cm/s)	流向/(°)	流速/(cm/s)	流向/(°)	流速/(cm/s)	流向/(°)	流速/(cm/s)	流向/(°)
1	72	198	35	35	103	216	41	20	105	229	56	32
2	82	153	57	345	107	154	64	340	88	164	56	349
3	147	187	89	359	143	178	77	351	97	155	73	350
4	46	163	37	45	26	354	36	145	32	27	41	236

b. 第二航次实测潮流统计分析

根据 2009 年 4 月 29～30 日在清澜附近海域进行的五条垂线的各 26h 同步实测潮流资料（其中 2 号站由于风浪原因中途停机，只录得 14h 的数据），绘制出清澜附近海域五个站各层流速矢量图，见图 4-5～图 4-7，分析清澜附近海域潮流有如下特征。

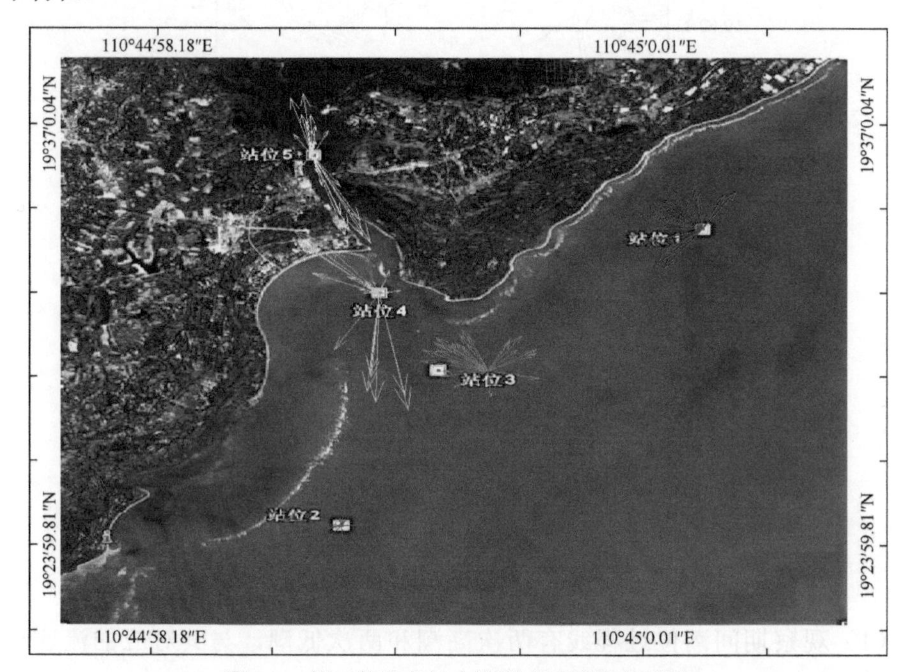

图 4-5 第二航次各站大潮期表层流速矢量图

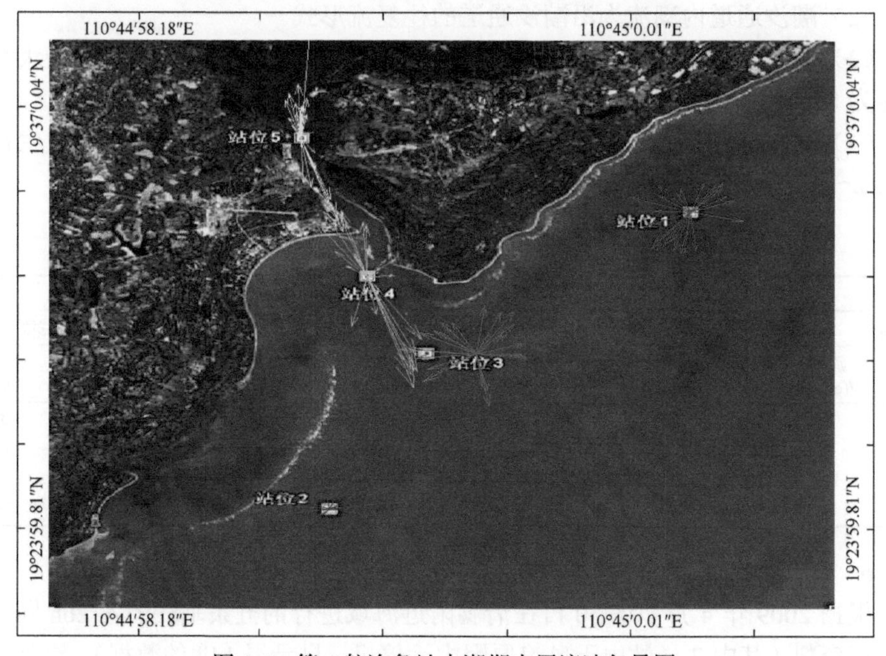

图 4-6 第二航次各站大潮期中层流速矢量图

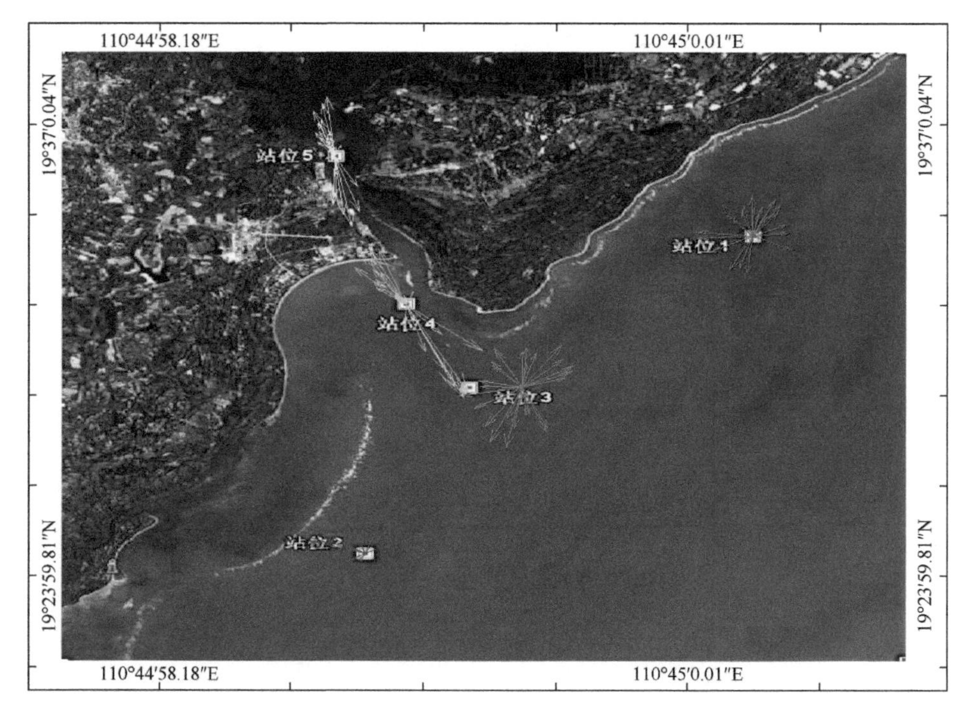

图4-7　第二航次各站大潮期底层流速矢量图

（1）清澜附近海域潮流为沿潮汐通道的往复流形式。

（2）实测最大潮流及流向见表4-2，实测五个站中最大流速为4号站，其值为93.49cm/s，1号站、2号站和4号站表层流速明显大于其余两层的流速，3号站底层流速明显大于其余两层的流速，5号站中层流速明显大于其余两层的流速。

表4-2　第二航次实测潮流最大流速、流向

站号	表层		中层		底层	
	流速/(cm/s)	流向/(°)	流速/(cm/s)	流向/(°)	流速/(cm/s)	流向/(°)
1	39.46	289.33	35.77	217.67	29.18	23.1
2	69.16	249.3	50.61	81.37	45.99	−19.01
3	38.84	−64.98	40.95	274.61	44.58	190.69
4	93.49	170.03	91.54	163.82	73.97	156.74
5	75.19	155.83	77.24	163.06	51.69	170.63

c. 第三航次实测海流统计分析

根据2012年9月26～27日实测潮流资料绘制出6个站各层流速矢量图及垂向平均潮流矢量图（图4-8～图4-11），分析海域潮流有如下特征。

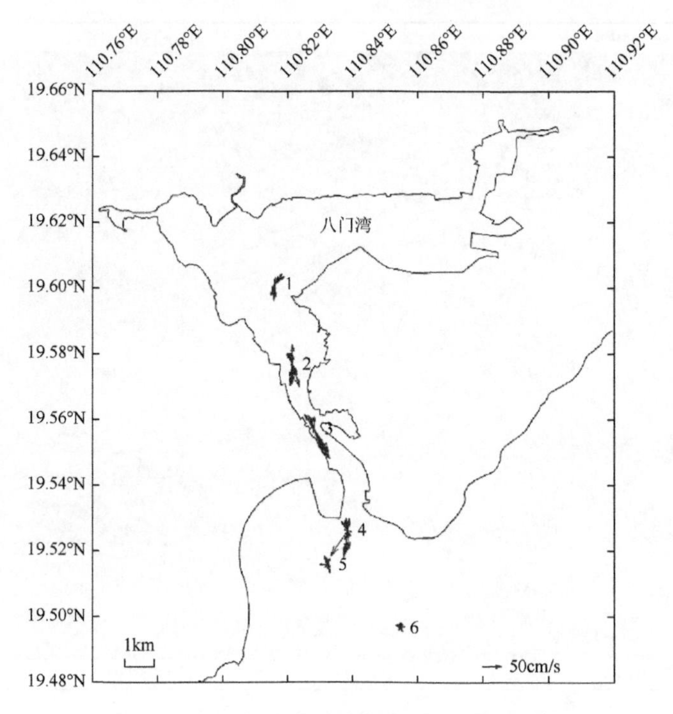

图 4-8　第三航次各站大潮期表层流速矢量图

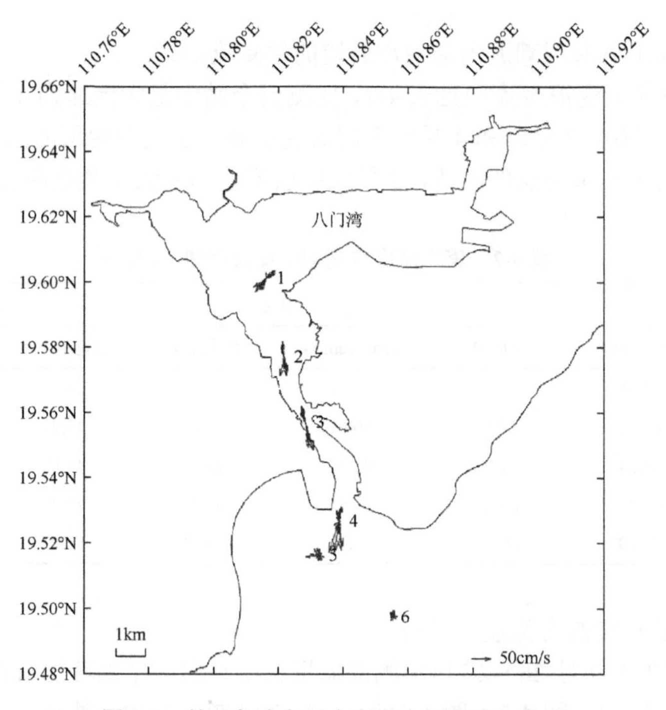

图 4-9　第三航次各站大潮期中层潮流矢量图

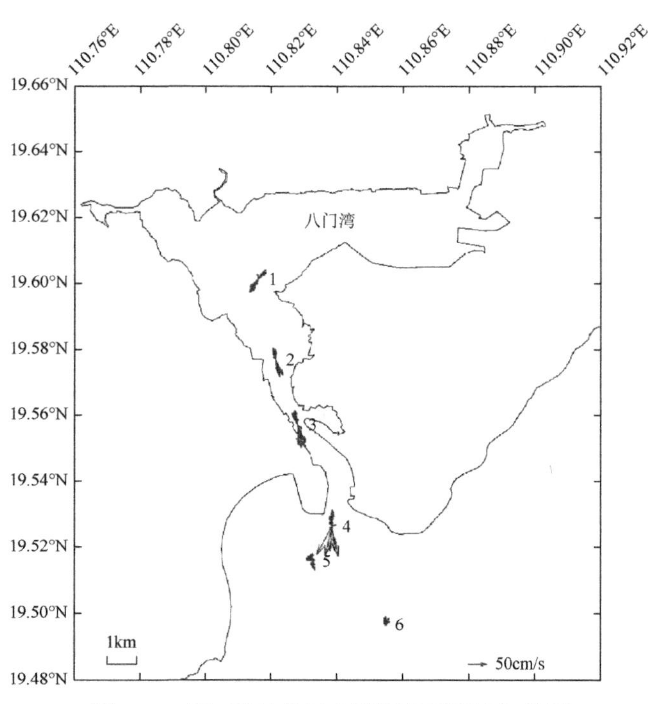

图 4-10　第三航次各站大潮期底层流速矢量图

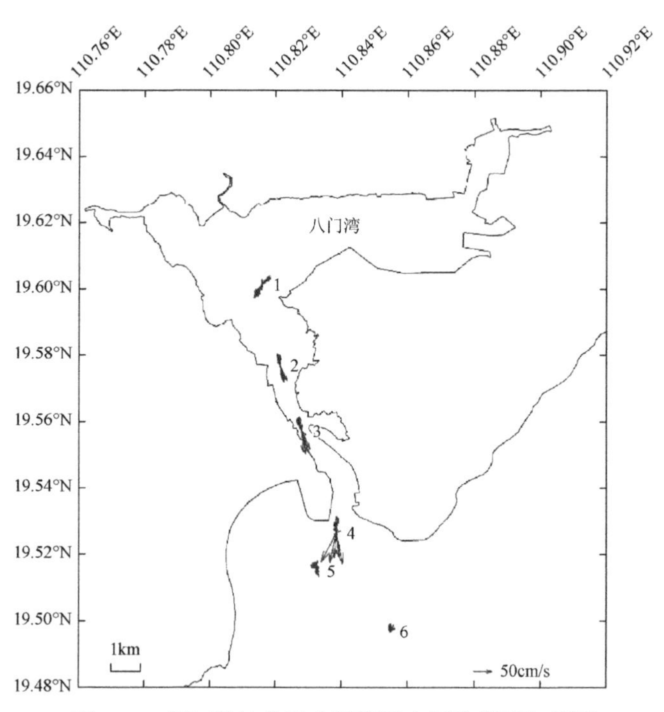

图 4-11　第三航次各站大潮期垂向平均流速矢量图

（1）从潮流矢量图可以看出，靠近岸的 1 号、2 号、3 号站潮流涨潮、落潮方向与岸线走向一致，为显著的往复流；靠外海的 4 号、5 号、6 号站由于浅水效应及复杂的波浪作用，并没有出现显著的往复流。

（2）1 号、2 号、3 号站转流时间基本相同，均出现于高潮后 1～2h 内，转流时刻出现在高潮、低潮位附近，可说明潮波传播类型为驻波。各站潮流最大值出现在半潮面时刻附近，潮流最小值出现在高潮、低潮时刻附近。

（3）3 号站潮流流速较大，最大流速达到了 90cm/s，出现于 3 号站表层。总体来看，3 号站潮流流速最大，1 号站潮流流速最小；垂线方向上，各站并没有出现表层潮流流速最大、底层流速最小的情况。

（4）根据潮流特征值可知，1 号、2 号、3 号站落潮流均强于涨潮流，从潮流平均值上看，落潮流流速比涨潮流流速快 9cm/s 左右。3 号站表层涨潮流平均流速为 24.5cm/s，落潮流平均流速为 34.4cm/s；中层涨潮流平均流速为 30.1cm/s，落潮流平均流速为 36.1cm/s；底层涨潮流平均流速为 25.3cm/s，落潮流平均流速为 36.1cm/s。4 号站涨潮流强于落潮流；5 号、6 号站涨潮流接近落潮流。

d. 第四航次实测潮流统计分析

受地形因素影响，大潮期调查海域，各层潮流矢量图见图 4-12～图 4-14。特

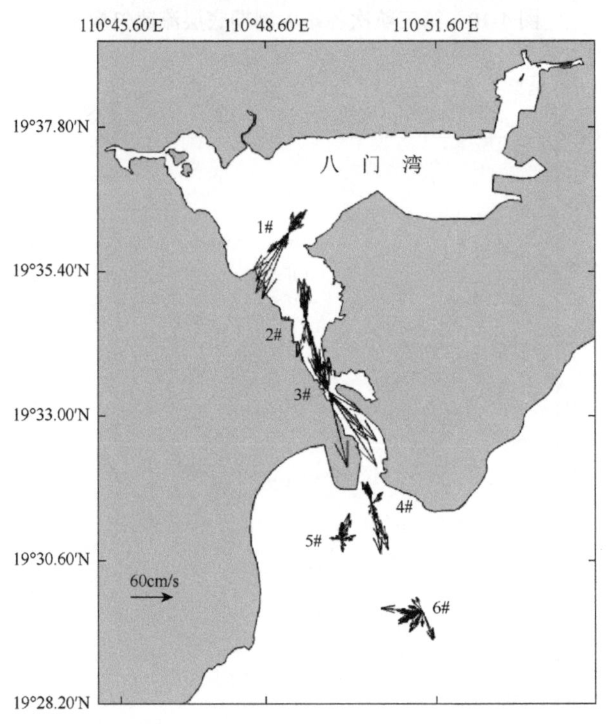

图 4-12 第四航次各站大潮表层潮流矢量图

1#～6#为 1～6 号站位

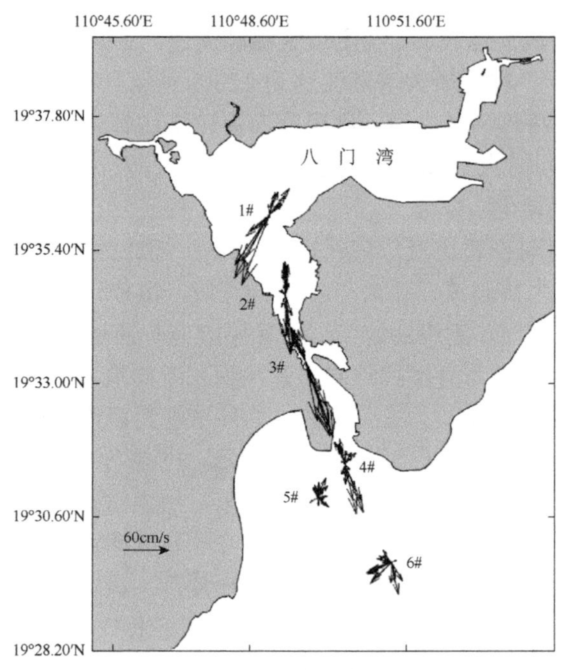

图 4-13　第四航次各站大潮中层潮流矢量图

1#～6#为 1～6 号站位

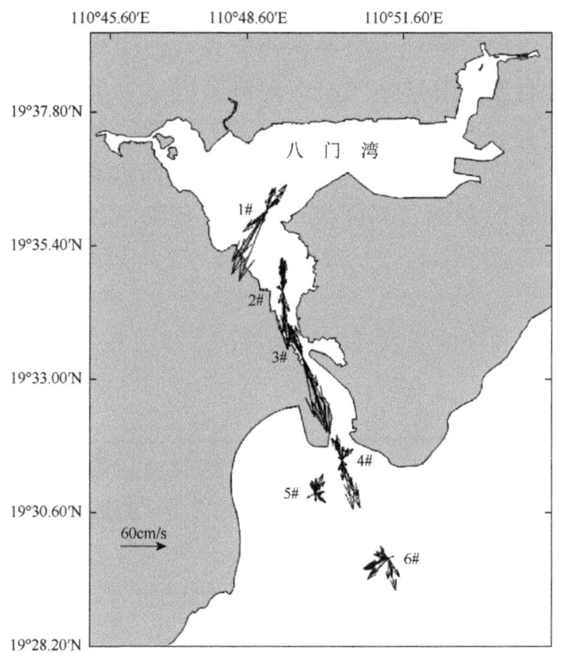

图 4-14　第四航次各站大潮底层潮流矢量图

1#～6#为 1～6 号站位

别是潮汐通道内海流流速较大，实测最大涨潮流速为58.6cm/s，对应流向为349°，发生在2号站表层；实测最大落潮流速为123.8cm/s，对应流向为147°，发生在3号站表层，且该站落潮时中层、底层落潮流速均达到最大，大于1m/s。潮汐通道内（1～3号站）最大落潮流速明显高于通道口门及高隆湾，而最大涨潮流略高于通道口门及高隆湾。

调查海域清澜潮汐通道及口门（1～4号站）潮流为往复流，高隆内湾（5～6号站）潮流表现为旋转流。同时，在不同深度，潮汐通道及口门流速明显高于高隆内湾流速。涨潮时，潮汐通道及口门各层流向与通道走向一致，为西北向流，通道北部1号站流向则与海岸线走向一致，为东北向流；落潮时，潮汐通道及口门各层流向与涨潮时相反，为东南向流，1号站则为西南向流。同时，由于调查海域潮流性质属于不正规全日潮，在调查期间，出现两次涨潮流，两次落潮流，涨潮流、落潮流大小不等。潮汐通道及口门第一次由涨潮转为落潮后潮流流速明显增大，落潮转为涨潮后流速减小；第二次涨潮转为落潮后潮流流速则减小，落潮转为涨潮后流速增大。高隆内湾流向则比较复杂，流向呈顺时针旋转。此外，潮汐通道及口门在不同深度流速流向比较稳定，变化不大；而高隆内湾流速在不同深度变化较小，但流向多变。

3. 波浪

由于清澜通道口门附近地形复杂，没有设立波浪观测站，现引用距通道口门东北部25km的铜鼓岭海洋站的波浪观测资料做参考。

铜鼓岭本身是一向海突出的岬角，且测波浮标投放在较浅水深处，在波浪向岸传播过程中，波浪变形，引起能量辐聚，因而测点所测得的波高较深水波浪作用强烈。根据该站观测资料作统计分析，该海区波浪以风浪为主，出现频率为99%，涌浪频率占55%，平均波高0.95m，平均周期4.26s，最大波高3.2m，最大周期8.7s。

为了了解铜鼓岭波浪性质及该海域的波况，根据资料对波高和周期分别进行分级统计并加以分析。

1）波高的出现率

根据各月及年平均各级波高出现率统计结果可以看出，就全年而言，波高$H_{1/10}$（表示1/10大波平均波高，称为部分大波平均波高）小于1.0m的浪的出现率占50%以上，1.5m以下的波高的出现率占90%左右，其中波高在0.5～1.5m的频率占 85%左右。波高出现率的季节性变化较明显，全年中各月波高大多在0.5～1.5m，约占当月的90%。

由于研究区域处于台风登陆区域，由热带气旋引起的波高$H_{1/10}$一般在1.5～3.2m。铜鼓岭测波站1985年测得的最大波高$H_{1/10}$为3.2m，周期为5.6s，东北东向。

2）周期的出现率分布

该海区长周期涌浪较少，一般属于风浪性质。周期很少超过 6.0s，周期的最高频率出现在 3～5s，约占全年的 76%。周期的季节性变化不很明显，但周期出现率具有季节性变化，夏半年波的周期主要在 3～6s，而冬半年周期较短，主要在 2～5s，且较小周期段出现率占有一定比例。其与海南岛的气候类型有关。海南岛属热带季风性气候，上半年盛行 S—SE 风，下半年盛行 NNE—ENE 风，4 月和 9 月为风向转换月份。

3）波高周期的联合分布及极值特征

根据铜鼓岭波浪资料分别对波高/周期分级统计每一区段的出现率以及波浪要素的月平均值和月极值。波高主要在 1.5m 以下，约占 90%，其对应较短周期，较大的波高对应较长的周期，符合一般规律。该海区波浪不强，周期较短，以风浪为主。波高和周期联合分布的季节性变化也有一定的规律。夏半年的波高跨度大，主要集中在 0.5～2.0m，其对应的周期出现率也呈大跨度趋势；冬半年 0.5～1.5m 的波高出现率较大，跨度较小，其对应的出现率最高的周期也集中在 3～5s，符合一般规律。

4）各向波浪统计特征

就全年而言，该海域常浪向为 SE 向，出现频率为 39.8%，次常浪向为 SSE 向，其频率为 13.3%。出现率的季节性变化非常明显，夏半年 SE—S 向出现频率较高，占当月的 70%以上；而冬半年 NE—SE 向出现频率较高，约占当月的 70%。这种现象与海南岛夏半年盛行 S—SE 风，冬半年盛行 NNE—ENE 风的热带季风性气候直接相关。

八门湾和清澜潮汐汊道水域，外海的波浪向八门湾内湾传播时经多次折射和绕射已基本衰竭。八门湾的波浪作用主要由局地风和船行波所引起。局地风所产生的波浪中，西风对其影响较大，西风为向岸风，产生的波浪是向岸传播，这种局地风产生的波浪由于风区短，产生的波高小，即使发生台风时八门湾海域附近产生的波高也不会超过 2m。故可认为八门湾海域的波浪作用除发生台风外其他情况下均较弱，天然掩护条件良好。

4.2.3　地形地貌与冲淤环境

1. 地质构造特征

文昌清澜地区在地质构造上受铺前—清澜南北向断裂带和王五—文教东西向断裂带控制。铺前—清澜南北向断裂带的东北侧为中生代花岗岩侵入体构成的琼东北隆起带，组成了海南角—抱虎角—铜鼓岭基岩岸段，而该南北向断裂带西侧为第四纪的火山熔岩台地，二者之间为清澜凹陷区。冰后期海侵过程中，琼东北隆起带的花岗岩风化壳遭受海蚀作用，大量泥沙在沿岸波流搬移下，在其东南部的清澜凹陷区堆积，从而发育了沙嘴、潟湖和潮汐通道地貌体系，即八门湾潟湖地貌体系，其中以沙嘴相继发育与潮汐通道长度延伸之间的关系尤为独特（图 4-15）。

图 4-15　清澜八门湾潟湖-沙嘴-潮汐通道

2. 地形地貌

八门湾潟湖是受清澜东郊北侧的沙堤分隔而形成的半封闭水体。沙堤已有一定的胶结作用，呈棕红色，与东郊东南沿岸所形成的淡黄色、松散物质结构沙嘴系列有明显差别，反映出八门湾潟湖南侧沙堤与沿岸沙嘴的形成年代具有一定的差别。类似的沙嘴或沙堤地貌特征，在海南岛其他地区也有发现，如万宁小海潟湖的岸外沙堤也是由两条平行沙堤组成的，其内侧沙堤与外侧沙堤在色泽上也有类似上述的差异；琼南海岸上的新村港潟湖与黎安港潟湖之间的连岛沙洲也在胶结程度和色泽上有别于沿岸沙堤。这些呈棕红色的沙堤与琼西北黎湾八所组的棕红色沙层相似。据文昌市翁田镇钻孔资料，埋深4.89～6.00m的红色细砂样品，经热释光年龄测定，其年龄为（14444±722）年；清澜港西侧棕红色砂层中的黑色淤泥质砂，经^{14}C年代测定，其年龄为（12130±390）年。由此可见，八门湾潟湖南侧和小海及新村港的棕红色沙堤应为全新世早期海侵的产物。

1）东郊复式沙嘴的形成

冰后期海侵，琼东北的基岩海岸遭受波浪强烈侵蚀，沿岸形成高低起伏的浪蚀平台，大量泥沙随波流推移在其东南部海滨相继发育了一条条相互平行的沙嘴。沙嘴的走向基本上呈NE—SW向，与秋、冬期间沿岸盛行的NNE向、NE向和N向风浪及其引起的沿岸漂沙运移方向一致，反映了琼东北基岩岸段遭受侵蚀的泥沙是沙嘴发育的主要泥沙来源。

在铜鼓岭以南的岸段上，随着沙嘴相继发育和岸滩进积过程，岸线也不断地向东南方向推移。沙嘴末梢受夏季盛行的SE向、SW向风浪和涨潮流向的控制，导致沙嘴末梢向NW向弯曲。东郊海滨地带沙嘴的发育过程反映了海岸间断性进积作用。

在沙嘴前缘的潮间带是一片宽度为500～1000m的珊瑚岸礁，据^{14}C年代测定，其形成于距今5000年左右。珊瑚岸礁和沙嘴发育的空间关系反映了东郊东南部复式沙嘴的形成应早于珊瑚岸礁的生成年代，而港门村几条含有珊瑚碎屑的小沙嘴则形成于珊瑚岸礁发育之后。在东郊沙嘴发育的同时，清澜玄武岩台地的岸外海滨，也相继形成一片片相互毗连的砂质浅滩。

2）清澜潮汐通道的形成

清澜潮汐通道北始于东岸的沙尾与西岸的下洋村之间的横断面，南界至通道口的1号灯标，长度约为9.0km，是八门湾潟湖与外海水体相互连通的通道。

潮汐通道东西两侧沿岸泥沙来源、岸滩进积速度以及沿岸水动力条件的差异，使其东西两侧岸线轮廓具有不同的进积速度和地貌形态。通道东侧复式沙嘴的形成及其延伸方向，显示出沿岸漂沙主要是从东北向西南运移的，而西侧的沙洲主要靠西部岸段自西向东运移的沿岸漂沙补给。在地貌形态上显示出东侧的泥沙供给量远大于西侧，因而东侧的进积速度远大于西侧，加上东侧岸外是一片宽度为 500～1000m 的珊瑚礁平台，使得通道口东侧岸段向海凸出，而西侧岸线则因泥沙来源数量少于东侧而呈凹形向陆弯曲，成为半隐蔽的海湾（高隆湾）。在东侧海岸廓线的影响下，潮汐通道的涨落潮流在通道口西侧的走马园岸外分别产生汇集进入通道和扩散进入高隆湾，然而高隆湾沿岸自西向东运移的沿岸漂沙受走马园岸外通道涨潮流、落潮流影响，导致泥沙落淤，因而在走马园岸外形成由中砂、粗砂组成的拦门沙（落潮三角洲）。在沿岸漂沙的不断补给下，拦门沙与岸连接，形成了从走马园向南突出的沙嘴形态，通道口也随之南移，继而在通道口又形成拦门沙。这种由拦门沙相继发育并与岸连接而构成的潮汐通道西侧边界，由北向南延伸的长度约为 3000m。低潮时，沙嘴出露，并把通道口门段与高隆湾的水体分隔开来，使得潮汐通道口门直抵 1 号灯标处，构成了现清澜潮汐通道西侧的轮廓，并拦截来自高隆湾的沿岸漂沙进入通道，然而高潮时，沙嘴则被埋没在海面下，沙嘴顶部形成破浪冲越的水流，促使沙嘴的部分泥沙沿岸运移进入潮汐通道口门段淤积，对潮汐通道的深槽稳定性产生一定的影响。

3）八门湾冲淤分析

从自然状态来看，八门湾潮汐通道总体上处于淤积状态，但由于上游水库的建设，河流来沙量减少，淤积量较小，加上人为疏浚航道，八门湾处于泥沙收支基本平衡状态；在清澜港总体规划逐步实施、岸线逐步被利用的影响下，八门湾潮汐通道的深槽将进一步浚深，而陆域部分浅滩围垦成陆，整个潮道可能向窄深方向发展；从最近的遥感影像图可以看到，八门湾大量池塘养殖占用了水域，纳潮量减少。

4.3　环境质量调查与评价

八门湾海域开发利用程度较高，海洋工程项目在开展海域使用论证工作时，曾对内湾及口门附近海域的水质、沉积物及生态环境进行过调查。这些海洋环境监测资料对了解八门湾内湾的海洋环境及生态状况有着重要的意义。本书采用 2015 年 6 月在八门湾海域取得的水质、沉积物环境质量现场调查资料，并收集近几年该海域水质、沉积物环境、生物质量调查历史数据，分析、评价八门湾海域环境质量状况。

4.3.1　历史资料收集

1. 调查站位

收集海南省海洋监测预报中心于 2008 年 7 月 31 日（大潮期）在八门湾邻近海域的水质、沉积物监测资料，共有 12 个水质监测站位和 6 个沉积物监测站位，具体位置见表 4-3 和图 4-16。收集国家海洋局海口海洋环境监测中心站 2011 年 4 月对八门湾海区进行的调查结果，水质采样点 12 个，沉积物采样点 6 个，具体位置见表 4-4 和图 4-17。收集海南省海洋开发规划设计研究院和国家海洋局海口海洋环境监测中心站于 2012 年 6 月 6 日对八门湾附近海域进行的水质和沉积物的调查资料，水质共布设 20 个监测站，沉积物共布设 12 个监测站，采样点位置详见表 4-5 和图 4-18。收集海南省海洋开发规划设计研究院和广州安纳环境分析测试有限公司于 2012 年 10 月 8 日和 2014 年 1 月 13 日对八门湾区域附近海域进行的水质和沉积物的调查资料，水质共布设 20 个监测站，沉积物共布设 12 个监测站，采样点位置详见表 4-6 和图 4-19。

表 4-3　2008 年 7 月八门湾海域水质、沉积物调查站位及内容

站号	纬度	经度	调查内容
1	19°31′2.20″N	110°50′50.98″E	水质
2	19°31′49.40″N	110°50′36.30″E	水质
3	19°32′36.25″N	110°50′21.83″E	水质、沉积物
4	19°33′1.39″N	110°50′9.61″E	水质、沉积物
5	19°33′0.68″N	110°49′56.11″E	水质、沉积物
6	19°33′10.51″N	110°49′53.46″E	水质、沉积物
7	19°33′37.32″N	110°49′36.88″E	水质、沉积物
8	19°34′5.46″N	110°49′23.65″E	水质、沉积物
9	19°34′55.34″N	110°49′19.90″E	水质
10	19°30′42″N	110°50′20″E	水质
11	19°31′18″N	110°49′38″E	水质
12	19°31′48″N	110°48′54″E	水质

表 4-4　2011 年 4 月八门湾海域水质、沉积物调查站位及内容

站号	纬度	经度	调查内容
1	19°31′23.2″N	110°50′12.8″E	水质、沉积物
2	19°31′10.5″N	110°51′06.3″E	水质
3	19°32′03.8″N	110°50′31.6″E	水质、沉积物
4	19°32′54.1″N	110°50′07.4″E	水质
5	19°33′38.8″N	110°49′28.9″E	水质、沉积物
6	19°34′29.4″N	110°49′18.2″E	水质
7	19°35′22.0″N	110°49′03.4″E	水质、沉积物
8	19°36′05.0″N	110°49′14.8″E	水质
9	19°36′38.1″N	110°49′53.5″E	水质、沉积物
10	19°36′54.2″N	110°50′29.3″E	水质
11	19°36′26.9″N	110°48′36.9″E	水质、沉积物
12	19°36′14.7″N	110°48′14.2″E	水质

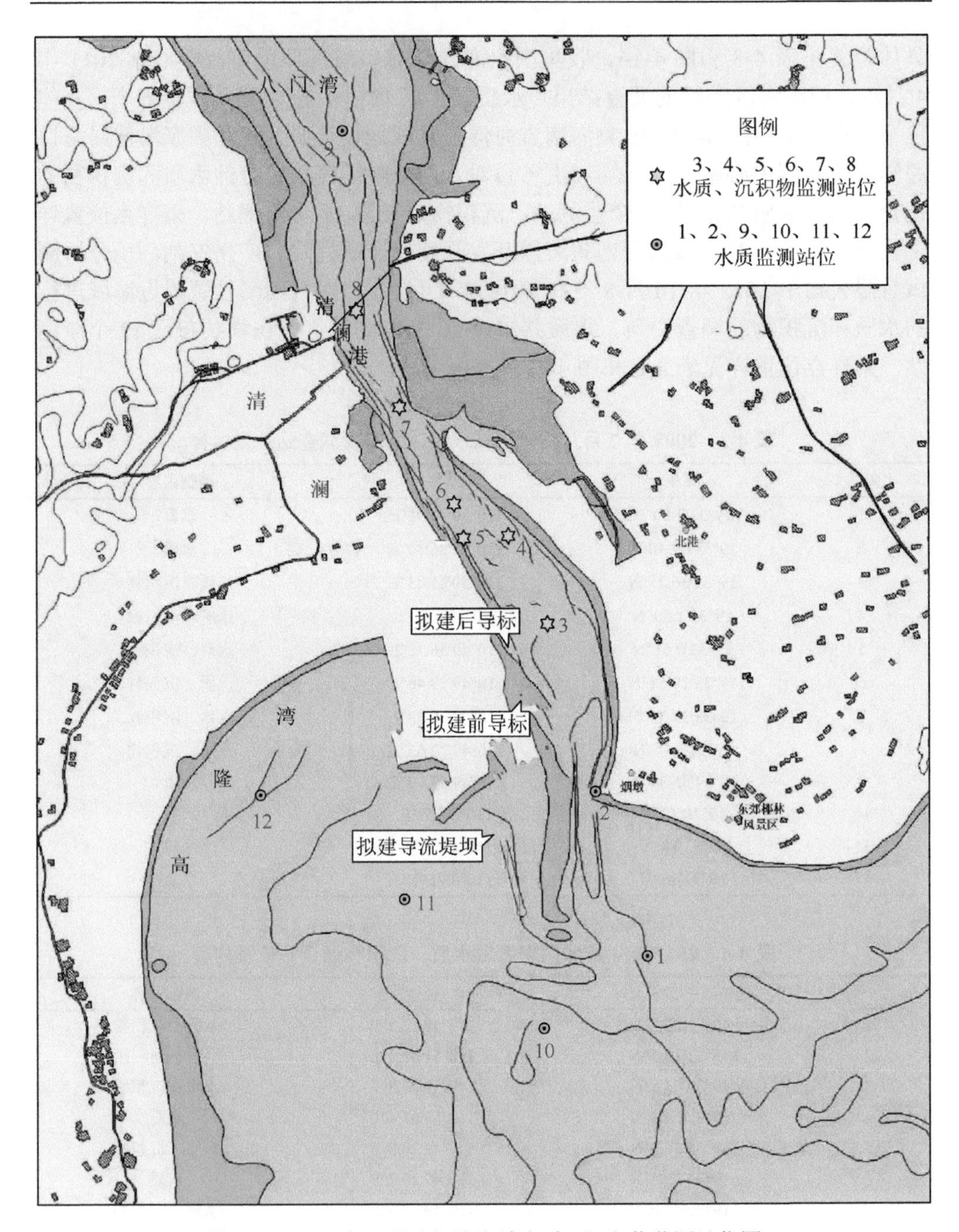

图 4-16　2008 年 7 月八门湾海域水质、沉积物监测站位图

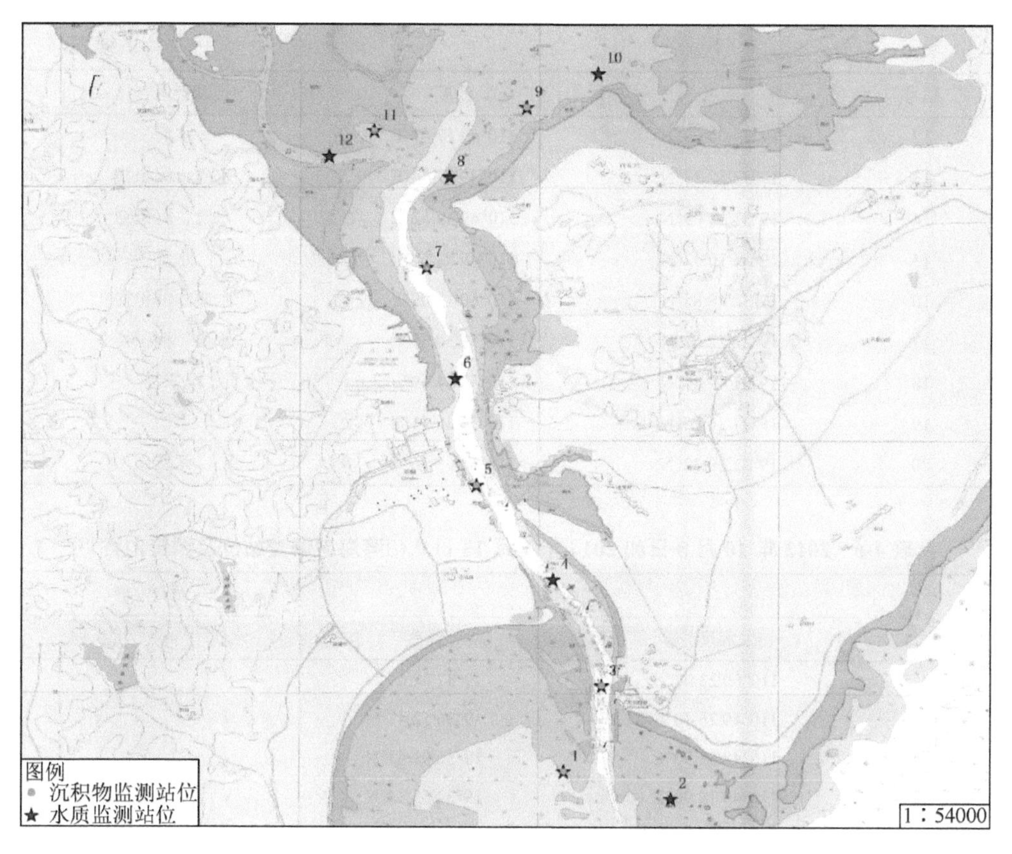

图4-17　2011年4月八门湾海域水质、沉积物调查站位分布图

表4-5　2012年6月6日八门湾海域调查站位及调查内容

站号	纬度	经度	调查内容
1	19°37′09.27″N	110°50′20.34″E	水质
2	19°36′58.33″N	110°49′44.57″E	水质、沉积物
3	19°36′44.57″N	110°49′05.82″E	水质
4	19°36′19.98″N	110°49′33.96″E	水质、沉积物
5	19°35′55.98″N	110°48′30.54″E	水质
6	19°35′36.03″N	110°49′00.59″E	水质、沉积物
7	19°35′08.82″N	110°49′37.04″E	水质、沉积物
8	19°34′48.50″N	110°49′08.31″E	水质
9	19°34′36.71″N	110°49′22.70″E	水质、沉积物
10	19°34′14.64″N	110°49′30.22″E	水质、沉积物
11	19°34′06.51″N	110°49′29.01″E	水质、沉积物

续表

站号	纬度	经度	调查内容
12	19°34′04.62″N	110°49′17.47″E	水质
13	19°33′57.23″N	110°49′31.44″E	水质、沉积物
14	19°33′33.09″N	110°49′39.52″E	水质、沉积物
15	19°33′10.32″N	110°49′53.27″E	水质
16	19°32′48.85″N	110°50′13.09″E	水质、沉积物
17	19°32′22.62″N	110°50′30.87″E	水质、沉积物
18	19°31′49.87″N	110°49′34.69″E	水质、沉积物、生态
19	19°31′36.70″N	110°50′30.51″E	水质
20	19°31′29.32″N	110°51′05.16″E	水质

表 4-6　2012 年 10 月 8 日和 2014 年 1 月 13 日八门湾海域调查站位及调查内容

站号	经纬度		调查内容	
	经度	纬度	水质	沉积物
1	110°50′23.07″E	19°37′07.65″N	√	
2	110°49′26.40″E	19°36′52.47″N	√	√
3	110°48′51.90″E	19°36′03.43″N	√	
4	110°49′19.90″E	19°34′55.34″N	√	
5	110°49′23.65″E	19°34′05.46″N	√	√
6	110°49′53.46″E	19°33′10.51″N	√	
7	110°50′23.96″E	19°32′03.62″N	√	√
8	110°49′04.46″E	19°31′42.86″N	√	
9	110°50′52.10″E	19°31′40.74″N	√	√
10	110°51′29.78″E	19°31′20.42″N	√	√
11	110°48′46.22″E	19°30′52.07″N	√	√
12	110°49′46.97″E	19°30′48.65″N	√	√
13	110°50′49.03″E	19°30′48.19″N	√	√
14	110°51′52.50″E	19°30′44.10″N	√	
15	110°48′32.47″E	19°30′03.60″N	√	√
16	110°49′41.59″E	19°30′02.07″N	√	√
17	110°50′50.01″E	19°30′00.22″N	√	
18	110°51′55.01″E	19°29′56.52″N	√	
19	110°48′37.95″E	19°29′14.12″N	√	√
20	110°49′37.69″E	19°29′09.24″N	√	√
合计			20	12

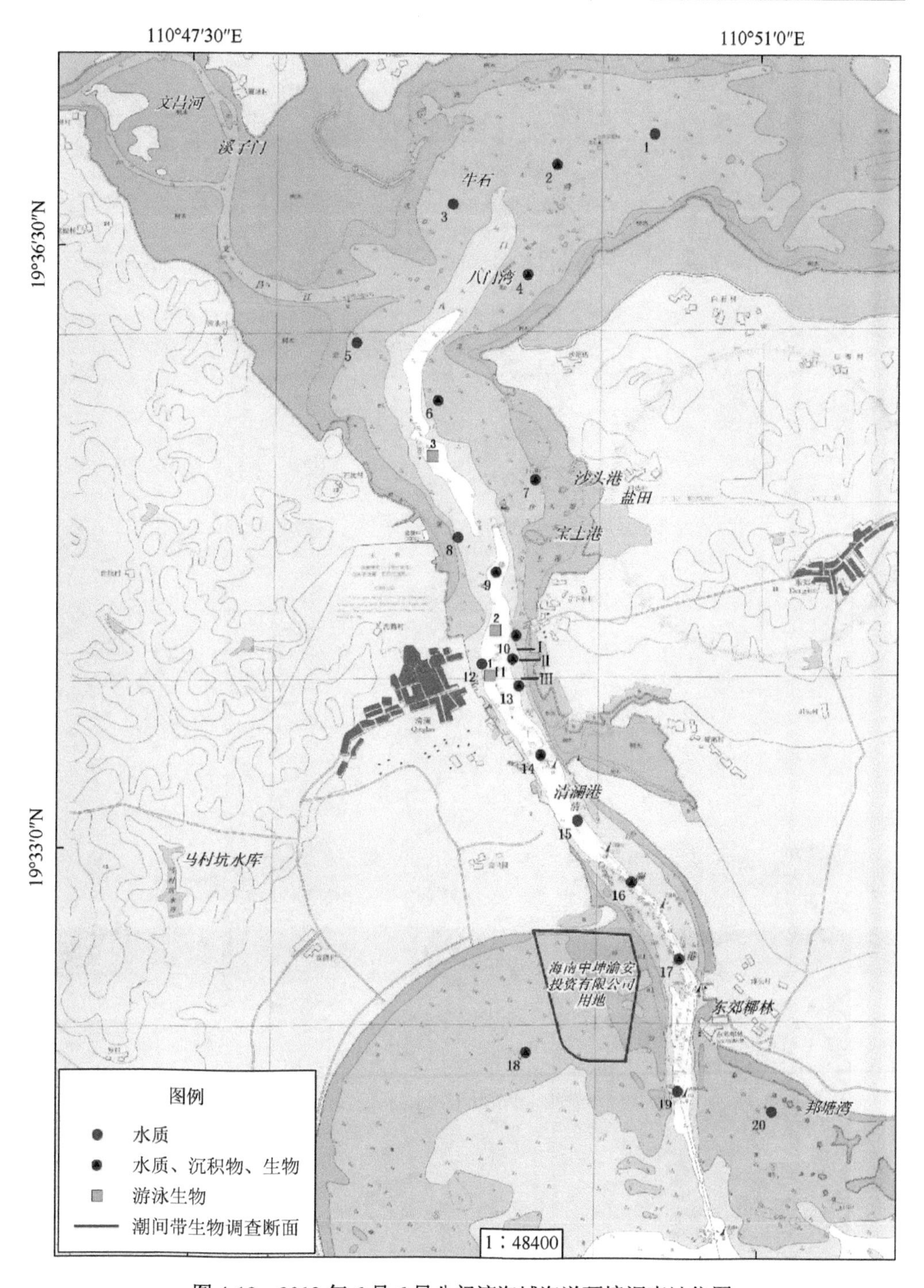

图 4-18　2012 年 6 月 6 日八门湾海域海洋环境调查站位图

图 4-19　2012 年 10 月 8 日和 2014 年 1 月 13 日八门湾海域海洋环境调查站位图

2. 环境质量历史调查结果

1）2008年调查结果

（1）水质环境质量调查结果。

根据水质监测数据，采用与评价标准直接比较的单因子评价法，对研究范围的海域环境质量现状进行分析和评价。研究海域2008年7月海水质量监测结果见表4-7，各评价因子标准指数见表4-8。2008年7月水质调查项目中除化学需氧量、油类，以及重金属中的铅为二类水质标准外，其余监测项目均达到一类水质标准，水质现状为二类；监测结果显示各站点均满足二类水质标准，说明研究区域及其邻近海域的水质满足其功能区水质要求。

（2）沉积物环境质量调查结果。

八门湾海域沉积物监测结果见表4-9，海洋沉积物指数见表4-10。监测结果表明：2008年7月的调查中，有四个站位（3号、4号、5号、7号）未检出砷，位于清澜港区的五个沉积物监测站位均符合二类海洋沉积物质量标准，位于清澜港口门处的3号监测站位镉含量超出一类海水水质标准，现状为二类。说明附近海域的沉积物质量能满足功能区沉积物质量要求。

2）2011年调查结果

（1）水质环境质量调查结果。

研究海域水质监测结果见表4-11，水质指数结果见表4-12。

根据2011年4月的水质调查结果，除了11号站位外均符合其执行海水水质标准，11号站位位于保护区内，执行一类海水水质标准，现状满足二类海水水质标准。1号和2号站位执行一类海水水质标准，现状满足一类海水水质标准要求；3号、4号和6号站位执行三类海水水质标准，其中3号和6号现状满足一类水质标准要求，4号现状满足二类水质标准要求；5号站位执行四类海水水质标准，现状满足一类海水水质标准要求；7号、8号、9号、10号和12号站位执行二类海水水质标准，现状满足二类水质标准要求。

2011年4月水质调查结果显示，除了11号站位的铅含量超标外，其他指标均较好。11号站位位于八门湾红树林自然保护区，执行一类水质标准，潟湖内的其他站位执行二类海水水质标准，均满足水质要求，说明潟湖内的铅含量受清澜港活动影响较大，而铅污染主要来源于船舶废水的排放等人类活动。

（2）沉积物环境质量调查结果。

海洋沉积物监测结果见表4-13，沉积物指数见表4-14。

监测的六个站位中，除了7号、9号和11号站位不符合相应执行的海洋沉积物质量标准外，其他站位均符合所执行的海洋沉积物质量标准，三个站位的超标项目均为有机碳含量，7号、9号和11号站位的有机碳超标倍数分别为1.46倍、

表 4-7　2008 年 7 月八门湾邻近海域的水质监测结果

站号	锌/(μg/L)	铜/(μg/L)	铅/(μg/L)	镉/(μg/L)	水温/℃	溶解氧/(mg/L)	化学需氧量/(mg/L)	盐度/‰	pH	无机氮/(mg/L)	磷酸盐/(mg/L)	油类/(mg/L)	悬浮物/(mg/L)	汞/(μg/L)	砷/(μg/L)
1	7.05	0.66	2.55	0.015	29.80	6.45	0.24	33.240	8.05	0.019	0.003	0.020	10.2	0.023	1.22
2	7.20	0.64	2.80	0.018	29.82	6.52	0.32	32.260	8.05	0.022	0.002	0.020	11.4	0.015	1.28
3	7.78	2.20	4.23	0.024	29.80	6.35	0.48	32.327	8.05	0.026	0.004	0.025	19.4	0.023	1.33
4	7.56	2.12	4.10	0.022	30.12	6.30	0.52	31.550	8.06	0.022	0.002	0.022	10.2	0.022	1.25
5	8.25	1.39	2.07	0.022	30.50	6.38	0.61	30.951	8.06	0.021	0.002	0.025	7.5	0.025	1.20
6	12.14	0.35	1.36	0.024	30.50	6.05	1.11	31.130	8.00	0.034	0.009	0.018	21.9	0.019	1.24
7	15.02	0.49	1.49	0.025	31.10	6.68	0.64	29.802	8.08	0.023	0.001	0.024	16.8	0.028	1.04
8	16.20	1.06	1.56	0.020	31.10	6.52	0.82	28.850	8.02	0.031	0.008	0.022	7.1	0.026	1.02
9	10.52	1.25	1.82	0.020	31.08	6.55	0.88	28.025	8.05	0.035	0.006	0.020	10.5	0.022	1.00
10	8.05	1.81	2.18	0.022	28.00	6.25	0.77	30.429	8.01	0.021	ND	0.019	3.3	0.044	0.88
11	12.26	1.55	2.08	0.020	29.60	8.92	2.48	23.488	8.34	0.063	0.002	0.038	7.5	0.028	0.90
12	10.64	0.51	0.76	0.020	29.70	8.58	2.80	23.227	8.34	0.067	0.001	0.043	10.6	0.19	0.87

注：“ND”表示未检出。

表 4-8　2008 年 7 月八门湾海域海洋水质标准指数表

站号	pH	溶解氧/(mg/L)	化学需氧量/(mg/L)	油类/(mg/L)	无机氮/(mg/L)	活性磷酸盐/(mg/L)	铜/(μg/L)	锌/(μg/L)	铅/(μg/L)	镉/(μg/L)	汞/(μg/L)	砷/(μg/L)	评价标准
1	0.70	0.63	0.08	0.40	0.06	0.10	0.066	0.510	0.510	0.003	0.115	0.041	二类
2	0.70	0.61	0.11	0.40	0.07	0.07	0.064	0.560	0.560	0.004	0.075	0.043	二类
3	0.70	0.66	0.16	0.50	0.09	0.13	0.220	0.846	0.846	0.005	0.115	0.044	二类
4	0.59	0.53	0.13	0.44	0.06	0.07	0.042	0.076	0.410	0.002	0.110	0.025	三类

续表

站号	pH	溶解氧/(mg/L)	化学需氧量/(mg/L)	油类/(mg/L)	无机氮/(mg/L)	活性磷酸盐/(mg/L)	铜/(μg/L)	锌/(μg/L)	铅/(μg/L)	镉/(μg/L)	汞/(μg/L)	砷/(μg/L)	评价标准
5	0.59	0.52	0.15	0.50	0.05	0.07	0.028	0.083	0.207	0.002	0.125	0.024	三类
6	0.56	0.58	0.28	0.36	0.09	0.30	0.007	0.121	0.136	0.002	0.095	0.025	三类
7	0.60	0.46	0.16	0.48	0.06	0.03	0.010	0.150	0.149	0.003	0.140	0.021	三类
8	0.57	0.49	0.21	0.44	0.08	0.27	0.021	0.162	0.156	0.002	0.130	0.020	三类
9	0.58	0.48	0.22	0.40	0.09	0.20	0.025	0.105	0.182	0.002	0.110	0.020	三类
10	0.67	0.68	0.26	0.38	0.07	—	0.181	0.436	0.436	0.004	0.220	0.029	二类
11	0.89	0.00	0.83	0.76	0.21	0.07	0.155	0.416	0.416	0.004	0.140	0.030	二类
12	0.89	0.09	0.93	0.86	0.22	0.03	0.051	0.152	0.152	0.004	0.950	0.029	二类
最大值	0.89	0.68	0.93	0.86	0.22	0.30	0.220	0.846	0.846	0.005	0.95	0.044	
最小值	0.56	0.00	0.08	0.36	0.05	0.03	0.007	0.076	0.136	0.002	0.075	0.020	

表 4-9　2008 年 7 月八门湾海域海洋沉积物监测结果（$\times10^{-6}$）

站号	铜	铅	锌	镉	汞	砷	油类
3	10.52	14.02	50.22	0.66	0.016	ND	182.2
4	12.3	15.08	46.85	0.62	0.015	ND	169.1
5	12.02	13.47	93.13	0.65	0.011	ND	280.4
6	15.61	22.63	63.91	1.06	0.026	0.96	354.7
7	6.97	17.74	68.13	0.92	0.014	ND	126.6
8	10.94	15.26	91.66	0.51	0.017	1.79	62.4

注：“ND”表示未检出；沉积物监测结果是质量比值。

表 4-10　2008 年 7 月八门湾海域海洋沉积物指数表

站号	铜	铅	锌	镉	汞	砷	油类	评价标准
3	0.30	0.23	0.33	1.32	0.08	—	0.36	一类
4	0.12	0.12	0.13	0.41	0.03	—	0.17	二类
5	0.12	0.10	0.27	0.43	0.02	—	0.28	二类
6	0.16	0.17	0.18	0.71	0.05	0.01	0.35	二类
7	0.07	0.14	0.19	0.61	0.03	—	0.13	二类
8	0.11	0.12	0.26	0.34	0.03	0.03	0.06	二类
最大值	0.30	0.23	0.33	1.32	0.08	0.03	0.36	

表 4-11　2011 年八门湾海域的水质监测结果

站号	锌/(μg/L)	铜/(μg/L)	铬/(μg/L)	铅/(μg/L)	镉/(μg/L)	水温/℃	溶解氧/(mg/L)	化学需氧量/(mg/L)	盐度/‰	pH	无机氮/(mg/L)	磷酸盐/(mg/L)	油类/(mg/L)	悬浮物/(mg/L)	汞/(μg/L)	砷/(μg/L)
1	10.61	3.05	0.6	0.88	0.21	27.3	6.91	1.03	33.867	8.08	0.0669	0.0083	0.0260	15.2	0.012	1.7
2	10.65	3.29	0.5	0.91	0.20	26.3	7.05	0.86	34.014	8.14	0.0606	0.0024	0.0122	10.3	0.031	1.5
3	11.03	3.28	0.7	0.86	0.21	26.8	7.23	0.66	34.020	8.12	0.057	0.0026	0.0177	10.3	0.026	1.7
4	10.71	3.33	0.8	1.10	0.24	26.4	7.08	0.44	34.080	8.15	0.056	0.0032	0.0325	10.6	0.038	1.5
5	10.95	3.24	0.6	0.93	0.19	27.3	6.96	0.98	33.638	8.13	0.0542	0.0062	0.0164	26.7	0.048	1.6
6	11.02	3.54	0.6	0.93	0.23	28.2	6.94	0.90	30.362	8.12	0.0785	0.0052	0.0166	21.2	0.050	1.4
7	10.75	3.46	0.6	1.02	0.25	28.8	7.19	1.27	29.438	8.16	0.0752	0.0039	0.0266	28.8	0.041	1.4
8	10.86	3.38	0.5	1.03	0.23	29.6	7.15	1.67	29.814	8.12	0.0614	0.0042	0.0197	29.6	0.047	1.1
9	10.95	3.41	0.5	1.09	0.26	30.4	7.05	1.54	28.609	8.17	0.0596	0.0043	0.0196	30.4	0.042	0.7
10	10.97	3.93	0.4	1.10	0.25	30.0	7.05	1.36	30.047	8.16	0.0839	0.0040	0.0176	30.0	0.030	1.1
11	11.25	3.68	0.8	1.15	0.27	30.1	7.18	1.68	29.495	8.10	0.1047	0.0043	0.0145	30.1	0.028	1.1

续表

站号	锌/(μg/L)	铜/(μg/L)	铬/(μg/L)	铅/(μg/L)	镉/(μg/L)	水温/℃	溶解氧/(mg/L)	化学需氧量/(mg/L)	盐度/‰	pH	无机氮/(mg/L)	磷酸盐/(mg/L)	油类/(mg/L)	悬浮物/(mg/L)	汞/(μg/L)	砷/(μg/L)
12	11.09	3.40	0.7	1.08	0.26	28.2	6.90	1.92	30.362	8.06	0.0731	0.0056	0.0162	28.2	0.038	1.1
最大值	11.25	3.93	0.8	1.15	0.27	30.4	7.23	1.92	34.080	8.17	0.1047	0.0083	0.0325	30.4	0.050	1.7
最小值	10.61	3.05	0.4	0.86	0.19	26.3	6.90	0.44	28.609	8.06	0.0542	0.0024	0.0122	10.3	0.012	0.7
平均值	10.90	3.42	0.6	1.01	0.23	28.3	7.06	1.19	31.479	8.13	0.0693	0.0045	0.0196	22.6	0.036	1.3

表 4-12　2011 年八门湾海域的水质指数表

站号	锌	铜	铬	铅	镉	溶解氧	化学需氧量	pH	无机氮	磷酸盐	油类	汞	砷	评价标准	现状
1	0.53	0.61	0.12	0.88	0.21	0.53	0.52	0.72	0.33	0.55	0.52	0.24	0.09	一类	一类
2	0.53	0.66	0.10	0.91	0.20	0.50	0.43	0.76	0.30	0.16	0.24	0.62	0.08	一类	一类
3	0.11	0.07	0.07	0.09	0.02	0.20	0.17	0.62	0.14	0.09	0.06	0.13	0.03	三类	一类
4	0.11	0.07	0.08	0.11	0.02	0.24	0.11	0.64	0.14	0.11	0.11	0.19	0.03	三类	二类
5	0.02	0.06	0.01	0.02	0.02	0.20	0.20	0.63	0.11	0.14	0.03	0.10	0.03	四类	一类
6	0.11	0.07	0.06	0.09	0.02	0.23	0.23	0.62	0.20	0.17	0.06	0.25	0.03	三类	一类
7	0.22	0.35	0.03	0.20	0.05	0.20	0.42	0.77	0.25	0.13	0.09	0.21	0.05	二类	二类
8	0.22	0.34	0.03	0.21	0.05	0.19	0.56	0.75	0.20	0.14	0.07	0.24	0.04	二类	二类
9	0.22	0.34	0.03	0.22	0.05	0.20	0.51	0.78	0.20	0.14	0.07	0.21	0.02	二类	二类
10	0.22	0.39	0.02	0.22	0.05	0.21	0.45	0.77	0.28	0.13	0.06	0.15	0.04	二类	二类
11	0.56	0.74	0.16	1.15	0.27	0.26	0.84	0.73	0.52	0.29	0.29	0.56	0.06	一类	二类
12	0.22	0.34	0.04	0.22	0.05	0.33	0.64	0.71	0.24	0.19	0.05	0.19	0.04	二类	二类
最大值	0.56	0.74	0.16	1.15	0.27	0.53	0.84	0.78	0.52	0.55	0.52	0.62	0.09		—
最小值	0.02	0.06	0.01	0.02	0.02	0.19	0.11	0.62	0.11	0.09	0.03	0.10	0.02	—	—
平均值	0.26	0.34	0.06	0.36	0.08	0.27	0.42	0.71	0.24	0.19	0.14	0.26	0.05		—

表 4-13　2011 年八门湾海域海洋沉积物监测结果

站号	石油类($\times10^{-6}$)	有机碳/%	硫化物($\times10^{-6}$)	铜($\times10^{-6}$)	铅($\times10^{-6}$)	锌($\times10^{-6}$)	镉($\times10^{-6}$)	铬($\times10^{-6}$)	总汞($\times10^{-6}$)	砷($\times10^{-6}$)
1	20.9	0.52	17.0	1.2	29.7	9.2	0.09	18.1	0.013	6.06
3	17.9	1.71	17.4	1.7	40.7	7.0	0.04	16.3	0.029	6.03
5	90.1	1.09	125.7	7.9	22.0	17.0	0.07	28.6	0.075	9.40
7	594.5	4.91	282.2	15.7	20.4	66.0	0.11	28.4	0.110	16.80
9	421.2	2.53	211.2	10.1	15.2	32.3	0.07	66.5	0.044	5.90
11	397.4	2.64	212.0	7.2	8.2	53.8	0.06	45.6	0.150	10.28
最大值	594.5	4.91	282.2	15.7	40.7	66.0	0.11	66.5	0.150	16.80
最小值	17.9	0.52	17.0	1.2	8.2	7.0	0.04	16.3	0.013	5.90
平均值	257.0	2.23	144.3	7.3	22.7	30.9	0.07	33.9	0.070	9.08

表 4-14　2011 年八门湾海域海洋沉积物指数表

站号	石油类	有机碳	硫化物	铜	铅	锌	镉	铬	总汞	砷	评价标准	现状
1	0.04	0.26	0.06	0.03	0.50	0.06	0.18	0.23	0.07	0.30	一类	一类
3	0.02	0.57	0.03	0.02	0.27	0.02	0.03	0.11	0.06	0.09	二类	一类
5	0.09	0.36	0.25	0.08	0.15	0.05	0.05	0.19	0.15	0.14	二类	一类
7	1.19	2.46	0.94	0.45	0.34	0.44	0.22	0.36	0.55	0.84	一类	劣三类
9	0.84	1.27	0.70	0.29	0.25	0.22	0.14	0.83	0.22	0.30	一类	二类
11	0.79	1.32	0.71	0.21	0.14	0.36	0.12	0.57	0.75	0.51	一类	二类
最大值	1.19	2.46	0.94	0.45	0.50	0.44	0.22	0.83	0.75	0.84		
最小值	0.02	0.26	0.03	0.02	0.14	0.02	0.03	0.11	0.06	0.09	—	
平均值	0.50	1.04	0.45	0.18	0.28	0.19	0.12	0.38	0.30	0.36		

0.27倍和0.32倍，7号站位的石油类超标0.19倍，其中，7号站位海洋沉积物的现状符合劣三类海洋沉积物质量标准，9号和11号站位海洋沉积物的现状符合二类海洋沉积物质量标准。

监测的六个站位中，主要超标项目为有机碳含量，有机碳超标的原因可能是八门湾潟湖内接纳了大量附近居民的生活污水，而潟湖内与外海的水交换能力较弱，大量有机物沉降至海底，而超标的站位均位于潟湖内部，受人类活动影响较大，超标最为严重的7号站位离清澜港区最近。

3）2012年6月调查结果

（1）水质环境质量调查结果。

研究海域水质监测结果见表4-15，水质质量指数见表4-16。

根据2012年6月的水质调查结果，1～6号站位超出二类海水水质标准，其中1～4号站位水质现状为四类海水水质，5～6号现状为三类海水水质，其中超标项目为COD和油类，COD超二类海水水质标准的倍数在0.07～0.58倍，1号、3号和5号的油类超标倍数分别为0.34倍、0.26倍和0.66倍；8号站位的COD为四类海水水质，超标倍数为0.07倍，9～17号站位均符合三类海水水质标准，其中10号、13号和14号站位符合二类海水水质标准，11号、12号、15号和16号站位符合一类海水水质标准；19号和20号站位均符合一类海水水质标准；18号站位现状为二类海水水质，不符合应执行的一类海水水质标准。

2012年6月水质调查结果显示，除了COD和油类超标外，其他指标均较良好。COD超标的原因可能是八门湾潟湖内接纳了大量附近居民的生活污水，而潟湖内与外海的水交换能力较弱，导致2012年6月监测结果中COD在潟湖内超标较为严重。而油类超标可能是受清澜港船舶影响，船舶废水含有大量的油类，加之潟湖水交换能力较弱，造成潟湖内油类物质含量较高。

（2）沉积物环境质量调查结果。

研究海域沉积物监测结果见表4-17，海洋沉积物质量评价见表4-18。

2012年6月对研究海域及附近海域表层沉积物调查结果显示，2号站位的有机碳和石油类含量符合二类海洋沉积物质量标准，超一类海洋沉积物质量标准倍数分别为0.06倍和0.98倍。4号站位的有机碳、硫化物和石油类含量符合二类海洋沉积物质量标准，超一类海洋沉积物质量标准倍数分别为0.41倍、0.15倍和0.85倍。6号站位的石油类含量符合二类海洋沉积物质量标准，超一类海洋沉积物质量标准倍数为0.44倍。7号站位的有机碳和硫化物含量符合二类海洋沉积物质量标准，超一类海洋沉积物质量标准倍数分别为0.22倍和0.13倍；7号站位的石油类含量符合三类海洋沉积物质量标准，超二类海洋沉积物质量标准倍数为0.02倍。其他站位均满足其执行的海洋沉积物质量标准，其中2号站位未检出镉。

表 4-15　2012 年 6 月八门湾海域水质监测结果

站号	水温/℃	盐度/‰	pH	溶解氧/(mg/L)	COD/(mg/L)	亚硝酸盐/(mg/L)	硝酸盐/(mg/L)	氨盐/(mg/L)	无机氮/(mg/L)	活性磷酸盐/(mg/L)	悬浮物/(mg/L)	油类/(mg/L)	初级生产力/[mg/(m^3·h)]	叶绿素 a/(μg/L)	砷/(μg/L)	汞/(μg/L)	锌/(μg/L)	镉/(μg/L)	铅/(μg/L)	铜/(μg/L)
1	30.6	26.421	7.57	6.87	4.38	0.0334	0.133	0.018	0.1844	0.0165	31.5	0.067	ND	ND	2.6	0.041	16.8	0.16	0.7	1.8
2	30.9	26.228	7.68	7.66	4.73	0.0293	0.127	0.014	0.1703	0.0153	34.5	0.040	298.85	25.85	0.7	0.021	16.3	0.15	0.8	1.6
3	31.1	28.317	7.69	7.27	4.38	0.033	0.127	0.052	0.2120	0.0160	28.2	0.063	ND	ND	1.1	0.031	10.0	ND	0.5	1.3
4	31.1	28.864	7.63	6.65	4.37	0.0259	0.138	0.015	0.1789	0.0146	25.2	0.039	244.00	17.59	0.8	0.055	11.5	0.09	0.6	1.6
5	30.7	29.042	7.61	6.50	3.75	0.0268	0.132	0.018	0.1768	0.0163	27.6	0.083	ND	ND	1.8	0.033	10.2	0.10	0.6	1.7
6	31.0	30.080	7.53	5.43	3.09	0.0367	0.135	0.041	0.2127	0.0164	24.9	0.035	297.72	21.46	1.4	0.026	9.8	0.10	0.6	1.5
7	30.8	29.627	7.69	6.97	4.36	0.0354	0.131	0.021	0.1874	0.0109	29.1	0.043	372.39	20.13	0.9	0.024	8.7	0.11	0.4	1.3
8	30.9	29.797	7.73	6.50	4.29	0.0266	0.124	0.029	0.1796	0.0094	21.9	0.028	ND	ND	0.8	0.042	11.7	0.10	0.7	1.7
9	30.8	29.973	7.67	6.31	3.61	0.0305	0.124	0.022	0.1765	0.0065	28.8	0.073	369.81	22.85	1.1	0.044	9.6	0.10	0.6	1.7
10	29.8	30.157	7.70	4.76	2.10	0.0192	0.114	0.061	0.1942	0.0021	32.1	0.034	304.84	16.48	1.2	0.049	13.6	0.12	0.9	2.8
11	29.7	31.381	7.66	5.36	1.91	0.0172	0.107	0.059	0.1832	0.0014	32.4	0.022	123.17	6.66	1.1	0.028	10.1	0.10	0.5	2.1
12	29.9	31.685	7.82	6.06	1.88	0.0219	0.125	0.054	0.2009	0.0050	28.8	0.032	ND	ND	1.4	0.008	10.7	0.09	0.7	2.4
13	29.7	31.957	7.75	6.25	2.03	0.0325	0.12	0.05	0.2025	0.0013	38.1	0.028	59.72	3.23	2.6	0.033	8.2	0.10	0.5	2.1
14	30.0	32.005	7.90	6.54	2.50	0.0228	0.106	0.057	0.1858	0.0035	45.9	0.024	240.98	10.42	1.0	0.037	9.4	0.11	0.4	1.7
15	29.7	32.361	7.99	6.92	1.29	0.0158	0.067	0.049	0.1318	0.0011	49.5	0.043	ND	ND	0.8	0.029	9.9	0.09	0.5	2.3
16	30.1	33.065	8.03	6.50	1.71	0.0143	0.060	0.056	0.1303	0.0051	43.2	0.028	70.65	2.78	0.9	0.007	9.7	0.09	0.4	1.7
17	29.8	33.594	8.09	6.98	1.25	0.0201	0.087	0.064	0.1711	0.0023	43.2	0.025	213.80	7.70	1.1	0.038	9.2	0.11	0.5	2.1
18	29.8	33.881	8.16	6.99	0.93	0.0409	0.134	0.070	0.2449	0.0018	45.3	0.022	139.32	5.02	1.3	0.021	9.7	0.10	0.5	1.7
19	30.0	33.610	8.07	7.06	0.89	0.0418	0.124	0.034	0.1998	0.0014	45.6	0.015	ND	ND	1.9	0.012	10.6	0.12	0.4	2.0
20	29.5	33.909	8.13	6.74	0.99	0.0301	0.125	0.043	0.1981	0.0018	36.9	0.013	ND	ND	1.0	0.009	9.7	0.09	0.4	2.3
平均值	30.3	30.798	7.81	6.52	2.72	0.0277	0.117	0.041	0.1861	0.0074	34.6	0.038	227.938	13.348	1.3	0.029	10.8	0.11	0.6	1.9
最小值	29.5	26.228	7.53	4.76	0.89	0.0143	0.060	0.014	0.1303	0.0011	21.9	0.013	59.720	2.780	0.7	0.007	8.2	0.09	0.4	1.3
最大值	31.1	33.909	8.16	7.66	4.73	0.0418	0.138	0.070	0.2449	0.0165	49.5	0.083	372.390	25.850	2.6	0.055	16.8	0.16	0.9	2.8

注：锌的检出限为 0.1μg/L；“ND”表示未检出。

表 4-16　2012 年 6 月八门湾海域水质质量指数表

站号	pH	DO	COD	无机氮	活性磷酸盐	油类	砷	汞	锌	镉	铅	铜	评价标准	现状
1	0.38	0.26	1.46	0.61	0.55	1.34	0.09	0.21	0.34	0.03	0.14	0.18	二类	四类
2	0.45	0.07	1.58	0.57	0.51	0.80	0.02	0.11	0.33	0.03	0.16	0.16		四类
3	0.46	0.08	1.46	0.71	0.53	1.26	0.04	0.16	0.20	ND	0.10	0.13		四类
4	0.42	0.33	1.46	0.60	0.49	0.78	0.03	0.28	0.23	0.02	0.12	0.16		四类
5	0.41	0.40	1.25	0.59	0.54	1.66	0.06	0.17	0.20	0.02	0.12	0.17		三类
6	0.35	0.83	1.03	0.71	0.55	0.70	0.05	0.13	0.20	0.02	0.12	0.15		三类
7	0.38	0.07	1.09	0.47	0.36	0.14	0.02	0.12	0.09	0.01	0.04	0.03	三类	四类
8	0.41	0.12	1.07	0.45	0.31	0.09	0.02	0.21	0.12	0.01	0.07	0.03		四类
9	0.37	0.14	0.90	0.44	0.22	0.24	0.02	0.22	0.10	0.01	0.06	0.03		三类
10	0.39	0.32	0.53	0.49	0.07	0.11	0.02	0.25	0.14	0.01	0.09	0.06		二类
11	0.37	0.26	0.48	0.46	0.05	0.07	0.02	0.14	0.10	0.01	0.05	0.04		一类
12	0.46	0.18	0.47	0.50	0.17	0.11	0.03	0.04	0.11	0.01	0.07	0.05		一类
13	0.42	0.17	0.51	0.51	0.04	0.09	0.05	0.17	0.08	0.01	0.05	0.04		二类
14	0.50	0.13	0.63	0.46	0.12	0.08	0.02	0.19	0.09	0.01	0.04	0.03		二类
15	0.55	0.09	0.32	0.33	0.04	0.14	0.02	0.15	0.10	0.01	0.05	0.05	四类	一类
16	0.57	0.13	0.43	0.33	0.17	0.09	0.02	0.04	0.10	0.01	0.04	0.03		一类
17	0.61	0.08	0.31	0.43	0.08	0.08	0.02	0.19	0.09	0.01	0.05	0.04	三类	一类
18	0.77	0.39	0.47	1.22	0.12	0.44	0.07	0.42	0.49	0.10	0.50	0.34	一类	二类
19	0.71	0.34	0.45	1.00	0.09	0.30	0.10	0.24	0.53	0.12	0.40	0.40		一类
20	0.75	0.55	0.50	0.99	0.12	0.26	0.05	0.18	0.49	0.09	0.40	0.46		一类
最大值	0.77	0.83	1.58	1.22	0.55	1.66	0.10	0.42	0.53	0.12	0.50	0.46		
最小值	0.35	0.07	0.31	0.33	0.04	0.07	0.02	0.04	0.08	0.01	0.04	0.03		

注：“ND”表示未检出。

表 4-17　2012 年 6 月八门湾海域海洋沉积物监测结果

站号	有机碳/%	硫化物 ($\times10^{-6}$)	石油类 ($\times10^{-6}$)	锌 ($\times10^{-6}$)	镉 ($\times10^{-6}$)	铅 ($\times10^{-6}$)	铜 ($\times10^{-6}$)	砷 ($\times10^{-6}$)	汞 ($\times10^{-6}$)
2	2.11	256.2	989.3	45.7	未检出	13.2	15.4	9.31	0.075
4	2.82	344.2	925.1	134.6	0.24	20.5	33.1	14.56	0.13
6	1.12	106	719.2	64.5	0.12	15.7	14.3	4.52	0.04
7	2.44	338.2	1023.7	117.2	0.22	16.7	30.6	12.51	0.072
9	1.71	291.1	702.8	86.8	0.16	16.7	22.8	16.46	0.042
10	0.73	169.9	918.4	84.7	0.1	11.8	14.2	1.87	0.016
11	1.93	306	656.5	97.4	0.11	18.7	28	7.84	0.067
13	1.12	153.1	395.4	69.1	0.08	13.4	13.7	9.54	0.033
14	1.14	109.6	221.5	72.2	0.1	14.8	17.1	5.5	0.056
16	0.96	137.7	156.6	71.9	0.14	17.7	15.2	16.01	0.017
17	0.54	54.6	116.3	112.3	0.1	21.7	26.6	18.05	0.011
18	0.32	44.2	87	67.8	0.23	10.7	4.4	4.71	0.097
最大值	2.82	344.20	1023.70	134.60	0.24	21.70	33.10	18.05	0.13
最小值	0.32	44.20	87.00	45.70	0.08	10.70	4.40	1.87	0.01
平均值	1.41	192.57	575.98	85.35	0.15	15.97	19.62	10.07	0.05

表 4-18　2012 年 6 月八门湾海域海洋沉积物质量评价表

站号	有机碳	硫化物	石油类	锌	镉	铅	铜	砷	汞	评价标准	现状
2	1.06	0.85	1.98	0.30	未检出	0.22	0.44	0.47	0.38	一类	二类
4	1.41	1.15	1.85	0.90	0.48	0.34	0.95	0.73	0.65	一类	二类
6	0.56	0.35	1.44	0.43	0.24	0.26	0.41	0.23	0.20	一类	二类
7	0.81	0.68	1.02	0.33	0.15	0.13	0.31	0.19	0.14	二类	三类
9	0.57	0.58	0.70	0.25	0.11	0.13	0.23	0.25	0.08	二类	二类
10	0.24	0.34	0.92	0.24	0.07	0.09	0.14	0.03	0.03	二类	二类
11	0.64	0.61	0.66	0.28	0.07	0.14	0.28	0.12	0.13	二类	二类
13	0.37	0.31	0.40	0.20	0.05	0.10	0.14	0.15	0.07	二类	一类
14	0.38	0.22	0.22	0.21	0.07	0.11	0.17	0.08	0.11	二类	一类
16	0.32	0.28	0.16	0.21	0.09	0.14	0.15	0.25	0.03	二类	一类
17	0.18	0.11	0.12	0.32	0.07	0.17	0.27	0.28	0.02	二类	一类
18	0.16	0.15	0.17	0.45	0.46	0.18	0.13	0.24	0.49	一类	一类
最大值	1.41	1.15	1.98	0.90	0.48	0.34	0.95	0.73	0.65		
最小值	0.16	0.11	0.12	0.20	0.05	0.09	0.13	0.03	0.02	—	—
平均值	0.56	0.47	0.80	0.34	0.17	0.17	0.30	0.25	0.19		

海洋沉积物的评价结果显示，2012 年 6 月监测结果中，主要的超标项目为有机碳、硫化物和石油类，而主要超标的站位均在八门湾潟湖内，有机碳和硫化物主要来源于人类活动，大量的生活污水和生活废水排入潟湖内，潟湖的水交换能力较弱，污染物沉降，使表层沉积物超标。油类污染物主要来源于清澜港船舶废水，潟湖内部水交换能力弱，导致潟湖内部表层沉积物超标。环境评价因子的质量指数按最大值由大到小的排列顺序为：石油类＞有机碳＞硫化物＞铜＞锌＞砷＞汞＞镉＞铅。

4）2012 年 10 月调查结果

（1）水质环境质量调查结果。

2012 年 10 月八门湾海域附近海域水质监测结果见表 4-19，水质标准指数见表 4-20。调查结果显示，主要超标项目为活性磷酸盐和汞，其中，超标活性磷酸盐所在站位分别为 8 号、9 号、12 号、16 号、17 号表层及 21 号表层，超标倍数分别为 0.133 倍、0.467 倍、0.133 倍、0.667 倍、0.600 倍及 0.467 倍；超标汞所在站位分别为 9 号、11 号、12 号、13 号、14 号和 20 号，表层超标倍数分别为 0.780 倍、0.48 倍、0.42 倍、0.66 倍、0.4 倍和 0.64 倍；上述站位水质执行的标准均为一类海水水质标准，而超标因子所在站位水质均符合二类海水水质标准。在 1 号、2 号、3 号、4 号、5 号、7 号、8 号、10 号、11 号、12 号、15 号、17 号、18 号、19 号表层，20 号、21 号深层，22 号站位未检出砷。另外，15 号站位 COD 超标 0.07 倍；20 号站位深层溶解氧超标 0.05 倍；14 号、17 号站位表层总氮超标，超标倍数分别为 0.035 倍、0.1 倍；21 号站位表层铅超标 0.09 倍；10 号站位石油类超标 0.06 倍，上述站位水质执行的标准均为一类海水质量标准，而所超标因子所在站位水质均符合二类海水质量标准。除此之外，其他站位监测项目均符合相应执行的海水水质标准。

（2）沉积物环境质量调查结果。

2012 年 10 月八门湾海域及附近海域表层沉积物监测结果见表 4-21，海洋沉积物标准指数见表 4-22。调查结果显示，除 7 号、12 号、13 号、19 号、20 号站位有机质超标，10 号、13 号、19 号、20 号石油类超标外，其余站位的监测因子均达到所在海域执行的沉积物质量标准，可满足各站位所在功能区对沉积物的质量要求。

5）2014 年 1 月调查结果

（1）水质环境质量调查结果。

2014 年 1 月八门湾海域及附近海域水质监测结果见表 4-23 和表 4-24，水质标准指数见表 4-25 和表 4-26。调查结果显示，主要超标的项目为石油类和汞，其中，石油类超标的站位分别为涨潮时的 1 号表层、9 号表层、13 号表层，超标倍数分别为 0.06 倍、0.2 倍、0.34 倍；汞超标的站位分别为涨潮时的

表 4-19　2012 年 10 月八门湾附近海域水质监测结果

站号	层次	pH	盐度/‰	水温/℃	溶解氧/(mg/L)	化学需氧量/(mg/L)	活性磷酸盐/(mg/L)	氨盐/(mg/L)	亚硝酸盐氮/(mg/L)	硝酸盐氮/(mg/L)	总氮/(mg/L)	悬浮物/(mg/L)	汞/(μg/L)	砷/(μg/L)	铜/(μg/L)	锌/(μg/L)	铅/(μg/L)	镉/(μg/L)	石油类/(mg/L)
1	表	8.02	24.8	26.9	6.29	1.65	0.029	0.141	0.003	0.036	0.180	12	0.022	ND	1.840	8.020	0.402	0.022	0.027
2	表	7.96	26.8	27.8	6.13	2.19	0.011	0.209	0.004	ND	0.213	14	0.058	ND	1.080	9.220	ND	0.017	0.014
3	表	7.75	24.6	28.2	6.19	1.41	0.026	0.186	0.005	ND	0.191	16	0.040	ND	1.740	10.300	0.029	0.013	0.018
4	表	7.98	27.1	27.3	6.26	2.21	0.022	0.141	ND	0.024	0.165	16	0.039	ND	1.300	3.080	0.164	0.024	0.010
5	表	7.94	28.6	27.5	6.50	1.81	0.024	0.156	ND	ND	0.156	14	0.080	ND	1.280	3.540	0.649	0.047	0.010
6	表	8.07	28.8	27.6	6.25	2.28	0.009	0.135	0.004	ND	0.139	13	0.020	0.892	1.380	10.100	0.364	0.059	0.006
7	表	7.95	28.6	28.1	6.25	1.81	0.021	0.130	0.003	0.011	0.144	10	0.046	ND	0.941	14.100	0.410	0.013	0.018
8	表	8.00	32.2	27.3	6.24	1.57	0.017	0.043	0.004	0.017	0.064	9	0.049	ND	1.310	5.560	0.106	0.064	0.006
9	表	7.95	30.7	28.5	6.85	1.50	0.022	0.109	0.004	0.015	0.128	9	0.089	1.110	1.050	7.340	0.426	0.020	0.018
10	表	8.14	33.0	28.6	7.18	1.79	0.008	0.089	0.003	0.070	0.162	8	0.019	ND	0.950	5.820	0.466	0.027	0.053
11	表	8.07	31.8	27.5	6.98	0.54	0.009	0.038	0.003	0.021	0.062	7	0.074	ND	0.675	17.900	0.625	0.018	0.027
12	表	8.09	31.9	28.7	6.68	0.80	0.017	0.100	0.005	0.013	0.118	8	0.071	ND	1.340	3.440	0.396	0.024	0.046
13	表	7.97	31.5	28.3	6.15	0.93	0.013	0.080	0.006	0.027	0.113	9	0.083	0.577	1.280	11.200	0.350	0.026	0.014
14	表	8.04	32.9	28.5	6.28	1.08	0.012	0.126	0.004	0.077	0.207	8	0.070	0.517	1.430	5.160	0.248	0.018	0.010
15	表	7.94	32.6	27.9	6.12	2.13	0.010	0.058	0.008	0.044	0.110	9	0.029	ND	0.709	6.660	0.739	0.033	0.006
16	表	7.93	31.7	28.3	6.84	1.01	0.025	0.059	0.004	0.018	0.081	7	0.032	0.604	1.040	8.340	0.836	0.057	0.010
17	表	7.82	32.5	28.4	7.06	0.74	0.024	0.195	0.004	0.021	0.220	8	0.038	ND	1.060	8.280	0.059	0.017	0.018
	深	8.03	32.3	28.4	6.16	1.23	0.011	0.063	0.004	0.033	0.100	9	0.043	1.220	1.870	11.500	0.290	0.019	—
18	表	8.06	33.1	28.6	6.58	0.71	0.009	0.109	0.010	0.015	0.134	7	0.019	ND	1.710	17.500	0.214	0.025	0.053
	深	8.06	33.5	28.8	6.20	2.14	0.025	0.159	0.004	0.008	0.171	7	0.033	0.519	0.666	9.340	0.181	0.016	—

续表

站号	层次	pH	盐度/‰	水温/℃	溶解氧/(mg/L)	化学需氧量/(mg/L)	活性磷酸盐/(mg/L)	氨盐/(mg/L)	亚硝酸盐氮/(mg/L)	硝酸盐氮/(mg/L)	总氮/(mg/L)	悬浮物/(mg/L)	汞/(μg/L)	砷/(μg/L)	铜/(μg/L)	锌/(μg/L)	铅/(μg/L)	镉/(μg/L)	石油类/(mg/L)
19	表	7.90	31.8	28.6	6.57	1.73	0.010	0.037	0.006	0.041	0.084	9	0.036	ND	1.500	7.390	0.480	0.029	0.010
20	表	7.97	32.1	27.9	7.01	1.75	0.011	0.038	ND	0.036	0.074	10	0.082	3.250	1.810	7.040	0.282	0.018	0.018
	深	7.95	32.7	28	5.91	1.52	0.009	0.041	ND	0.038	0.079	11	0.054	ND	1.180	12.400	0.661	0.021	—
21	表	8.07	33.1	28.5	6.43	1.71	0.022	0.045	0.004	0.004	0.053	8	0.031	1.110	1.410	15.500	1.090	0.019	0.010
	深	8.07	33.3	29	6.37	1.42	0.010	0.018	0.003	0.009	0.030	7	0.022	ND	0.697	10.900	0.153	0.017	—
22	表	8.04	32.8	29	6.15	1.65	0.009	0.094	0.004	0.015	0.113	8	0.036	ND	1.560	11.300	0.533	0.050	0.008
	深	8.07	33.8	28.6	6.22	1.26	0.004	0.047	0.008	0.003	0.058	10	0.048	ND	0.784	15.800	0.225	0.014	—
平均值		7.99	31.1	28.2	6.44	1.50	0.016	0.098	0.005	0.026	0.124	9.7	0.047	1.089	1.244	9.509	0.399	0.027	0.019
最小值		7.75	24.6	26.9	5.91	0.54	0.004	0.018	0.003	0.003	0.030	7.0	0.019	0.517	0.666	3.080	0.029	0.013	0.006
最大值		8.14	33.8	29.0	7.18	2.28	0.029	0.209	0.010	0.077	0.220	16.0	0.089	3.250	1.870	17.900	1.090	0.064	0.053

注："ND"表示未检出。

表 4-20　2012 年 10 月八门湾附近海域水质标准指数表

站号	层次	pH	DO	COD_{Mn}	活性磷酸盐	总氮	汞	砷	铜	锌	铅	镉	石油类
1	表	0.68	0.57	0.55	0.967	0.600	0.110	—	0.184	0.160	0.080	0.004	0.540
2	表	0.64	0.07	0.73	0.367	0.710	0.290	—	0.108	0.184	ND	0.003	0.280
3	表	0.50	0.58	0.47	0.867	0.637	0.200	—	0.174	0.206	0.006	ND	0.360
4	表	0.54	0.20	0.55	0.733	0.413	0.195	—	0.026	0.031	0.016	0.002	0.033
5	表	0.52	0.17	0.45	0.800	0.390	0.400	—	0.026	0.035	0.065	0.005	0.033
6	表	0.59	0.20	0.57	0.300	0.348	0.100	0.018	0.028	0.101	0.036	0.006	0.020
7	表	0.53	0.19	0.45	0.700	0.360	0.230	—	0.019	0.141	0.041	0.001	0.060
8	表	0.67	0.88	0.79	1.133	0.320	0.980	—	0.262	0.278	0.106	0.064	0.120

续表

站号	层次	pH	DO	COD_{Mn}	活性磷酸盐	总氮	汞	砷	铜	锌	铅	镉	石油类
9	表	0.63	0.52	0.75	1.467	0.640	1.780	0.056	0.210	0.367	0.426	0.020	0.360
10	表	0.76	0.33	0.90	0.533	0.810	0.380	—	0.190	0.291	0.466	0.027	1.060
11	表	0.71	0.49	0.27	0.600	0.310	1.480	—	0.135	0.895	0.625	0.018	0.540
12	表	0.73	0.61	0.40	1.133	0.590	1.420	—	0.268	0.172	0.396	0.024	0.920
13	表	0.65	0.92	0.47	0.867	0.565	1.660	0.029	0.256	0.560	0.350	0.026	0.280
14	表	0.69	0.84	0.54	0.800	1.035	1.400	0.026	0.286	0.258	0.248	0.018	0.200
15	表	0.63	0.94	1.07	0.667	0.550	0.580	—	0.142	0.333	0.739	0.033	0.120
16	表	0.62	0.54	0.51	1.667	0.405	0.640	0.030	0.208	0.417	0.836	0.057	0.200
17	表	0.55	0.41	0.37	1.600	1.100	0.760	—	0.212	0.414	0.059	0.017	0.360
	深	0.69	0.91	0.62	0.733	0.500	0.860	0.061	0.374	0.575	0.290	0.019	—
18	表	0.59	0.14	0.18	0.300	0.335	0.095	—	0.034	0.175	0.021	0.003	0.177
	深	0.59	0.18	0.54	0.833	0.428	0.165	0.010	0.013	0.093	0.018	0.002	—
19	表	0.60	0.68	0.87	0.667	0.420	0.720	—	0.300	0.370	0.480	0.029	0.200
20	表	0.65	0.46	0.88	0.733	0.370	1.640	0.163	0.362	0.352	0.282	0.018	0.360
	深	0.63	1.05	0.76	0.600	0.395	1.080	—	0.236	0.620	0.661	0.021	—
21	表	0.71	0.76	0.86	1.467	0.265	0.620	0.056	0.282	0.775	1.090	0.019	0.200
	深	0.71	0.79	0.71	0.667	0.150	0.440	—	0.139	0.545	0.153	0.017	—
22	表	0.69	0.91	0.83	0.600	0.565	0.720	—	0.312	0.565	0.533	0.050	0.160
	深	0.71	0.88	0.63	0.267	0.290	0.960	—	0.157	0.790	0.225	0.014	—
最大值		0.76	1.05	1.07	1.667	1.100	1.780	0.163	0.374	0.895	1.090	0.064	1.060
最小值		0.50	0.07	0.18	0.267	0.150	0.095	0.010	0.013	0.031	0.006	0.001	0.020
平均值		0.64	0.56	0.62	0.817	0.500	0.737	0.050	0.183	0.359	0.317	0.020	0.299

注：“ND”表示未检出。

表 4-21　2012 年 10 月八门湾海域及附近海域沉积物监测结果

站号	汞(10^{-6})	铜(10^{-6})	铅(10^{-6})	锌(10^{-6})	镉(10^{-6})	砷(10^{-6})	有机质/%	硫化物(10^{-6})	石油类(10^{-6})
2	0.053	7.92	2.98	38.7	0.063	9.61	1.14	9.36	244
5	0.081	26	7.28	60.9	0.098	12.1	2.17	40.1	561
7	0.03	7.81	5.75	33.8	0.107	14.2	3.97	71.3	784
9	0.049	1.34	7.94	22.2	0.086	16.2	1.3	11.8	121
10	0.07	3.35	10	35.3	0.059	17.2	1.96	14.6	540
11	0.016	1.9	12.8	40.8	0.08	10.1	1.66	12.4	278
12	0.099	0.129	8.43	16	0.084	9.79	2.77	7.49	217
13	0.039	6.2	13.7	33.6	0.127	9.13	2.28	14.6	629
15	0.13	1.53	7.82	30	0.073	10.2	1.91	28.3	417
16	0.057	0.56	15.3	20	0.061	9.15	0.808	4.14	58.5
19	0.059	13.5	23	36.6	0.078	17.8	2.84	11.5	634
20	0.04	12.3	24.2	37.6	0.155	14.1	2.14	72.4	572
最大值	0.13	26.00	24.20	60.900	0.155	17.800	3.970	72.400	784
最小值	0.02	0.13	2.98	16.000	0.059	9.130	0.808	4.140	58.5
平均值	0.06	6.88	11.60	33.792	0.089	12.465	2.079	24.833	421.3

表 4-22　2012 年 10 月八门湾海域及附近海域沉积物标准指数表

站号	汞	铜	铅	锌	镉	砷	有机质	硫化物	石油类
2	0.27	0.23	0.05	0.26	0.126	0.48	0.57	0.03	0.49
5	0.16	0.26	0.06	0.17	0.07	0.19	0.72	0.08	0.56
7	0.06	0.08	0.04	0.10	0.07	0.22	1.32	0.14	0.78
9	0.25	0.04	0.13	0.15	0.172	0.81	0.65	0.04	0.24

续表

站号	汞	铜	铅	锌	镉	砷	有机质	硫化物	石油类
10	0.35	0.10	0.17	0.24	0.118	0.86	0.98	0.05	1.08
11	0.08	0.05	0.21	0.27	0.16	0.51	0.83	0.04	0.56
12	0.50	0.00	0.14	0.11	0.168	0.49	1.39	0.02	0.43
13	0.20	0.18	0.23	0.22	0.254	0.46	1.14	0.05	1.26
15	0.65	0.04	0.13	0.20	0.146	0.51	0.96	0.09	0.83
16	0.29	0.02	0.26	0.13	0.122	0.46	0.40	0.01	0.12
19	0.30	0.39	0.38	0.24	0.156	0.89	1.42	0.04	1.27
20	0.20	0.35	0.40	0.25	0.31	0.71	1.07	0.24	1.14
最大值	0.65	0.39	0.40	0.27	0.310	0.89	1.42	0.24	1.27
最小值	0.06	0.00	0.04	0.10	0.065	0.19	0.40	0.01	0.12
平均值	0.28	0.15	0.18	0.20	0.156	0.55	0.95	0.07	0.73

表 4-23　2014 年 1 月八门湾海域及附近海域水质监测结果（涨潮）

站号	水温/℃	盐度/‰	pH	悬浮物/(mg/L)	溶解氧/(mg/L)	COD/(mg/L)	亚硝酸盐/(mg/L)	硝酸盐/(mg/L)	氨氮/(mg/L)	无机氮/(mg/L)	活性磷酸盐/(mg/L)	石油类/(mg/L)	叶绿素a/(μg/L)	硫化物/(mg/L)	铜/(μg/L)	铅/(μg/L)	锌/(μg/L)	镉/(μg/L)	汞/(μg/L)
1 涨潮(表)	18.2	31.9	8.12	11.3	8.02	0.96	0.003	0.024	0.013	0.040	0.005	0.053	1.65	0.008	2.14	0.079	9.25	0.015	ND
2 涨潮(表)	18.7	31.9	8.06	10.5	8.11	1.89	0.004	0.005	0.094	0.103	0.011	0.043	9.66	0.008	1.62	0.139	8.53	ND	ND
3 涨潮(表)	19.6	32.3	8.12	12.6	8.02	0.69	ND	0.005	0.024	0.029	0.004	0.047	1.89	0.008	1.02	0.121	7.63	ND	ND
4 涨潮(表)	19.2	29.3	8.16	12.1	7.82	2.4	0.003	0.013	0.027	0.043	0.005	0.051	27	0.015	1.54	0.097	5.53	0.014	ND
5 涨潮(表)	18.5	26	8.18	11.3	6.82	2.56	0.003	0.039	0.023	0.065	0.004	0.02	27.8	0.008	2.23	0.537	14.5	0.012	ND
6 涨潮(表)	19.8	27.7	8.12	14.5	6.02	2.16	ND	0.016	0.007	0.023	ND	0.024	19.6	0.009	1.57	0.105	12.4	ND	ND
7 涨潮(表)	19.7	31	8.12	11.6	7.04	2.15	ND	0.018	0.026	0.044	ND	0.036	12.7	0.009	1.7	0.983	11.7	0.032	0.014

续表

站号	水温/℃	盐度/‰	pH	悬浮物/(mg/L)	溶解氧/(mg/L)	COD/(mg/L)	亚硝酸盐/(mg/L)	硝酸盐/(mg/L)	氨氮/(mg/L)	无机氮/(mg/L)	活性磷酸盐/(mg/L)	石油类/(mg/L)	叶绿素a/(μg/L)	硫化物/(mg/L)	铜/(μg/L)	铅/(μg/L)	锌/(μg/L)	镉/(μg/L)	汞/(μg/L)
8 涨潮(表)	18.8	32.7	8.12	13	7.25	1.24	0.003	0.015	0.011	0.029	0.005	0.032	3.9	0.015	1.07	0.462	12	0.031	0.008
9 涨潮(表)	18.1	32.6	8.11	11.3	7.31	1.32	0.003	0.022	0.125	0.150	0.004	0.06	5.53	0.008	1.55	0.064	12.5	0.032	0.024
10 涨潮(表)	18.3	31.1	8.17	12.4	7.92	1.95	0.005	0.008	0.064	0.077	0.004	0.029	5.32	0.014	0.624	0.124	8.64	ND	0.018
11 涨潮(表)	19.2	32.7	8.14	14.1	7.05	1.66	0.003	0.025	0.046	0.074	0.007	0.05	2.16	0.009	1.36	0.019	12.4	ND	0.015
12 涨潮(表)	19.6	32.6	8.12	15.6	7.55	1.08	0.004	0.034	0.047	0.085	0.004	0.033	3.81	0.016	1.07	0.145	9.58	0.037	0.036
13 涨潮(表)	19.9	31	8.12	10.5	8.11	1.44	0.008	0.016	0.027	0.051	0.008	0.067	5.09	0.008	1.49	0.223	14.5	0.012	0.019
14 涨潮(表)	19.3	30.9	8.11	15.3	7.65	1.12	0.004	0.015	0.013	0.032	0.05	0.036	8.59	0.008	1.32	0.501	12.7	0.03	0.016
15 涨潮(表)	18.4	31	8.16	14.2	8.21	0.85	ND	0.022	0.025	0.047	0.006	0.015	2.11	0.009	1.56	0.122	8.28	0.018	0.017
16 涨潮(表)	19.6	31.8	8.17	13.7	8.1	1.67	0.003	0.009	0.03	0.042	0.012	0.028	11.2	0.012	1.47	0.337	13.6	0.026	0.078
17 涨潮(表)	20.3	32.2	8.14	13.6	7.72	1.57	0.004	0.028	0.015	0.047	0.013	0.016	5.01	0.008	1.52	0.368	12.6	0.032	0.108
17 涨潮(深)	20.8	30.8	8.11	14.5	7.73	1.68	0.013	0.015	0.01	0.038	0.008	ND	5.03	0.018	1.45	0.35	10.7	ND	0.086
18 涨潮(表)	20.5	30.4	8.06	15.3	7.12	0.85	0.006	0.026	0.027	0.059	0.007	0.032	1.14	0.009	1.16	0.033	13.5	0.006	ND
18 涨潮(深)	20.8	30.5	8.07	12	7.05	1.02	0.003	0.016	0.014	0.033	0.008	ND	1.8	0.018	1.27	0.362	14.1	ND	ND
19 涨潮(表)	19.6	32.4	8.1	12.2	8.02	1.06	0.003	0.021	0.024	0.048	0.025	0.023	1.87	0.008	1.68	0.273	12.4	0.052	0.056
20 涨潮(表)	19.8	32.7	8.12	11.3	7.82	0.99	0.011	0.019	0.011	0.041	0.007	0.038	2.12	0.009	1.28	0.027	13.6	0.012	0.044
20 涨潮(深)	19.6	32.4	8.08	16.9	7.24	1.34	0.005	0.02	0.026	0.051	0.008	ND	1.48	0.008	1.22	0.532	11.5	0.018	0.048

注："ND"表示未检出。

表 4-24　2014 年 1 月八门湾海域及附近海域水质监测结果（退潮）

站号	水温/℃	盐度/‰	pH	悬浮物/(mg/L)	溶解氧/(mg/L)	COD/(mg/L)	亚硝酸盐/(mg/L)	硝酸盐/(mg/L)	氨氮/(mg/L)	无机氮/(mg/L)	活性磷酸盐/(mg/L)	石油类/(mg/L)	叶绿素a/(μg/L)	硫化物/(mg/L)	铜/(μg/L)	铅/(μg/L)	锌/(μg/L)	镉/(μg/L)	汞/(μg/L)
1 退潮(表)	18.3	32.4	8.16	12.7	7.81	0.87	0.003	0.012	0.025	0.040	0.011	0.041	2.01	0.022	2.43	0.178	13.6	0.034	ND
2 退潮(表)	18.5	32.4	8.16	13.8	8.13	0.75	ND	0.024	0.017	0.041	0.006	0.035	0.63	0.017	1.21	0.105	6.55	0.016	0.014
3 退潮(表)	19.6	32.6	8.14	11.9	8.21	1.21	0.004	0.006	0.013	0.023	0.006	0.013	2.38	0.018	0.841	0.6	6.77	0.024	0.011
4 退潮(表)	19.2	33.1	8.17	10.4	7.61	1.57	ND	0.008	0.013	0.021	0.008	0.014	21	0.015	1.08	0.056	4.73	0.019	ND
5 退潮(表)	18.4	26.2	8.2	11.1	5.1	2.6	0.004	0.023	0.018	0.045	0.005	ND	44	0.012	3.05	0.105	11	0.028	0.01
6 退潮(表)	19.9	27.7	8.14	19.3	6.33	1.95	0.005	ND	0.01	0.015	0.003	0.011	28.9	0.011	1.54	0.051	13	0.016	0.058
7 退潮(表)	19.6	31.5	8.16	15.6	7.31	2.23	0.004	0.006	0.007	0.017	0.008	0.008	15.7	0.016	1.86	0.029	14.2	0.013	0.018
8 退潮(表)	18.9	32.4	8.16	16.1	7.21	1.73	0.003	0.012	0.007	0.022	0.004	0.006	6.12	0.016	1.42	0.072	9.85	0.019	0.018
9 退潮(表)	18.3	32.1	8.12	18.4	7.62	0.75	ND	0.016	0.107	0.123	0.009	0.029	9.5	0.008	1.19	0.045	13.8	0.012	ND
10 退潮(表)	18.5	32.9	8.18	14.6	8.01	0.63	0.003	0.005	0.079	0.087	0.006	0.005	6.2	0.015	2.2	0.003	10.5	0.018	ND
11 退潮(表)	19.2	31.8	8.17	18	7.37	1.68	0.003	0.012	0.078	0.093	0.007	0.015	4.7	0.018	1.23	0.063	7.53	0.025	ND
12 退潮(表)	19.3	31.7	8.16	10.9	7.82	1.47	0.003	0.015	0.037	0.055	0.01	0.013	7.15	0.012	1.31	0.047	11.4	0.02	0.014
13 退潮(表)	19.8	32.7	8.14	12.2	7.82	1.83	0.01	0.012	0.037	0.059	0.005	0.025	7.47	0.018	2.23	0.028	18.5	0.025	ND
14 退潮(表)	19.6	31.9	8.18	15.4	7.82	0.6	0.003	0.013	0.023	0.039	0.012	0.014	1.59	0.015	2.14	0.01	7.56	ND	ND
15 退潮(表)	18.5	32.8	8.22	11.9	7.32	0.97	0.004	0.019	0.029	0.052	0.01	0.01	5.71	0.012	1.9	0.089	12	0.012	0.008
16 退潮(表)	19.8	32.5	8.14	12.2	8.02	0.85	0.003	0.011	0.024	0.038	0.014	0.008	4.76	0.012	1.12	0.024	10.5	0.015	0.022
17 退潮(表)	20.4	31.8	8.18	14.3	7.63	0.77	ND	0.013	0.028	0.041	0.005	0.022	2.89	0.012	1.07	0.03	8.87	0.008	0.011
17 退潮(深)	20.5	31.8	8.16	15.5	7.41	0.91	ND	0.008	0.012	0.020	0.006	ND	3.61	0.018	1.29	0.086	11.9	0.003	ND
18 退潮(表)	20.6	31.1	8.04	10.1	7.15	0.74	0.004	0.013	0.025	0.042	0.004	0.018	3.98	0.009	1.17	0.076	12.8	0.005	0.009
18 退潮(深)	20.8	32.1	8.07	13.6	7.02	0.97	0.003	0.007	0.023	0.033	0.005	ND	3.41	0.012	1.16	0.1	15.4	0.007	0.01

续表

站号	水温/℃	盐度/‰	pH	悬浮物/(mg/L)	溶解氧/(mg/L)	COD/(mg/L)	亚硝酸盐/(mg/L)	硝酸盐/(mg/L)	氨氮/(mg/L)	无机氮/(mg/L)	活性磷酸盐/(mg/L)	石油类/(mg/L)	叶绿素a/(μg/L)	硫化物/(mg/L)	铜/(μg/L)	铅/(μg/L)	锌/(μg/L)	镉/(μg/L)	汞/(μg/L)
19 退潮(表)	19.8	32.1	8.18	11.4	8.01	0.8	ND	0.008	0.024	0.032	0.014	0.015	2.4	0.012	1.29	0.056	15.6	ND	ND
20 退潮(表)	19.3	33	8.15	12.8	7.21	0.66	ND	0.008	0.034	0.042	0.004	0.01	2.53	0.014	1.13	0.057	17.2	0.024	0.024
20 退潮(深)	19.3	32.9	8.14	10.7	7.9	2.41	0.004	0.003	0.038	0.045	0.005	ND	21.9	0.019	2.69	0.026	14.6	0.01	ND

注："ND"表示未检出。

表 4-25　2014 年 1 月八门湾海域及附近海域水质标准指数表（涨潮）

站号	pH	溶解氧	化学需氧量	无机氮	活性磷酸盐	石油类	铜	铅	锌	镉	汞
1 涨潮(表)	0.75	0.31	0.32	0.13	0.17	1.06	0.21	0.02	0.19	0.003	ND
2 涨潮(表)	0.71	0.28	0.63	0.34	0.37	0.86	0.16	0.03	0.17	ND	ND
3 涨潮(表)	0.75	0.27	0.23	0.10	0.13	0.94	0.10	0.02	0.15	ND	ND
4 涨潮(表)	0.64	0.18	0.60	0.11	0.17	0.17	0.03	0.01	0.06	0.001	ND
5 涨潮(表)	0.66	0.31	0.64	0.16	0.13	0.07	0.04	0.05	0.15	0.001	ND
6 涨潮(表)	0.62	0.37	0.54	0.06	ND	0.08	0.03	0.01	0.12	ND	ND
7 涨潮(表)	0.62	0.26	0.54	0.11	ND	0.12	0.03	0.10	0.12	0.003	0.07
8 涨潮(表)	0.75	0.62	0.62	0.15	0.33	0.64	0.21	0.46	0.60	0.031	0.16
9 涨潮(表)	0.74	0.62	0.66	0.75	0.27	1.20	0.31	0.06	0.63	0.032	0.48
10 涨潮(表)	0.78	0.43	0.98	0.39	0.27	0.58	0.12	0.12	0.43	ND	0.36
11 涨潮(表)	0.76	0.67	0.83	0.37	0.47	1.00	0.27	0.02	0.62	ND	0.30
12 涨潮(表)	0.75	0.51	0.54	0.43	0.27	0.66	0.21	0.15	0.48	0.037	0.72
13 涨潮(表)	0.75	0.32	0.72	0.26	0.53	1.34	0.30	0.22	0.73	0.012	0.38

续表

站号	pH	溶解氧	化学需氧量	无机氮	活性磷酸盐	石油类	铜	铅	锌	镉	汞
14 涨潮(表)	0.74	0.48	0.56	0.16	3.33	0.72	0.26	0.50	0.64	0.030	0.32
15 涨潮(表)	0.77	0.34	0.43	0.24	0.40	0.30	0.31	0.12	0.41	0.018	0.34
16 涨潮(表)	0.78	0.33	0.84	0.21	0.80	0.56	0.29	0.34	0.68	0.026	1.56
17 涨潮(表)	0.76	0.43	0.79	0.24	0.87	0.32	0.30	0.37	0.63	0.032	2.16
17 涨潮(深)	0.74	0.41	0.84	0.19	0.53	ND	0.29	0.35	0.54	ND	1.72
18 涨潮(表)	0.59	0.23	0.21	0.15	0.23	0.11	0.02	0.00	0.14	0.001	ND
18 涨潮(深)	0.59	0.23	0.26	0.08	0.27	ND	0.03	0.04	0.14	ND	ND
19 涨潮(表)	0.73	0.36	0.53	0.24	1.67	0.46	0.34	0.27	0.62	0.052	1.12
20 涨潮(表)	0.75	0.41	0.50	0.21	0.47	0.76	0.26	0.03	0.68	0.012	0.88
20 涨潮(深)	0.72	0.61	0.67	0.26	0.53	ND	0.24	0.53	0.58	0.018	0.96

注：“ND”表示未检出。

表 4-26　2014 年 1 月八门湾海域及附近海域水质标准指数表（退潮）

站号	pH	溶解氧	化学需氧量	无机氮	活性磷酸盐	石油类	铜	铅	锌	镉	汞
1 退潮(表)	0.77	0.36	0.29	0.13	0.37	0.82	0.24	0.04	0.27	0.007	ND
2 退潮(表)	0.77	0.28	0.25	0.14	0.20	0.70	0.12	0.02	0.13	0.003	0.07
3 退潮(表)	0.76	0.22	0.40	0.08	0.20	0.26	0.08	0.12	0.14	0.005	0.06
4 退潮(表)	0.65	0.20	0.39	0.05	0.27	0.05	0.02	0.01	0.05	0.002	ND
5 退潮(表)	0.67	0.49	0.65	0.11	0.17	ND	0.06	0.01	0.11	0.003	0.05
6 退潮(表)	0.63	0.33	0.49	0.04	0.10	0.04	0.03	0.01	0.13	0.002	0.29
7 退潮(表)	0.64	0.23	0.56	0.04	0.27	0.03	0.04	0.00	0.14	0.001	0.09

续表

站号	pH	溶解氧	化学需氧量	无机氮	活性磷酸盐	石油类	铜	铅	锌	镉	汞
8 退潮(表)	0.77	0.63	0.87	0.11	0.27	0.12	0.28	0.07	0.49	0.019	0.36
9 退潮(表)	0.75	0.52	0.38	0.62	0.60	0.58	0.24	0.05	0.69	0.012	ND
10 退潮(表)	0.79	0.40	0.32	0.44	0.40	0.10	0.44	0.00	0.53	0.018	ND
11 退潮(表)	0.78	0.57	0.84	0.47	0.47	0.30	0.25	0.06	0.38	0.025	ND
12 退潮(表)	0.77	0.43	0.74	0.28	0.67	0.26	0.26	0.05	0.57	0.020	0.28
13 退潮(表)	0.76	0.41	0.92	0.30	0.33	0.50	0.45	0.03	0.93	0.025	ND
14 退潮(表)	0.79	0.42	0.30	0.20	0.80	0.28	0.43	0.01	0.38	ND	ND
15 退潮(表)	0.81	0.60	0.49	0.26	0.67	0.20	0.38	0.09	0.60	0.012	0.16
16 退潮(表)	0.76	0.35	0.43	0.19	0.93	0.16	0.22	0.02	0.53	0.015	0.44
17 退潮(表)	0.79	0.46	0.39	0.21	0.33	0.44	0.21	0.03	0.44	0.008	0.22
17 退潮(深)	0.77	0.53	0.46	0.10	0.40	ND	0.26	0.09	0.60	0.003	ND
18 退潮(表)	0.58	0.22	0.19	0.11	0.13	0.06	0.02	0.01	0.13	0.001	0.05
18 退潮(深)	0.59	0.24	0.24	0.08	0.17	ND	0.02	0.01	0.15	0.001	0.05
19 退潮(表)	0.79	0.35	0.40	0.16	0.93	0.30	0.26	0.06	0.78	ND	ND
20 退潮(表)	0.77	0.62	0.33	0.21	0.27	0.20	0.23	0.06	0.86	0.024	0.48
20 退潮(深)	0.76	0.41	1.21	0.23	0.33	ND	0.54	0.03	0.73	0.010	ND

注：“ND”表示未检出。

16 号表层、17 号表层和深层及 19 号表层，超标倍数分别为 0.056 倍、1.16 倍和 0.72 倍及 0.12 倍；另外，退潮时 20 号站位深层 COD 超标 0.21 倍；涨潮时 19 号站位表层活性磷酸盐超标 0.67 倍，上述除 1 号站位外，其余站位水质执行的标准均为一类海水水质标准，而超标因子所在站位水质均符合二类海水水质标准。

（2）沉积物环境质量调查结果。

2014 年 1 月八门湾海域及附近海域表层沉积物监测结果见表 4-27，海洋沉积物标准指数见表 4-28。调查结果显示，除 7 号、12 号、13 号、19 号、20 号站位有机碳超标，10 号、13 号、19 号、20 号石油类超标外，其余站位的监测因子均达到所在海域执行的沉积物质量标准，可满足各站位所在功能区对沉积物的质量要求。

4.3.2　2015 年水质、沉积物环境质量调查与评价

1. 调查站位

海南省海洋与渔业科学院于 2015 年 6 月 30 日～7 月 3 日在八门湾附近海域布设 20 个站位对海水水质、12 个站位对海洋沉积物进行调查，采样点位置详见表 4-29 和图 4-20。

2. 调查项目与分析方法

1）调查项目

水质：水温、盐度、悬浮物、pH、溶解氧（DO）、化学耗氧量（COD）、硝酸盐（NO_3-N）、亚硝酸盐（NO_2-N）、氨盐（NH_3-N）、活性磷酸盐、总磷、总氮、叶绿素 a、石油类、铬、锌、铜、铅、镉、汞和砷 21 项。

沉积物：有机碳、硫化物、石油类、锌、镉、铅、铜、总铬、砷、汞，共 10 项。

2）分析方法

样品的采集、保存、运输和分析均按海洋监测规范和海洋调查规范的要求进行。

3. 评价标准与评价方法

1）评价标准

根据《海南省海洋功能区划（2011～2020 年）》和《海水水质标准》（GB 3097—1997），本次布设的站位中，1～7 号站位于八门湾旅游休闲娱乐区，执行海水水质二类标准；8～9 号站位于清澜港农渔业区、10～12 号站位于清澜港港口航运区，

表 4-27　2014 年 1 月八门湾海域及附近海域海洋沉积物监测结果

站号	汞($\times10^{-6}$)	铜($\times10^{-6}$)	铅($\times10^{-6}$)	锌($\times10^{-6}$)	镉($\times10^{-6}$)	有机碳(%)	硫化物($\times10^{-6}$)	石油类($\times10^{-6}$)	砷($\times10^{-6}$)
2	0.054	10.5	4.02	40.5	0.07	1.85	11	258	7.87
9	0.058	10.3	6.18	33.5	0.04	1.27	42.9	143	17.5
5	0.089	23.3	5.69	65.5	0.05	2.17	45.2	592	9.47
7	0.042	6.59	3.79	34.8	0.07	3.95	81.2	795	13
10	0.081	6.51	9.52	40.5	0.05	2.00	20.5	580	19
11	0.039	4.02	12.1	36.8	0.07	1.32	15.6	296	8.64
12	0.096	3.41	13.6	26	0.05	2.56	8.62	300	7.41
13	0.047	7.25	15.8	31	0.07	2.38	20.1	592	10.2
15	0.154	3.54	8.63	38.4	0.05	1.67	38.1	389	11.4
16	0.063	1.35	13.5	25.3	0.08	0.89	8.56	67.5	8.85
19	0.064	16.8	21.9	41.3	0.06	3.01	17.6	600	14.9
20	0.048	15.8	25.9	45.7	0.07	2.17	79.8	595	14.2
最大值	0.154	23.3	25.9	65.5	0.08	3.95	81.20	795	19.00
最小值	0.039	1.35	3.79	25.3	0.04	0.89	8.56	67.5	7.41
平均值	0.070	9.1	11.7	38.3	0.06	2.10	32.4	434	11.87

表 4-28　2014 年 1 月八门湾海域及附近海域海洋沉积物标准指数表

站号	汞	铜	铅	锌	镉	有机碳	硫化物	石油类	砷
2	0.27	0.30	0.07	0.27	0.14	0.93	0.04	0.52	0.39
5	0.18	0.23	0.04	0.19	0.03	0.72	0.09	0.59	0.15
7	0.08	0.07	0.03	0.10	0.05	1.32	0.16	0.80	0.20
9	0.29	0.29	0.10	0.22	0.08	0.64	0.14	0.29	0.88
10	0.41	0.19	0.16	0.27	0.10	1.00	0.07	1.16	0.95
11	0.20	0.11	0.20	0.25	0.14	0.66	0.05	0.59	0.43
12	0.48	0.10	0.23	0.17	0.10	1.28	0.03	0.60	0.37
13	0.24	0.21	0.26	0.21	0.14	1.19	0.07	1.18	0.51
15	0.77	0.10	0.14	0.26	0.10	0.84	0.13	0.78	0.57
16	0.32	0.04	0.23	0.17	0.16	0.45	0.03	0.14	0.44
19	0.32	0.48	0.37	0.28	0.12	1.51	0.06	1.20	0.75
20	0.24	0.45	0.43	0.30	0.14	1.09	0.27	1.19	0.71
最大值	0.77	0.48	0.43	0.30	0.16	1.51	0.27	1.20	0.95
最小值	0.08	0.04	0.03	0.10	0.03	0.45	0.03	0.14	0.15
平均值	0.32	0.21	0.19	0.22	0.11	0.97	0.10	0.75	0.53

表 4-29 八门湾附近海域水质、沉积物调查站位及内容

站号	经度	纬度	调查内容
1	110°51′0.056″E	19°36′46.496″N	水质、沉积物
2	110°50′23.07″E	19°37′07.65″N	水质
3	110°49′46.287″E	19°37′18.698″N	水质、沉积物
4	110°49′26.40″E	19°36′52.47″N	水质
5	110°49′34.248″E	19°36′16.094″N	水质、沉积物
6	110°48′51.90″E	19°36′03.43″N	水质、沉积物
7	110°49′2.328″E	19°35′26.403″N	水质、沉积物
8	110°49′18.733″E	19°34′46.357″N	水质
9	110°49′23.65″E	19°34′05.46″N	水质、沉积物
10	110°49′40.866″E	19°33′32.783″N	水质
11	110°50′7.682″E	19°32′53.178″N	水质、沉积物
12	110°50′24.596″E	19°32′21.412″N	水质
13	110°50′27.429″E	19°31′36.39″N	水质、沉积物
14	110°49′31.292″E	19°31′46.294″N	水质
15	110°51′2.138″E	19°31′26.5424″N	水质
16	110°51′52.057″E	19°31′14.991″N	水质、沉积物
17	110°48′46.22″E	19°30′52.07″N	水质、沉积物
18	110°49′46.97″E	19°30′48.65″N	水质
19	110°50′49.03″E	19°30′48.19″N	水质、沉积物
20	110°51′52.50″E	19°30′44.10″N	水质、沉积物

执行海水水质三类标准；部分站位所处功能区有重叠，13～20 号站位于文昌麒麟菜海洋保护区（铜鼓岭—冯家湾片区），13 号、14 号、17 号和 18 号站又位于高隆湾旅游休闲娱乐区，按执行标准严格地进行评价，即 13～20 号站执行海水水质一类标准。

根据《海洋沉积物质量》（GB 18668—2002）、《海南省海洋功能区划（2011～2020 年）》的要求，1 号、3 号、5 号、7 号站位于八门湾旅游休闲娱乐区，执行一类海洋沉积物质量标准；9 号站位于清澜港农渔业区、11 号站位于清澜港港口航运区，执行二类海洋沉积物质量标准；部分站位所处功能区有重叠，13 号、17 号和 19 号站位于文昌麒麟菜海洋保护区（铜鼓岭-冯家湾片区），执行一类海洋沉积物质量标准。

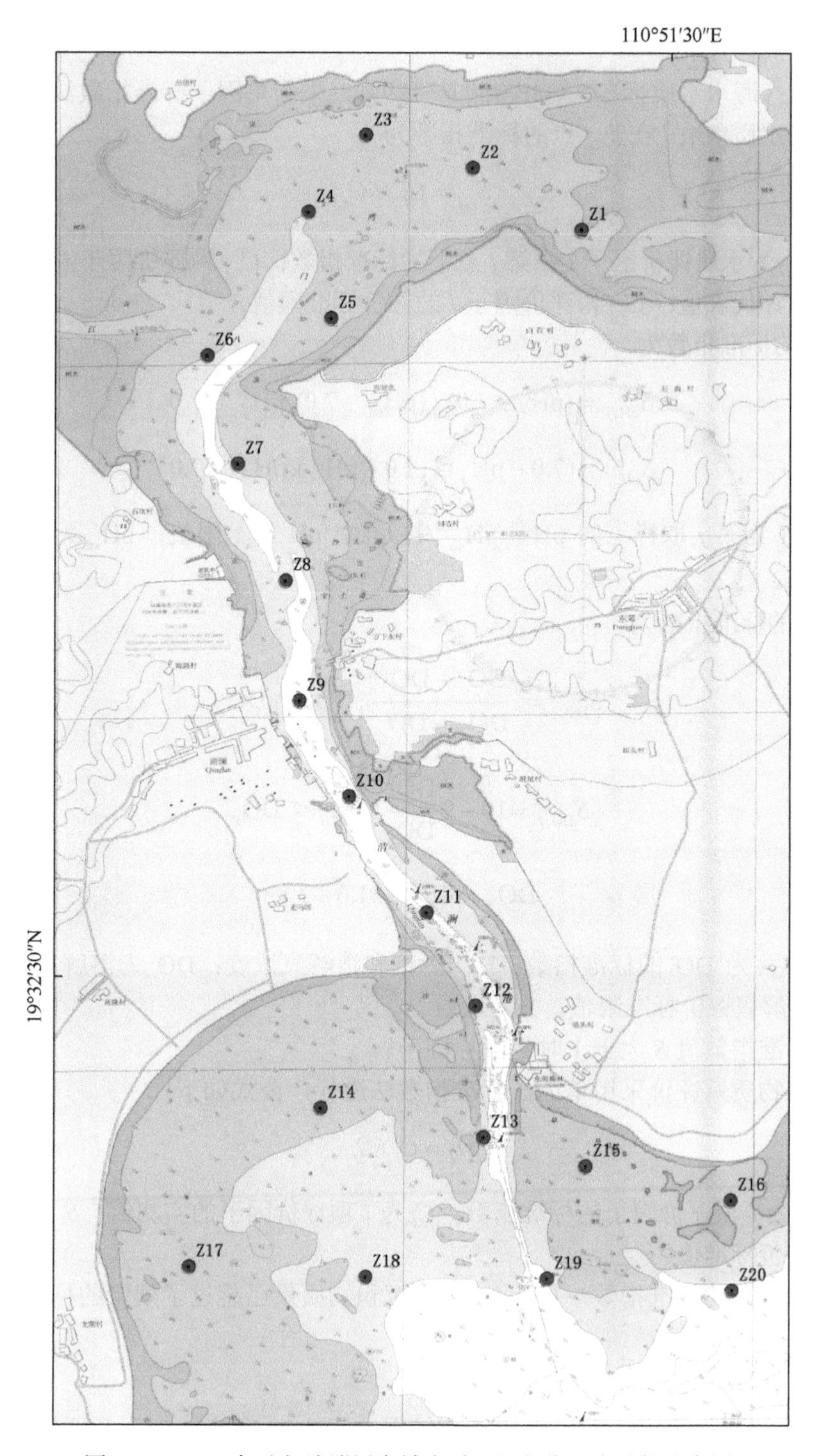

图4-20 2015年八门湾附近海域水质、沉积物调查站位分布图

2）评价方法

参照《海水水质标准》（GB 3097—1997），采用单因子标准指数法进行评价。

单项水质参数 i 在第 j 点的标准指数为

$$S_{i,j} = C_{i,j} / C_{s,i} \tag{4-1}$$

式中，$S_{i,j}$ 为水质评价因子 i 在第 j 点上的标准指数；$C_{i,j}$ 为评价因子 i 在第 j 点上的实测统计代表值；$C_{s,i}$ 为评价因子 i 的评价标准限值。

pH 的标准指数为

$$S_{\mathrm{pH},j} = (\mathrm{pH}_j - 7.0) / (\mathrm{pH}_{\mathrm{su}} - 7.0), \mathrm{pH}_j > 7.0 \tag{4-2}$$

$$S_{\mathrm{pH},j} = (7.0 - \mathrm{pH}_j) / (7.0 - \mathrm{pH}_{\mathrm{sd}}), \mathrm{pH}_j \leqslant 7.0 \tag{4-3}$$

式中，pH_j 为第 j 取样点的 pH；$\mathrm{pH}_{\mathrm{su}}$ 为标准中 pH 的上限值；$\mathrm{pH}_{\mathrm{sd}}$ 为标准中 pH 的下限值。

DO 的标准指数为

$$S_{\mathrm{DO},j} = \frac{|\mathrm{DO}_f - \mathrm{DO}_j|}{\mathrm{DO}_f - \mathrm{DO}_s}, \mathrm{DO}_j \geqslant \mathrm{DO}_s \tag{4-4}$$

$$S_{\mathrm{DO},j} = 10 - 9\frac{\mathrm{DO}_j}{\mathrm{DO}_s}, \mathrm{DO}_j < \mathrm{DO}_s \tag{4-5}$$

$$\mathrm{DO}_f = 468 / (31.6 + T) \tag{4-6}$$

式中，$S_{\mathrm{DO},j}$ 为 DO 的标准指数；DO_f 为饱和溶解氧浓度；DO_j 为溶解氧实测值；DO_s 为溶解氧评价标准限值；T 为水温。

当标准指数值 S 大于 1 时为超标因子。

沉积物质量评价采用单因子标准指数法进行，公式如下：

$$I_i = C_i / S_i \tag{4-7}$$

式中，I_i 为 i 项评价因子的标准指数；C_i 为 i 项评价因子的实测值；S_i 为 i 项评价因子的评价标准值。

评价因子的标准指数＞1，表明该项沉积物质量已超过了规定的标准。

4. 水质监测结果及评价

2015 年八门湾附近海域水质监测结果见表 4-30 和表 4-31，各评价因子水质质量标准指数见表 4-32。

表 4-30　2015 年八门湾附近海域水质监测结果（1）

站号	pH	水温/℃	盐度/‰	透明度/m	悬浮物/(mg/L)	COD/(mg/L)	溶解氧/(mg/L)	硝酸盐氮/(mg/L)	亚硝酸盐氮/(mg/L)	氨/(mg/L)	无机氮/(mg/L)
1	7.81	28.6	14.4	0.3	14.6	4.6	5.1	0.118	0.101	0.102	0.321
2	7.74	28.4	12.3	0.2	10.2	5.7	4.8	0.142	0.014	0.09	0.246
3	7.84	28.7	15.3	0.3	4.8	5.3	5	0.127	0.0072	0.106	0.2402
4	7.85	28.9	20.2	0.5	7.8	3.8	5.4	0.05	0.002	0.085	0.1368
5	7.89	28.8	24.3	0.8	12.5	2.8	5.8	0.085	0.003	0.082	0.1695
6	7.91	28.9	23.8	0.6	4.6	2.3	6	0.071	0.002	0.065	0.1375
7	7.93	28.5	25.3	0.6	9.1	2.2	6.2	0.01	0.002	0.082	0.0939
8	7.99	28.3	26.9	0.6	4.8	2.1	6.2	0.024	0.002	0.054	0.0795
9	8.01	28.7	27.7	0.8	6.9	0.7	6.3	0.01	0.002	0.072	0.0839
10（表）	8.02	28.8	28.8	1.1	5.3	1.4	5.4	0.052	0.001	0.079	0.1322
10（底）	8.05	26.4	33.5	ND	6.7	0.9	6.4	0.061	0.002	0.076	0.1391
11	8.03	28.6	30	1	10.1	1.2	5.9	0.086	0.001	0.071	0.1583
12	8.06	28.4	31	0.9	9.6	1.4	6.3	0.08	0.002	0.082	0.1642
13	8.09	28.7	33.7	0.7	5.7	1	5.3	0.06	0.004	0.06	0.1235
14	8.11	28.3	34.3	0.8	10.8	0.9	6.9	0.017	0.002	0.034	0.0528
15	8.09	28.5	33.3	1.6	6.2	1	6.6	0.012	0.003	0.038	0.0525
16	8.1	28.9	32.5	1.4	4.8	0.1	8.4	0.012	0.002	0.036	0.0496
17	8.09	28.5	34.5	1.1	4.2	0.7	9.4	0.018	0.001	0.039	0.0581
18	8.13	28.9	34.7	1.6	6.7	0.8	9.2	0.01	0.025	0.036	0.071
19	8.12	28.9	34.7	2.3	8.9	0.7	8.6	0.028	0.0025	0.072	0.1025
20	8.13	28.4	34.9	1.3	5.4	0.6	8.5	0.015	0.0014	0.044	0.0604
平均值	8.00	28.5	27.9	0.9	7.6	1.9	6.6	0.052	0.009	0.067	0.127
最大值	8.13	28.9	34.9	2.3	14.6	5.7	9.4	0.142	0.101	0.106	0.321
最小值	7.74	26.4	12.3	0.2	4.2	0.1	4.8	0.010	0.001	0.034	0.050

注：“ND”表示未检出。

表 4-31　2015 年八门湾附近海域水质监测结果（2）

站号	总氮/(mg/L)	活性磷酸盐/(mg/L)	总磷/(mg/L)	石油类/(mg/L)	叶绿素a/(μg/L)	汞/(μg/L)	铅/(μg/L)	镉/(μg/L)	铬/(μg/L)	铜/(μg/L)	锌/(μg/L)	砷/(μg/L)
1	0.316	0.097	0.138	0.014	0.9	ND	0.12	0.03	ND	1.4	15.3	0.7
2	0.241	0.083	0.167	0.032	2.5	ND	ND	0.03	0.8	1.4	26.2	0.7
3	0.283	0.082	0.089	0.025	1.4	0.13	0.52	0.06	1.2	1.5	22.9	0.8
4	0.216	0.074	0.082	0.021	1.2	ND	ND	0.02	ND	0.8	9.6	0.8
5	0.209	0.071	0.091	0.013	0.6	ND	ND	0.04	ND	1.2	17.2	0.8
6	0.226	0.069	0.076	0.035	0.8	ND	ND	0.04	ND	0.8	11.6	0.8

续表

站号	总氮/(mg/L)	活性磷酸盐/(mg/L)	总磷/(mg/L)	石油类/(mg/L)	叶绿素a/(μg/L)	汞/(μg/L)	铅/(μg/L)	镉/(μg/L)	铬/(μg/L)	铜/(μg/L)	锌/(μg/L)	砷/(μg/L)
7	0.165	0.062	0.066	0.031	0.8	ND	ND	0.02	ND	1.1	23.5	0.7
8	0.149	0.063	0.069	0.028	0.9	ND	ND	0.03	ND	1	9.6	0.7
9	0.121	0.051	0.058	0.017	1	ND	ND	0.04	ND	1.5	16.8	0.9
10（表）	0.143	0.043	0.055	0.0086	0.7	ND	0.11	0.02	ND	0.9	12.7	0.8
10（底）	0.185	0.027	0.034	—	0.4	ND	ND	0.02	ND	0.4	13.4	0.7
11	0.228	0.044	0.047	0.011	0.6	ND	ND	0.02	ND	0.9	11.3	2.1
12	0.193	0.048	0.054	0.016	0.3	0.024	ND	0.02	ND	0.9	21.8	1.9
13	0.152	0.022	0.028	0.0056	0.6	0.047	ND	0.06	ND	1.2	25.7	1.6
14	0.096	0.017	0.027	0.0041	0.7	ND	0.03	0.02	ND	0.7	10.8	1.6
15	0.067	0.006	0.015	0.0062	0.1	0.011	ND	0.02	ND	0.6	7.6	2.2
16	0.057	0.0032	0.006	0.0038	0.1	ND	0.06	0.02	ND	0.4	12.8	1.5
17	0.082	0.0035	0.004	0.0025	ND	ND	ND	0.03	ND	0.6	13.1	2.1
18	0.068	0.01	0.014	0.0045	0.1	ND	ND	ND	ND	0.2	6.6	1.7
19	0.185	0.012	0.015	0.0041	0.3	ND	0.14	0.02	ND	0.8	10.5	1.7
20	0.073	0.0082	0.011	0.0056	0.1	ND	0.1	0.02	ND	0.4	5.1	1.2
平均值	0.165	0.043	0.055	0.014	0.7	0.053	0.15	0.03	1.00	0.89	14.48	1.24
最大值	0.316	0.097	0.167	0.035	2.5	0.130	0.52	0.06	1.2	1.5	26.2	2.2
最小值	0.057	0.003	0.004	0.003	0.1	0.011	0.03	0.02	0.8	0.2	5.1	0.7

注：“ND”表示未检出。

表 4-32　2015 年八门湾附近海域水质质量标准指数表

站号	pH	DO	COD	无机氮	活性磷酸盐	石油类	砷	汞	锌	镉	铅	铜	评价标准	现状
1	0.54	0.96	2.30	1.07	3.23	0.28	0.02	—	0.31	0.01	0.02	0.28	二类	劣四类
2	0.49	1.07	2.85	0.82	2.77	0.64	0.02	—	0.52	0.01	—	0.28		劣四类
3	0.56	1.00	2.65	0.80	2.73	0.50	0.03	0.65	0.46	0.01	0.10	0.30		劣四类
4	0.57	0.85	1.90	0.46	2.47	0.42	0.03	—	0.19	0.00	—	0.16		劣四类
5	0.59	0.71	1.40	0.57	2.37	0.26	0.03	—	0.34	0.01	—	0.24		劣四类
6	0.61	0.63	1.15	0.46	2.30	0.70	0.03	—	0.23	0.01	—	0.16		劣四类
7	0.62	0.57	1.10	0.31	2.07	0.62	0.02	—	0.47	0.00	—	0.22		劣四类
8	0.55	0.42	1.05	0.20	2.10	0.09	0.01	—	0.10	0.00	—	0.10	三类	劣四类
9	0.56	0.39	0.35	0.21	1.70	0.06	0.02	—	0.17	0.00	—	0.15		劣四类

续表

站号	pH	DO	COD	无机氮	活性磷酸盐	石油类	砷	汞	锌	镉	铅	铜	评价标准	现状
10（表）	0.57	0.63	0.70	0.33	1.43	0.03	0.02	—	0.13	0.00	0.01	0.09	四类	四类
10（底）	0.58	0.41	0.45	0.35	0.90	—	0.01	—	0.13	0.00	—	0.04		二类
11	0.57	0.50	0.60	0.40	1.47	0.04	0.04	—	0.11	0.00	—	0.09		四类
12	0.59	0.39	0.70	0.41	1.60	0.05	0.04	0.12	0.22	0.00	—	0.09		劣四类
13	0.73	1.40	0.50	0.62	1.47	0.11	0.08	0.94	1.29	0.06	—	1.20	一类	二类
14	0.74	0.50	0.45	0.26	1.13	0.08	0.08	—	0.54	0.02	0.03	0.70		二类
15	0.73	0.66	0.50	0.26	0.40	0.12	0.11	0.22	0.38	0.02	—	0.60		一类
16	0.73	0.38	0.05	0.25	0.21	0.08	0.08	—	0.64	0.02	0.06	0.40		一类
17	0.73	0.90	0.35	0.29	0.23	0.05	0.11	—	0.66	0.03	—	0.60		一类
18	0.75	0.84	0.40	0.36	0.67	0.09	0.09	—	0.33	—	—	0.20		一类
19	0.75	0.50	0.35	0.51	0.80	0.08	0.09	—	0.53	0.02	0.14	0.80		一类
20	0.75	0.39	0.30	0.30	0.55	0.11	0.06	—	0.26	0.02	0.10	0.40		一类
最大值	0.75	1.40	2.85	1.07	3.23	0.70	0.11	0.94	1.29	0.06	0.14	1.20		
最小值	0.49	0.38	0.05	0.20	0.21	0.03	0.01	0.12	0.10	0.00	0.01	0.04		
超标率/%	—	9.5	38.1	6.1	66.7	—	—	—	6.1	—	—	6.1		

本次调查结果显示，主要超标的项目为无机氮、DO、COD、活性磷酸盐、锌和铜。其中，超标最为严重的为COD和活性磷酸盐，超标率分别为38.1%和66.7%。溶解氧超标率为9.5%，无机氮、锌和铜的超标率为6.1%。活性磷酸盐在1～9号和10号表层及11～14号站位均超标，其中，1～9号、12号站位属于劣四类海水水质，10号表层和11号为四类海水水质，10号底层为二类海水水质；1～8号站位COD超标；2号和13号站位的溶解氧超标；13号站位的锌和铜超标。

根据调查结果，超标污染物主要在八门湾潟湖内，1～9号站位均属于劣四类海水水质标准，在潮汐通道口门附近，即10～12号站位中，有部分区域也有劣四类海水水质标准，如口门处的12号站位，另外13号站位处于航道，来往船舶较多，此站位的溶解氧、活性磷酸盐、锌和铜均超二类海水水质，位于高隆湾的14号站位，受潮汐通道影响，超一类海水水质，另外，15～17号及19～20号站位处于近海靠外海域，属于一类海水水质。

综上，八门湾海域的水质主要受潟湖内水质影响，潟湖内水质质量受多种环境因子制约，如文昌河和文教河的径流影响、沿岸工业企业的排污影响、沿岸水产养殖排污影响及潟湖内海水养殖影响。因此，对潟湖内的海洋环境现状进行综合整治显得尤为重要。

5. 沉积物监测结果及评价

海洋沉积物是许多海洋生物，特别是底栖生物赖以生存和生长的环境，由于底栖生物大多具有富集污染物质的功能，沉积物的质量直接影响底栖生物的质量和人体健康。

2015 年八门湾附近海域海洋沉积物质量监测结果见表 4-33，海洋沉积物质量标准指数见表 4-34。

表 4-33　2015 年八门湾附近海域海洋沉积物质量监测结果

站号	有机碳/%	砷($\times10^{-6}$)	汞($\times10^{-6}$)	铜($\times10^{-6}$)	铅($\times10^{-6}$)	锌($\times10^{-6}$)	镉($\times10^{-6}$)	油类($\times10^{-6}$)	总铬($\times10^{-6}$)	硫化物($\times10^{-6}$)
Z1	2.05	2.65	ND	10	4.4	49	0.13	17.4	ND	489
Z3	1.43	9.54	ND	25	4.8	85	0.12	7.4	ND	8.4
Z5	2.03	4.93	ND	7.7	2.5	47	0.06	4.6	ND	5.9
Z6	2.23	2	ND	9.9	2.5	49	0.09	22.3	ND	422
Z7	1.1	12.1	ND	21	5.4	80	0.13	ND	ND	45.3
Z9	0.795	4.02	ND	9.2	1.9	45	0.08	5	ND	167
Z11	1.35	5	ND	21	4.6	70	0.09	18.6	ND	8.4
Z13	1.98	3.84	ND	ND	1.7	37	0.07	20.6	ND	154
Z17	0.563	4.22	ND	5.8	3.2	45	0.09	11.5	ND	3.9
Z19	0.237	3.36	ND	7.8	2.4	51	0.12	6.1	ND	5
最大值	2.23	12.1	ND	25	5.4	85	0.13	22.3	ND	489
最小值	0.237	2	ND	5.8	1.7	37	0.06	4.6	ND	3.9

注：“ND”表示未检出。

表 4-34　2015 年八门湾附近海域海洋沉积物质量标准指数表

站号	有机碳	砷	汞	铜	铅	锌	镉	油类	总铬	硫化物	评价标准	现状
Z1	1.03	0.13	—	0.29	0.07	0.33	0.26	0.03	—	1.63	一类	二类
Z3	0.72	0.48	—	0.71	0.08	0.57	0.24	0.01	—	0.03		一类
Z5	1.02	0.25	—	0.22	0.04	0.31	0.12	0.01	—	0.02		一类
Z6	1.12	0.10	—	0.28	0.04	0.33	0.18	0.04	—	1.41		二类
Z7	0.55	0.61	—	0.60	0.09	0.53	0.26		—	0.15		一类
Z9	0.40	0.20	—	0.26	0.03	0.30	0.16	0.01	—	0.56		一类
Z11	0.68	0.25	—	0.60	0.08	0.47	0.18	0.04	—	0.03	二类	一类

续表

站号	有机碳	砷	汞	铜	铅	锌	镉	油类	总铬	硫化物	评价标准	现状
Z13	0.99	0.19	—		0.03	0.25	0.14	0.04	—	0.51		一类
Z17	0.28	0.21	—	0.17	0.05	0.30	0.18	0.02	—	0.01	一类	一类
Z19	0.12	0.17	—	0.22	0.04	0.34	0.24	0.01	—	0.02		一类
最大值	1.12	0.61	—	0.71	0.09	0.57	0.26	0.04	—	1.63		
最小值	0.12	0.10	—	0.17	0.03	0.25	0.12	0.01	—	0.01		
平均值	0.69	0.26		0.37	0.06	0.37	0.20	0.02		0.44		
超标率/%	30	—	—	—	—	—	—	—	—	20		

从表4-33可以看出，2015年八门湾附近海域表层沉积物中有机碳含量范围为0.237%～2.23%，最高值出现在Z6号站，最低值出现在Z19号站；硫化物含量范围为（3.9～489.0）$\times10^{-6}$，最高值出现在Z1号站，最低值出现在Z17号站；油类含量范围为（4.6～22.3）$\times10^{-6}$，最高值出现在Z6号站，最低值出现在Z7号站（未检出）；锌含量范围为（37.0～85.0）$\times10^{-6}$，最高值出现在Z3号站，最低值出现在Z13号站；镉含量范围为（0.06～0.13）$\times10^{-6}$，最高值出现在Z1号站，最低值出现在Z5号站；铅含量范围为（1.7～5.4）$\times10^{-6}$，最高值出现在Z7号站，最低值出现在Z13号站；铜含量范围为（5.8～25.0）$\times10^{-6}$，最高值出现在Z3号站，最低值出现在Z13号站（未检出）；砷含量范围为（2.0～12.1）$\times10^{-6}$，最高值出现在Z7号站，最低值出现在Z6号站；汞和总铬在所有站位均未检出。

由结果可知，位于内湾Z1号、Z5号和Z6号站表层沉积物中各项监测项目含量都较高，湾外站位表层沉积物中各项监测项目含量均呈现低值，表明八门湾海域沉积物质量湾外比内湾好，体现出潟湖沉积物环境的一般特征。

2015年八门湾海域表层沉积物质量调查结果显示，沉积物主要的超标因子为有机碳和硫化物，位于八门湾旅游休闲娱乐区的Z1号和Z6号站沉积物质量超出一类海洋沉积物质量标准，Z1站位的有机碳和硫化物分别超标0.03倍和0.63倍，Z6站位的有机碳和硫化物分别超标0.12倍和0.41倍，Z5号站沉积物中有机碳含量超标，超标0.02倍。表明位于八门湾旅游休闲娱乐区的监测站位表层沉积物未达到所在海洋功能区的沉积物环境管理要求。执行二类海洋沉积物质量标准的监测站位中，达到所在海洋功能区的沉积物环境管理要求，位于清澜港港口航运区的监测站位沉积物质量符合所在海洋功能区的沉积物环境管理要求。

本次调查沉积物评价因子的质量标准指数按平均值由大到小依次为：有机碳＞硫化物＞锌＝铜＞砷＞镉＞铅＞油类＞汞＝总铬。

根据2015年八门湾海域沉积物质量调查结果，八门湾海域表层沉积物超标因子为有机碳和硫化物，超标率分别为30%和20%，超标站位集中在内湾。其原因主要是大量废污水随河流排污、城市地表径流入湾，未经处理的高位池养殖废水排放、养殖排泄物流入，由于潟湖内湾水动力条件较差，污染物入海后便被阻抑在内湾，长期累积在沉积物环境中，造成潟湖内湾表层沉积物环境质量超标。

4.3.3 水质质量总体状况

综合近几年水质环境质量调查结果，八门湾海域部分站位水质未满足所在海洋功能区的水质环境管理要求，超标站位主要集中在潟湖内湾，特别是八门湾旅游休闲娱乐区、清澜港农渔业区已达四类海水水质标准，主要超标因子为COD、油类；口门外海域水质仅无机氮含量超过一类海水水质标准。超标原因主要在于八门湾潟湖内接纳大量未经处理的城镇废污水、养殖废水，养殖排泄物长期累积以及船舶排污，加上水动力条件较差，不利于污染物的稀释净化，导致潟湖内污染物含量偏高。

4.4 生物质量调查与评价

水生生物与其生存的环境是相互依存、相互影响的统一体，生物体在与周围环境交换物质和汲取营养的过程中，将环境污染物引入体内，同时摄入体内的污染物经生物代谢作用转化后随同排泄物不断排入环境。因此，水体污染对生物产生影响，生物也对此做出不同的反应和变化，其反应和变化是水环境评价的重要指标。

4.4.1 调查站位、监测项目与分析方法

1. 调查站位、监测项目

引用国家海洋局海口海洋环境监测中心站于2012年6月6日在八门湾海域布设的三个生物质量监测站位调查资料，采样点位置如表4-5和图4-18所示。

该次调查采集了贝类、远海梭子蟹、斑节对虾、裘氏沙丁鱼和长棘银鲈共五个生物样品，分析了生物体内汞、砷、铜、铅、锌、镉、铬和石油烃的含量。

2. 分析方法

生物质量各监测项目的采样、分析方法和技术要求按《海洋监测规范 第6部分：生物体分析》（GB 17378.6—2007）的规定进行，分析方法如表4-35所示。

表 4-35　调查项目与分析方法

序号	调查项目	分析方法	引用标准
1	汞	原子荧光法	GB 17378.6—2007
2	砷		
3	铜	无火焰原子吸收分光光度法	
4	铅		
5	锌	火焰原子吸收光度法	
6	镉	无火焰原子吸收分光光度法	
7	铬		
8	石油烃	荧光分光光度法	

4.4.2　评价标准与评价方法

1. 评价标准

本次采集的五个生物样品中主要是贝类、甲壳类（远海梭子蟹、斑节对虾）和鱼类（裘氏沙丁鱼、长棘银鲈）。贝类（双壳类）生物体内污染物质含量评价采用《海洋生物质量》（GB 18421—2001）规定的一类标准；其他软体类、甲壳类和鱼类生物体内污染物质（除石油烃外）含量评价标准采用《全国海岸带和海涂资源综合调查简明规程》中规定的生物质量标准，石油烃含量的评价标准采用《第二次全国海洋污染基线调查技术规程》（第二分册）中规定的生物质量标准。各评价因子的评价标准值见表 4-36。

表 4-36　海洋生物质量评价标准表（鲜重：$\times 10^{-6}$）

样品类型	汞	铜	铅	镉	锌	砷	铬	石油烃
贝类	0.05	10	0.1	0.2	20	1.0	0.5	15
软体类	0.3	100	10.0	5.5	250	10.0	5.5	20
甲壳类	0.2	100	2.0	2.0	150	8.0	1.5	20
鱼类	0.3	20	2.0	0.6	40	5.0	1.5	20

2. 评价方法

生物质量评价采用单因子污染指数评价法（仅适用于同一测站），公式如下：

$$I_i = C_i / S_{ij} \tag{4-8}$$

式中，I_i为 i 项评价因子的标准指数；C_i为 i 项评价因子的实测值；S_{ij}为 i 项 j 类生物质量评价标准值。

以单因子污染指数 1.0 作为该因子是否对生物产生污染的基本分界线，大于 1.0 表明生物已受到该因子污染，超过标准。

4.4.3 调查结果与评价结果

2012 年 6 月八门湾海域海洋生物质量监测结果见表 4-37，海洋生物质量标准指数见表 4-38。

表 4-37　2012 年 6 月八门湾海域海洋生物质量监测结果（$\times10^{-6}$）

序号	监测生物	汞	砷	石油烃	锌	镉	铅	铜	铬
1	贝类	0.006	0.2	9.0	12.5	0.097	0.08	2.25	0.06
2	远海梭子蟹	0.022	—	6.9	28.7	0.021	0.07	4.11	0.12
3	斑节对虾	0.023	—	13.3	17.0	0.008	0.04	3.96	0.09
4	裘氏沙丁鱼	0.016	—	8.3	25.2	0.011	0.04	1.11	0.04
5	长棘银鲈	0.005	—	8.2	9.2	0.013	0.05	0.10	0.04
最大值		0.023	0.2	13.3	28.7	0.097	0.08	4.11	0.12
最小值		0.005	—	6.9	9.2	0.008	0.04	0.10	0.04

表 4-38　2012 年 6 月八门湾海域海洋生物质量标准指数表

样品名称	汞	砷	石油烃	锌	镉	铅	铜	铬
贝类	0.12	0.20	0.60	0.62	0.48	0.80	0.22	0.12
远海梭子蟹	0.11	未检出	0.35	0.19	0.01	0.04	0.04	0.08
斑节对虾	0.12	未检出	0.67	0.11	0.00	0.02	0.04	0.06
裘氏沙丁鱼	0.05	未检出	0.42	0.63	0.02	0.02	0.06	0.03
长棘银鲈	0.02	未检出	0.41	0.23	0.02	0.03	0.01	0.03

从表 4-37 可以看出，除了贝类生物体内检出砷外，其他生物体内均未检出砷；重金属汞、锌、铜、铬及石油烃在甲壳类生物体中含量最高，镉、铅在贝类生物体内含量最高，重金属汞、锌、铅、铜、铬在鱼类生物体内含量最低，镉在甲壳类生物体内含量最低，鱼类生物体内含量也较低。表明鱼类生物体内的污染物质含量相对低于甲壳类、贝类。

评价结果显示，本次调查所有生物样品含量均符合评价标准要求，表明八门湾海域所调查的生物体未受到污染。

4.5　海洋生态调查与评价

海洋生物资源（特别是渔业资源）是重要的海洋资源之一，海洋生物多样性也反映了海洋生态环境状况。海南省海洋开发规划设计研究院曾于 2012 年 6 月 6 日对八门湾海域进行了叶绿素 a、初级生产力、浮游生物、潮间带生物、底栖生物、鱼卵仔鱼和游泳生物的调查，2008 年 8 月进行了浮游生物、底栖生物和潮间带生物的调查，本书引用这两期调查资料来分析八门湾海域海洋生态状况。

4.5.1　2012 年 6 月生态调查与评价

1. 调查站位

2012 年 6 月 6 日布设站位调查浮游生物和底栖生物，采样点位置如表 4-5 和图 4-18 所示，布设三条断面调查潮间带生物、三个站位调查渔业资源，采样点位置如表 4-39 和表 4-40 所示。

表 4-39　2012 年 6 月八门湾海域潮间带生物调查站位表

断面	起点		终点	
	经度	纬度	经度	纬度
I	110°49′34.4″E	19°34′10.2″N	110°49′33.9″E	19°34′10.0″N
II	110°49′34.7″E	19°34′06.1″N	110°49′35.4″E	19°34′06.3″N
III	110°49′36.4″E	19°34′00.1″N	110°49′34.2″E	19°33′58.9″N

表 4-40　2012 年 6 月八门湾海域游泳生物调查站位表

站号	纬度	经度	水深/m
1	19°35′16.87″N	110°48′58.88″E	2～5
2	19°34′16.60″N	110°49′22.49″E	2～5
3	19°34′00.77″N	110°49′20.42″E	2～5

2. 调查方法

1）浮游生物

浮游植物、浮游动物的采样方法按《海洋调查规范 第 6 部分：海洋生物调查》

（GB/T 12763.6—2007）中有关浮游生物调查的规定进行。浮游植物采用垂直拖网法，选择浅水Ⅲ型浮游生物网，由底至表垂直拖网。浮游动物利用浅水Ⅰ型浮游生物网采样，拖网方式为底至表垂直拖。

2）底栖生物

底栖生物的定量采样用张口面积为 0.1m^2 的采泥器，每个站采样一次。标本处理和分析均按《海洋调查规范 第 6 部分：海洋生物调查》（GB/T 12763.6—2007）的规定进行。

3）潮间带生物

a. 生物样品的采集方法

（1）定性采样，在高、中、低潮区分别采集一个样品，并尽可能将该站附近出现的动植物种类收集齐全。

（2）滩涂定量采样，用面积为 25cm×25cm 的定量框，取样时先将定量框插入滩涂内，观察框内可见的生物和数量，再用铁铲清除挡板外侧的泥沙，拆去定量框，铲取框内样品，若发现底层仍有生物存在，应将采样器再往下压，直至采不到生物为止。将采集的框内样品置于漩涡分选装置或过筛器中淘洗。

（3）对某些生物栖息密度很低的地带，可采用 4m×4m 的面积内计数（个数或洞穴数），并采集其中的部分个体称重，换算成生物量。

b. 生物样品的处理与保存

（1）采得的所有定性和定量标本，洗净按类分瓶装或封口塑料袋装，或按大小及个体软硬分装，以防标本损坏。

（2）定量样品，未能及时处理的余渣，拣出可见标本后把余渣另行分装，在双筒解剖镜下挑拣。

（3）按序加入 5%福尔马林固定液，余渣用四氯四碘荧光素染色剂固定液固定。

（4）对受刺激易引起收缩或自切的种类（如腔肠动物、纽形动物），用水合氯醛或乌来糖进行麻醉后固定，某些多毛类（如沙蚕科、吻沙蚕科），先用淡水麻醉，挤出吻部，再用福尔马林固定，对于大型海藻，除用福尔马林固定外，最好带回一些完整的新鲜藻体，制作腊叶标本。

4）游泳生物

游泳生物调查按照《海洋调查规范 第 6 部分：海洋生物调查》（GB/T 12763.6—2007）实施。本次游泳生物主要采用定置网捕捞，放网至收网时长为 9h。网具的网长为 28.5m，网宽为 25.5m，网目为 1.5cm。

5）叶绿素 a 和初级生产力

使用 Alec Electronics 的 AAQ1183 型 CTD 来测定叶绿素 a 含量，其叶绿素探头通过测量由 400～480nm 激发光所产生的大于 667nm 波长的光来换算成叶绿素含量。

初级生产力采用叶绿素 a 法，按照 Cadée 和 Hegeman[23]提出的简化公式估算：

$$P = C_a QLt / 2 \tag{4-9}$$

式中，P 为初级生产力[mg C/(m^2·d)]；C_a 为表层叶绿素 a 含量（mg/m^3）；Q 为同化系数[mg C/(mg Chl-a·h)]，根据中国科学院南海海洋研究所以往调查结果，这里取 3.12；L 为真光层深度（m），取透明度（m）的 3 倍；t 为白昼时间（h），根据中国科学院南海海洋研究所以往调查结果，这里取 11h。

6）鱼卵仔鱼

本次鱼卵仔鱼调查采用浅水 I 型浮游生物网在表层海水水平采样，下网时间约为 10min，水平拖网距离为 200m。采集样品用中性甲醛溶液固定，加入量为样品体积的 5%。

3. 评价方法

用反映生物群落的特征指数，多样性指数（H'）、均匀度（J）、优势度（Y）对浮游植物的群落结构特征进行分析。计算公式如下：

（1）优势度（Y）：

$$Y = \frac{n_i}{N} \times f_i \tag{4-10}$$

（2）Shannon-Wiener 多样性指数：

$$H' = -\sum_{i=1}^{s} P_i \log_2 S \tag{4-11}$$

（3）Pielou 均匀度指数：

$$J = H' / H_{max} \tag{4-12}$$

式中，n_i 为第 i 种的个体数量（ind./m^3）（ind.为 individual 的缩写，ind./m^3 表示每立方米（液体）里的（生物）个体数量，就是密度）；N 为某站总生物数量（ind./m^3）；f_i 为某种生物的出现频率（%）；$P_i = n_i / N$；$H_{max} = \log_2 S$，为最大多样性指数；S 为出现生物总种数。

4. 调查结果

1）浮游植物

a. 种类组成

根据本次调查所采集到的样品，八门湾海域共鉴定到浮游植物 4 门 32 属 82 种（表 4-41）。其中，硅藻 25 属 62 种，约占浮游植物种类数的 75.61%；甲藻 4 属 17 种，约占 20.73%；蓝藻 2 属 2 种，约占 2.44%；绿藻 1 种，约占 1.22%（图 4-21）。

表 4-41　八门湾海域浮游植物种类名录

	中文名	站号											
		2	4	6	7	9	10	11	13	14	16	17	18
	日本星杆藻								√	√	√		
	奇异棍形藻				√			√	√	√			
	优美辐杆藻			√		√	√	√	√	√	√	√	√
	透明辐杆藻			√		√	√	√	√	√	√	√	√
	小辐杆藻					√							
	锤状中鼓藻					√			√	√	√	√	
	高盒形藻												√
	亚得里亚海马鞍藻		√										
	窄隙角毛藻		√	√	√	√	√	√	√	√	√	√	√
	短孢角毛藻			√	√	√	√	√	√	√	√	√	√
	扁面角毛藻			√			√	√	√	√	√	√	√
	发状角毛藻					√				√		√	
	双孢角毛藻					√							
	平滑角毛藻			√	√	√		√	√	√	√		√
	罗氏角毛藻			√				√					
	劳氏角毛藻		√	√	√	√	√	√	√	√	√	√	√
	牟氏角毛藻			√									
硅藻门	日本角毛藻				√	√		√	√	√			√
	窄面角毛藻		√	√	√	√	√	√	√	√	√	√	√
	海洋角毛藻			√				√	√			√	
	拟旋链角毛藻		√	√	√	√	√	√	√	√	√	√	√
	范氏角毛藻		√	√	√	√		√	√	√			√
	星脐圆筛藻										√		
	中心圆筛藻					√							
	琼氏圆筛藻	√											
	辐射圆筛藻			√									
	细弱圆筛藻					√		√	√				
	热带环刺藻									√		√	
	薄壁几内亚藻			√	√	√	√		√	√	√	√	√
	丹麦细柱藻	√	√	√	√	√	√	√	√	√	√	√	√
	胸隔藻							√					
	念珠直链藻									√			√
	舟形藻			√		√				√			√
	菱形藻									√			
	新月菱形藻	√			√						√	√	

续表

	中文名	站号											
		2	4	6	7	9	10	11	13	14	16	17	18
硅藻门	洛伦菱形藻原变种								√				
	弯菱形藻		√										
	柔弱斜纹藻							√					√
	美丽斜纹藻									√			
	诺马斜纹藻								√				√
	斜纹藻		√										
	柔弱拟菱形藻	√	√	√	√	√	√	√	√	√	√	√	√
	多纹拟菱形藻	√		√	√	√	√	√	√	√	√	√	√
	尖刺拟菱形藻	√	√	√	√	√	√	√	√	√	√	√	√
	翼根管藻纤细变型		√				√		√				
	距端根管藻								√				
	螺端根管藻			√		√				√		√	√
	柔弱根管藻			√			√		√	√		√	√
	钝棘根管藻半刺变型			√									
	透明根管藻										√		
	覆瓦根管藻							√					
	笔尖形根管藻			√		√	√		√	√	√	√	
	优美旭氏藻							√					
	中肋骨条藻	√	√	√	√	√	√	√	√	√		√	√
	热带骨条藻	√	√	√	√	√	√	√	√	√	√	√	√
	菱形海线藻原变种				√	√			√	√	√	√	√
	海链藻				√		√	√	√	√			√
	伏氏海毛藻										√	√	√
	长海毛藻						√		√				√
	蜂窝三角藻						√	√	√	√			
	美丽三角藻星面变型					√							
	星形三角藻								√				
甲藻门	波状角藻				√		√						
	短角藻平行变种											√	
	偏转角藻		√										
	叉状角藻原变种			√		√		√	√		√	√	√
	梭角藻原变种								√				
	粗刺角藻纤细变种											√	
	锚角藻大西洋变种			√									
	具刺膝沟藻												√

续表

	中文名	站号											
		2	4	6	7	9	10	11	13	14	16	17	18
甲藻门	二齿原多甲藻								√		√		√
	扁平原多甲藻				√								
	叉分原多甲藻			√								√	√
	大型原多甲藻					√						√	
	海洋原多甲藻							√	√			√	
	灰甲原多甲藻			√		√			√	√			√
	原多甲藻							√		√			√
	厚甲原多甲藻				√								
	斯氏扁甲藻								√			√	
蓝藻门	颤藻										√		√
	红海束毛藻			√	√		√			√		√	√
绿藻门	二形栅藻	√											

注："√" 为出现种类。

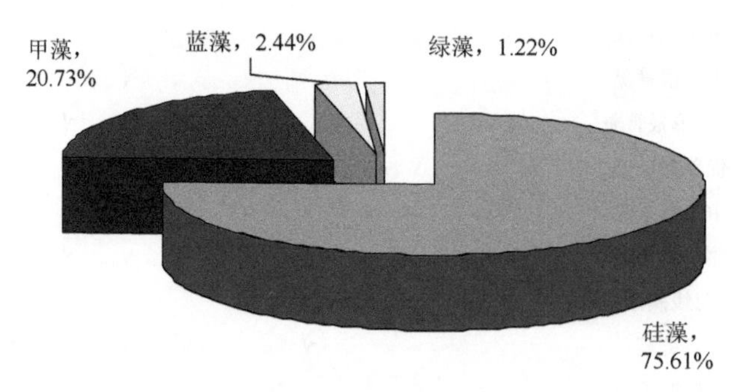

图 4-21　八门湾海域浮游植物种类组成

b. 细胞丰度

本次调查浮游植物的细胞丰度范围为（256.98～3735.37）×10^4cells/m^3，平均为 2164.49×10^4cells/m^3。位于八门湾潟湖中部的 2 号、4 号两个站位细胞丰度远低于潮汐通道及口门附近的其他站位，以 18 号站浮游植物的细胞丰度最高，其次为 17 号、6 号和 7 号站，2 号站最低（图 4-22）。

c. 优势种类

调查期间八门湾海域浮游植物优势种比较明显，以伪菱形藻和骨条藻为主。主要优势种有柔弱拟菱形藻、热带骨条藻、中肋骨条藻、尖刺拟菱形藻、丹麦细柱藻、多纹拟菱形藻、拟旋链角毛藻等，其中柔弱拟菱形藻和热带骨条藻占主导地位，分别占总丰度的 40.53%和 28.96%（表 4-42）。

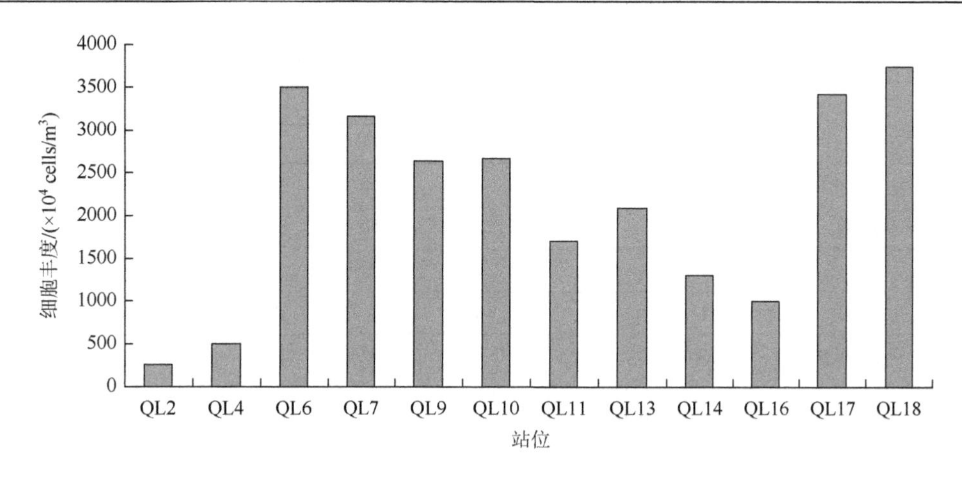

图 4-22 八门湾海域各站位浮游植物细胞丰度

"QL2"表示细胞丰度调查的 2 号站位，其余同

表 4-42 八门湾海域浮游植物优势种和优势度

优势种	平均丰度/($\times 10^4$cells/m^3)	占总丰度的比例/%	出现频率/%	优势度
柔弱拟菱形藻	877.23	40.53	100	0.41
热带骨条藻	626.86	28.96	100	0.29
中肋骨条藻	214.15	9.89	91.67	0.09
尖刺拟菱形藻	58.01	2.68	100	0.03
丹麦细柱藻	39.93	1.84	100	0.02
多纹拟菱形藻	43.12	1.99	91.67	0.02
拟旋链角毛藻	26.17	1.21	91.67	0.01

d. 多样性指数和均匀度

浮游植物的多样性反映其种类的多寡和各个种类数量分配的函数关系，均匀度则反映其种类数量的分配情况，它们都可以作为水环境质量的评价指标。

多样性指数和均匀度计算结果表明，调查期间八门湾海域浮游植物的多样性指数和均匀度较低，平均值分别为 2.20 和 0.46。除了 2 号、4 号和 16 号站浮游植物的多样性指数和均匀度较低外，其他站位浮游植物的多样性指数相对较高。其中，14 号站浮游植物的多样性指数、7 号站浮游植物的均匀度最高。虽然 2 号站浮游植物细胞浓度较低，但由于浮游植物种类数偏少，多样性指数和均匀度最低（表 4-43）。

表 4-43　八门湾海域各站位浮游植物多样性指数和均匀度

指标	站号						
	2	4	6	7	9	10	11
多样性指数	0.42	1.20	2.70	2.60	2.65	2.47	2.71
均匀度	0.13	0.31	0.55	0.58	0.53	0.55	0.55

指标	站号					
	13	14	16	17	18	平均值
多样性指数	2.46	2.82	1.76	2.42	2.16	2.20
均匀度	0.46	0.54	0.37	0.48	0.41	0.46

e. 小结

此次调查中浮游植物以硅藻为主，其中以柔弱拟菱形藻和热带骨条藻占主导优势。柔弱拟菱形藻和热带骨条藻均属大洋广布种，主要分布在温带和热带海域，为常见赤潮种类。根据浮游植物种类、优势种及丰度，结合多样性指数和均匀度，调查期间该海域浮游植物细胞丰度过高，种类较为单一，个别种类优势十分突出，该海域有富营养化趋势。

2）浮游动物

a. 种类组成

据本次调查所采集到的标本鉴定，该海域浮游动物共有 9 类 25 属 28 种，不包括浮游幼体及鱼卵与仔鱼。其中，桡足类最多，有 14 属 15 种，占浮游动物总种数的 53.6%；水母类有 3 属 3 种，占浮游动物总种数的 10.7%；毛颚类有 1 属 3 种，占浮游动物总种数的 10.7%；被囊类、枝角类各有 2 属 2 种，各占浮游动物总种数的 7.1%；端足类、腹足类、十足类各有 1 属 1 种，各占浮游动物总种数的 3.6%；另有 5 个类别浮游幼体和若干鱼卵与仔鱼。浮游动物种类组成见表 4-44 和图 4-23。

表 4-44　八门湾海域浮游动物种类组成

类别	名字	类别	名字
被囊类	异体住囊虫	桡足类	红纺锤水蚤
	小齿海樽		微驼隆哲水蚤
端足类	孟加蛮［虫/戎］		小长足水蚤
腹足类	马蹄螔螺		截平头水蚤
毛颚类	百陶箭虫		伯氏平头水蚤
	肥胖箭虫		微刺哲水蚤
	正形箭虫		奥氏胸刺水蚤

续表

类别	名字	类别	名字
桡足类	亚强次真哲水蚤	十足类	正型莹虾
	圆唇角水蚤	枝角类	鸟喙尖头溞
	羽长腹剑水蚤		肥胖三角溞
	海洋伪镖水蚤	浮游幼体	短尾类幼体
	黑点叶水蚤		蔓足类腺介幼体
	锥形宽水蚤		棘皮动物幼体
	瘦形歪水蚤		长尾类幼体
	普通波水蚤		多毛类幼体
水母类	贝氏真囊水母	其他	鱼卵
	拟细浅室水母		仔鱼
	球型侧腕水母		

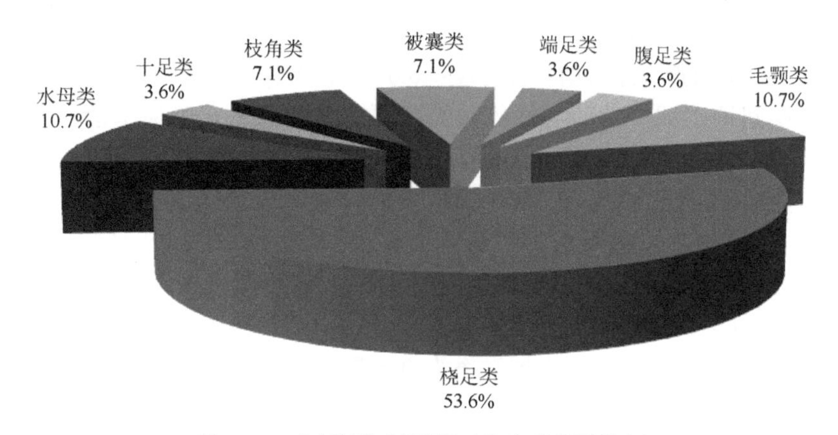

图 4-23　八门湾海域浮游动物各类别的比例

b. 生物量和丰度

本次调查浮游动物丰度范围为 7.69～304.63ind./m^3，平均为 103.46ind./m^3，其中最高丰度出现在 17 号站，最低丰度出现在 7 号站；生物量范围为 0.19～11.20mg/m^3，平均为 3.57mg/m^3，其中最高生物量同样出现在 17 号站，最低生物量出现在 7 号站。结果见表 4-45。

表 4-45 八门湾海域各测站浮游动物丰度和生物量

站号	丰度/(ind./m³)	生物量/(mg/m³)
2	22.92	0.83
4	10.00	0.20
6	25.76	0.91
7	7.69	0.19
9	222.14	7.43
10	114.44	4.33
11	45.83	1.83
13	107.39	3.18
14	126.61	4.23
16	191.30	7.17
17	304.63	11.20
18	62.86	1.29
平均值	103.46	3.57

c. 优势种

优势种的确定由优势度决定，计算公式：$Y=\frac{n_i}{N}\cdot f_i$，N表示各采样点所有物种个体总数；n_i表示第i种的个体总数；f_i为第i种在各个站位出现的频率。根据实际调查情况，本次调查将浮游动物优势度≥0.01的种类作为该海域的优势种类。

调查期间该水域浮游动物优势种类主要有枝角类的鸟喙尖头溞，优势度为0.292，出现频率为0.833，平均丰度为36.28ind./m³，占总平均丰度的35.1%。十足类的正型莹虾，优势度为0.066，出现频率为0.917，平均丰度为7.41ind./m³，占总平均丰度的7.2%。桡足类的红纺锤水蚤，优势度为0.038，出现频率为0.750，平均丰度为5.23ind./m³，占总平均丰度的5.1%；锥形宽水蚤，优势度为0.016，出现频率为0.667，平均丰度为2.49ind./m³，占总平均丰度的2.4%。被囊类的异体住囊虫，优势度为0.015，出现频率为0.667，平均丰度为2.31ind./m³，占总平均丰度的2.2%。毛颚类的百陶箭虫，优势度为0.011，出现频率为0.583，平均丰度为2.03ind./m³，占总平均丰度的2.0%（表4-46）。

表 4-46 八门湾海域浮游动物的优势种

中文名字	平均丰度/(ind./m³)	占总丰度比例/%	出现频率	优势度
百陶箭虫	2.03	2.0	0.583	0.011
异体住囊虫	2.31	2.2	0.667	0.015
锥形宽水蚤	2.49	2.4	0.667	0.016
红纺锤水蚤	5.23	5.1	0.750	0.038
正型莹虾	7.41	7.2	0.917	0.066
鸟喙尖头溞	36.28	35.1	0.833	0.292

d. 多样性指数和均匀度

调查期间该水域浮游动物多样性指数范围在 1.37～3.05，平均为 2.23，最高值出现在 11 号站，最低值出现在 4 号站。均匀度范围在 0.44～0.95，平均为 0.74，最高值出现在 7 号站，最低值出现在 16 号站（表 4-47）。

表 4-47　八门湾海域各测站浮游动物多样性指数和均匀度

站号	多样性指数	均匀度
2	1.44	0.91
4	1.37	0.86
6	1.85	0.72
7	1.50	0.95
9	2.84	0.68
10	2.73	0.76
11	3.05	0.82
13	2.78	0.68
14	2.63	0.66
16	1.89	0.44
17	2.27	0.54
18	2.43	0.81
平均值	2.23	0.74

e. 小结

本次调查共鉴定浮游动物 9 类 25 属 28 种，不包括浮游幼体及鱼卵与仔鱼。其中，桡足类最多，有 14 属 15 种，水母类有 3 属 3 种，毛颚类有 1 属 3 种，被囊类、枝角类各有 2 属 2 种，端足类、腹足类、十足类各有 1 属 1 种，另有 5 个类别浮游幼体和若干鱼卵与仔鱼。

调查海域优势种比较明显，第一优势种为鸟喙尖头溞，平均丰度为 36.28ind./m^3。优势度由大到小排列为鸟喙尖头溞＞正型莹虾＞红纺锤水蚤＞锥形宽水蚤＞异体住囊虫＞百陶箭虫。

浮游动物丰度范围为 7.69～304.63ind./m^3，平均为 103.46ind./m^3；生物量范围为 0.19～11.20mg/m^3，平均为 3.57mg/m^3；多样性指数范围在 1.37～3.05，平均为 2.23，均匀度范围在 0.44～0.95，平均为 0.74。

3）底栖生物

a. 生物量

调查海域底栖生物的生物量幅度为 0.83～1138.92g/m^2，平均为 136.99g/m^2；

栖息密度的幅度为 32～510ind./m^2，平均为 183ind./m^2。底栖生物的生物量以 11 号站最低，10 号站最高；栖息密度以 9 号和 11 号站最低，10 号站最高（表 4-48）。

表 4-48　八门湾海域底栖生物生物量和栖息密度

站号	生物量/(g/m^2)	栖息密度/(ind./m^2)
2	27.87	127
4	20.64	127
6	22.36	255
7	10.22	127
9	1.08	32
10	1138.92	510
11	0.83	32
13	51.15	191
14	243.69	159
16	90.16	382
17	32.23	63
18	4.75	191
平均	136.99	183

b. 类别生物量及栖息密度

调查海域底栖生物主要由四类生物组成。不同生物类别在调查站的出现率，以软体动物最高，为 83.33%；其次为多毛类，出现率为 58.33%；甲壳类的出现率为 50.00%；鱼类出现率最低，为 8.33%。

类别生物量的高低分布状况为：软体动物（生物量 111.74g/m^2）＞甲壳类（生物量 22.32g/m^2）＞多毛类（生物量 2.65g/m^2）＞鱼类（生物量 0.27g/m^2），见表 4-49。

生物类别的栖息密度分布状况为：软体动物（栖息密度 74.30ind./m^2）＞甲壳类（栖息密度 61.04ind./m^2）＞多毛类（栖息密度 45.12ind./m^2）＞鱼类（栖息密度 2.65ind./m^2），见表 4-49。

表 4-49　八门湾海域各站类别生物量和栖息密度

项目		站号						
		2	4	6	7	9	10	11
生物量/(g/m^2)	多毛	—	3.54	13.18	8.06	—	3.15	0.83
	软体	24.59	17.1	9.17	—	1.08	980.76	—
	甲壳	—	—	—	2.17	—	155	—
	鱼类	3.28	—	—	—	—	—	—
	总量	27.87	20.64	22.35	10.23	1.08	1138.91	0.83

续表

项目		站号						
		2	4	6	7	9	10	11
栖息密度/(ind./m^2)	多毛	—	63.69	127.39	95.54	—	63.69	31.85
	软体	95.54	63.69	127.39	—	31.85	63.69	—
	甲壳	—	—	—	31.85	—	382.17	—
	鱼类	31.85	—	—	—	—	—	—
	总量	127.39	127.38	254.78	127.39	31.85	509.55	31.85

项目		站号					
		13	14	16	17	18	平均
生物量/(g/m^2)	多毛	2.68	—	—	—	0.41	2.65
	软体	38.98	238.95	19.7	6.27	4.33	111.74
	甲壳	9.5	4.75	70.45	25.96	—	22.32
	鱼类	—	—	—	—	—	0.27
	总量	51.16	243.7	90.15	32.23	4.74	136.98
栖息密度/(ind./m^2)	多毛	63.69	—	—	—	95.54	45.12
	软体	95.54	127.39	159.13	31.85	95.54	74.30
	甲壳	31.85	31.85	222.93	31.85	—	61.04
	鱼类	—	—	—	—	—	2.65
	总量	191.08	159.24	382.06	63.7	191.08	183.11

c. 生物量和栖息密度的平面分布

调查海域各站位底栖生物的生物量呈中部大部分高于北部和南部的平面分布，即以中部海域 10 号站的生物量最高，为 1138.91g/m^2；其次为中部海域 14 号站（243.7g/m^2）；北部海域 9 号站和中部海域的 11 号站较低，均小于 5g/m^2。

调查海域各站位底栖生物栖息密度呈中部高于南部和北部的平面分布。其中，以中部海域的 10 号站栖息密度最高，为 509.55ind./m^2。其次为南部海域的 16 号站，北部海域的 6 号、7 号以及 2 号站，栖息密度在整个海域居中，量值在 100～500ind./m^2。南部海域的 17 号站、中部海域的 11 号站以及北部海域 9 号站的栖息密度均较低，量值≤100ind./m^2，其中 9 号站和 11 号站栖息密度最低，为 31.85ind./m^2。

d. 优势种、多样性指数和均匀度

（1）优势种。

调查海域共采获四个生物类别中的 22 种底栖生物，其中以软体类出现的种类最多，有 15 种，甲壳类 4 种，多毛类 2 种以及鱼类 1 种。

在各调查站中，出现的生物种类数最多的是 13 号站和 16 号站，均为 5 种；9 号站和 11 号站最少，只采到了 1 种生物。各站出现的生物种类数详见表 4-50。

表 4-50　八门湾海域调查站出现的生物种类数

	2 号	4 号	6 号	7 号	9 号	10 号	11 号	13 号	14 号	16 号	17 号	18 号	总的种类数
种类数	4	2	3	2	1	4	1	5	4	5	2	3	22

通过种类优势度计算，采获的 22 种底栖生物中优势度＞0.02 的有 3 种。这 3 个优势种分别为欧文虫、蛤螺和豆形拳蟹，见表 4-51。

表 4-51　八门湾海域底栖生物优势种的优势度

	欧文虫	蛤螺	豆形拳蟹
优势度	0.116	0.025	0.022

（2）多样性指数和均匀度。

调查海域除 9 号站和 11 号站只采集到 1 种生物外，其他各站底栖生物多样性指数的幅度为 0.81～2.25，海域的平均值为 1.52。其中 13 号站多样性指数值最高，为 2.25；其次为 16 号站，为 2.08；多样性指数最低的是 7 号站，为 0.81，各站的多样性指数值详见表 4-52。由此可见，八门湾海域底栖生物的多样性指数处于中等水平。各站底栖生物均匀度的幅度为 0.59～1，平均为 0.90。各站生物的均匀度处于较高的水平，见表 4-52。

表 4-52　八门湾海域底栖生物的多样性指数和均匀度

指标	2 号	4 号	6 号	7 号	9 号	10 号	11 号	13 号	14 号	16 号	17 号	18 号	平均
多样性指数	2	1	1.41	0.81	—	1.19	—	2.25	1.92	2.08	1	1.50	1.52
均匀度	1	1	0.89	0.81	—	0.59	—	0.97	0.96	0.90	1	0.92	0.90

e. 小结

调查海域共采获四个生物类别中的 20 科 22 种底栖生物。其中，以软体动物出现率最高，为 83.33%；其次为多毛类，出现率为 58.33%；甲壳类的出现率为 50.00%；鱼类出现率最低，为 8.33%。

调查海域底栖生物平均生物量为 136.98g/m^2，平均栖息密度为 183ind./m^2。类别生物量的高低分布状况为：软体动物（生物量 111.74g/m^2）＞甲壳类（生物量

22.32g/m^2）＞多毛类（生物量 2.65g/m^2）＞鱼类（生物量 0.27g/m^2）。生物类别栖息密度分布状况为：软体动物（栖息密度 74.30ind./m^2）＞甲壳类（栖息密度 61.04ind./m^2）＞多毛类（栖息密度 45.12ind./m^2）＞鱼类（栖息密度 2.65ind./m^2）。调查海域底栖生物优势种类为欧文虫、蛸螺和豆形拳蟹。多样性指数在 0.81～2.25，均匀度较高，平均值为 0.90。

4）潮间带生物

a. 种类组成

由表 4-53 可知，本次调查共采集到潮间带生物 33 种，隶属于 17 科。其中甲壳动物 15 种，软体动物 13 种，环节动物 2 种，节肢动物 2 种，脊索动物 1 种。

表 4-53　八门湾海域潮间带生物种类

序号	种名	科名	类别
1	太平大眼蟹	大眼蟹科	甲壳动物
2	弧边招潮蟹	沙蟹科	
3	角眼沙蟹	沙蟹科	
4	凹指招潮蟹	沙蟹科	
5	日本大眼蟹	大眼蟹科	
6	北方呼唤招潮蟹	沙蟹科	
7	淡水泥蟹	毛带蟹科	
8	近亲折额蟹	方蟹科	
9	平分大额蟹	方蟹科	
10	拟曼赛因青蟹	梭子蟹科	
11	远海梭子蟹	梭子蟹科	
12	钝齿短桨蟹	梭子蟹科	
13	底栖短桨蟹	梭子蟹科	
14	短指和尚蟹	和尚蟹科	
15	条纹仿门寄居蟹	寄居蟹科	
16	密鳞牡蛎	牡蛎科	软体动物
17	近江巨牡蛎	牡蛎科	
18	鳞杓拿蛤	帘蛤科	
19	伊萨伯雪蛤	帘蛤科	
20	突畸心蛤	帘蛤科	
21	钝缀锦蛤	帘蛤科	
22	凸壳肌蛤	贻贝科	

续表

序号	种名	科名	类别
23	海月	海月蛤科	软体动物
24	绿紫蛤	紫云蛤科	
25	纵带滩栖螺	滩栖螺科	
26	珠带拟蟹守螺	汇螺科	
27	古氏滩栖螺	滩栖螺科	
28	大竹蛏	竹蛏科	
29	软疣沙蚕	沙蚕科	环节动物
30	溪沙蚕	沙蚕科	
31	近缘新对虾	对虾科	节肢动物
32	须赤虾	对虾科	
33	哈氏刀海龙	海龙科	脊索动物

b. 生物量和栖息密度

由表 4-54 可知，三条潮间带断面的总平均生物量为 619.98g/m^2，其中断面 I 的平均生物量为 145.92g/m^2，断面 II 为 725.33g/m^2，断面III为 988.69g/m^2。三条潮间带断面的总平均栖息密度为 2328.89ind./m^2，其中断面 I 的平均栖息密度为 69.33ind./m^2，断面 II 为 5010.67ind./m^2，断面III为 1906.67ind./m^2。

表 4-54 八门湾海域潮间带生物的生物量和栖息密度

断面	潮位	生物量/(g/m^2)	栖息密度/(ind./m^2)
断面 I	高潮	0.00	0.00
	中潮	121.76	48.00
	低潮	316.00	160.00
	平均	145.92	69.33
断面 II	高潮	0.00	0.00
	中潮	336.00	4808.00
	低潮	1840.00	10224.00
	平均	725.33	5010.67
断面III	高潮	377.60	16.00
	中潮	2150.40	5544.00
	低潮	438.08	160.00
	平均	988.69	1906.67
平均		619.98	2328.89

c. 优势种

根据优势度判断优势种，由表 4-55 可知，断面 I 优势种为近江巨牡蛎和凸壳肌蛤；断面 II 的优势种为凸壳肌蛤；断面III的优势种为纵带滩栖螺、凹指招潮蟹、短指和尚蟹。

表 4-55　八门湾海域潮间带生物的优势种和优势度

断面	优势种类名称	优势度
断面 I	近江巨牡蛎	0.0833
	凸壳肌蛤	0.0833
断面 II	凸壳肌蛤	0.6661
断面III	纵带滩栖螺	0.3320
	凹指招潮蟹	0.057
	短指和尚蟹	0.025

d. 多样性指数和均匀度

由表 4-56 可知，潮间带生物的平均多样性指数为 0.93，其中断面 I 的潮间带生物的多样性指数为 2.50，断面 II 为 0.01，断面III为 0.28。潮间带生物的平均均匀度为 0.31，其中断面 I 的潮间带生物的均匀度为 0.83，断面 II 为 0.01，断面III为 0.10。

表 4-56　潮间带生物多样性指数及均匀度

断面	多样性指数	均匀度
断面 I	2.50	0.83
断面 II	0.01	0.01
断面III	0.28	0.10
平均值	0.93	0.31

e. 小结

调查断面潮间带生物共采集到 17 科 33 种，各断面优势种有一定差异，但总体上该海域潮间带生物优势种为凸壳肌蛤、纵带滩栖螺和近江巨牡蛎、凹指招潮蟹、短指和尚蟹。调查断面潮间带生物总平均生物量为 619.98g/m^2，总平均栖息密度为 2328.89ind./m^2，平均多样性指数为 0.93，平均均匀度为 0.31。

5）游泳生物

a. 渔获物种类组成

（1）种类组成。

经鉴定分析，本次调查共采获游泳生物 29 科 43 种，各站位各类别种类见

表 4-57 和表 4-58。其中鱼类最多，有 25 科 33 种，占 76.7%；甲壳动物有 4 科 10 种，包括虾类 2 种，占 4.7%；蟹类 8 种，占 18.6%，如图 4-24 所示。

表 4-57　八门湾海域各站点各类别游泳生物种类

类别	站号			小计
	1	2	3	
鱼类	28	22	16	33
虾类	2	2	2	2
蟹类	6	6	4	8
总计	36	30	22	43

表 4-58　八门湾海域游泳生物定性调查结果

类别	科	种名
鱼类	鲾科	粗纹马鲾
	鲾科	短棘鲾
	鱵科	杜氏下鱵鱼
	三刺鲀科	布氏短棘三刺鲀
	鲀科	棕斑兔头鲀
	鸢鱼科	银大眼鲳
	鳀科	顶斑棱鳀
	鳀科	尖吻小公鱼
	篮子鱼科	长鳍篮子鱼
	鮨科	点带石斑鱼
	虾虎鱼科	舌虾虎鱼
	狗母鱼科	长蛇鲻
	狗母鱼科	多齿蛇鲻
	鲻科	鲻
	鲱科	金带小沙丁鱼
	鲟科	黄带鲟
	银鲈科	长棘银鲈
	笛鲷科	勒氏笛鲷
	笛鲷科	金焰笛鲷
	笛鲷科	五带笛鲷

续表

类别	科	种名
鱼类	石鲈科	大斑石鲈
	鯻科	鯻
	鯻科	细鳞鯻
	鲬科	粒突鳞鲬
	鲬科	鲬
	银鲈科	五棘银鲈
	天竺鲷科	半线天竺鲷
	牙鲆科	少牙斑鲆
	鰕科	峨眉条鰕
	鰕科	褐斑栉鳞鰕
	羊鱼科	黄带绯鲤
	银汉鱼科	后肛下银汉鱼
	乳香鱼科	乳香鱼
虾类	对虾科	斑节对虾
	对虾科	凡纳滨对虾
蟹类	梭子蟹科	锈斑蟳
	梭子蟹科	红星梭子蟹
	梭子蟹科	远海梭子蟹
	梭子蟹科	直额蟳
	梭子蟹科	锯缘青蟹
	梭子蟹科	矛形梭子蟹
	长脚蟹科	隆线强蟹
	扇蟹科	美丽假花瓣蟹

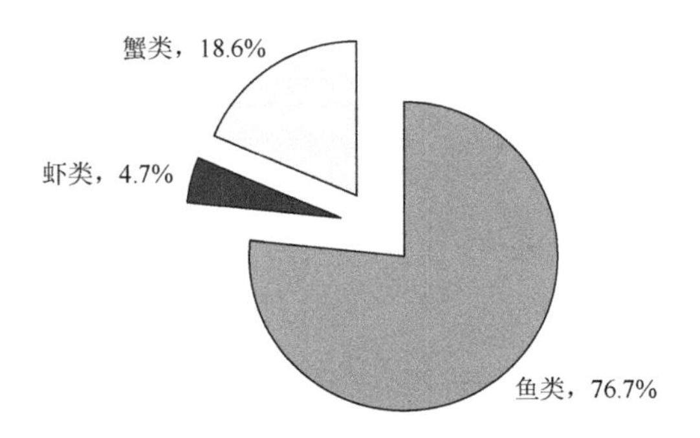

图 4-24 八门湾海域游泳生物各类别种类百分比组成

（2）种类分布。

各站位中 1 号站游泳生物种类最多，为 36 种，其次是 2 号站，为 30 种，3 号站位种类最少，只有 22 种。各站种类组成见图 4-25。

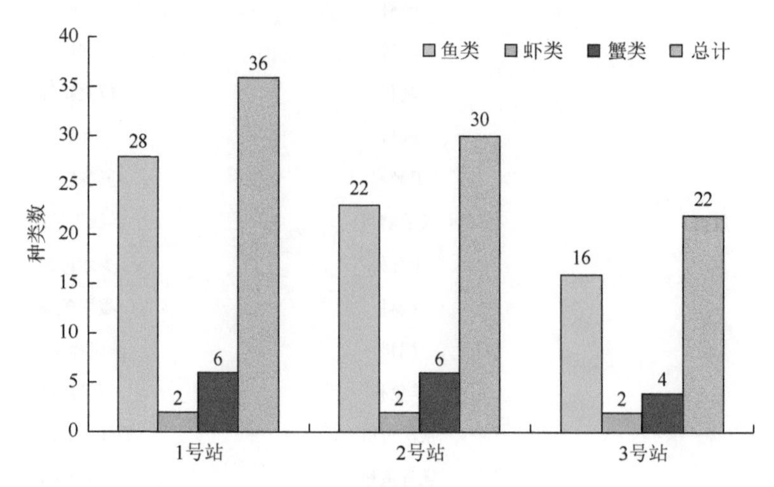

图 4-25 八门湾海域游泳生物各站种类组成

比较各类别种类数可以发现，各站位均以鱼类种类数居首位，虾类种类较少，均只有两种。

（3）种类及经济种类习性。

调查海域各站位出现的游泳生物种类见表 4-59。各种类经济品种中鱼类包括金带小沙丁鱼、鲻、银大眼鲳、舌虾虎鱼、鲬、少牙斑鲆、点带石斑鱼、尖吻小公鱼和大斑石鲈等；虾类主要有凡纳滨对虾和斑节对虾；蟹类主要有锯缘青蟹、锈斑蟳、红星梭子蟹等。

表 4-59 八门湾海域游泳生物各站位各类别种类

类别	种名	站号		
		1	2	3
鱼类	粗纹马鲾	+	+	+
	短棘鲾		+	
	杜氏下鱵鱼	+	+	+
	布氏短棘三刺鲀	+		+
	棕斑兔头鲀	+	+	
	银大眼鲳	+		
	顶斑棱鳀	+	+	
	尖吻小公鱼	+	+	+

续表

类别	种名	站号		
		1	2	3
鱼类	长鳍篮子鱼	+	+	+
	点带石斑鱼		+	
	舌虾虎鱼	+	+	+
	长蛇鲻	+	+	
	多齿蛇鲻	+		
	鲻	+	+	+
	金带小沙丁鱼	+	+	+
	黄带鲟	+		
	长棘银鲈	+	+	+
	勒氏笛鲷	+		
	金焰笛鲷	+		
	五带笛鲷	+	+	+
	大斑石鲈	+		+
	鯻	+		
	细鳞鯻		+	
	粒突鳞鲬	+	+	
	鲬		+	+
	五棘银鲈	+	+	+
	半线天竺鲷	+	+	
	少牙斑鲆	+		
	峨眉条鳎	+		
	褐斑栉鳞鳎	+	+	+
	黄带绯鲤	+		+
	后肛下银汉鱼	+	+	+
	乳香鱼		+	
虾类	斑节对虾	+	+	+
	凡纳滨对虾	+	+	+
蟹类	锈斑蟳	+		
	红星梭子蟹	+		
	远海梭子蟹	+	+	+
	直额蟳	+	+	+
	锯缘青蟹	+	+	
	矛形梭子蟹		+	+
	隆线强蟹	+	+	+
	美丽假花瓣蟹		+	

注："+"表示出现的种类。

b. 优势种

本次调查游泳生物总的生物密度优势度 $Y\geqslant0.02$ 的优势种共 2 种，为粗纹马鲾和金带小沙丁鱼。其中，粗纹马鲾优势度最高，为 0.40，平均生物密度为 2728ind./h。金带小沙丁鱼优势度为 0.02，平均生物密度为 835ind./h，如表 4-60 所示。

表 4-60　八门湾海域游泳生物平均生物密度优势种

优势种	平均生物密度/(ind./h)	出现频率/%	丰度百分比/%	Y
粗纹马鲾	2728	70.65	56.62	0.40
金带小沙丁鱼	835	21.65	9.24	0.02

本次调查游泳生物总的生物量优势度 $Y\geqslant0.02$ 的优势种共 3 种。优势种主要有：粗纹马鲾、鲻和金带小沙丁鱼 3 种。这 3 种生物占出现频率的 81.55%，其中，金带小沙丁鱼优势度最高，为 0.15，平均生物量为 3624.27g/h；其次为粗纹马鲾，优势度为 0.08，平均生物量为 2923.83g/h；鲻的优势度最低，仅为 0.02，平均生物量为 1441.95g/h。具体如表 4-61 所示。

表 4-61　八门湾海域游泳生物平均生物量优势种

优势种	生物量平均值/（g/h）	出现频率/%	丰度百分比/%	Y
金带小沙丁鱼	3624.27	36.99	40.55	0.15
粗纹马鲾	2923.83	29.84	26.81	0.08
鲻	1441.95	14.72	21.21	0.02

（1）各站位生物密度优势种。

生物密度优势种：金带小沙丁鱼与粗纹马鲾在各站位均占主要优势，且生物数量较大，金带小沙丁鱼在 1 号、2 号和 3 号站位所占的百分比分别为 40.38%、50.63%和 10.43%，粗纹马鲾在 1 号、2 号和 3 号站位占的百分比分别为 39.45%、36.08%和 86.52%。各站位游泳生物生物密度优势种见表 4-62。

表 4-62　八门湾海域各站位游泳生物生物密度优势种

1 号站		2 号站		3 号站	
种类	百分比/%	种类	百分比/%	种类	百分比/%
金带小沙丁鱼	40.38	金带小沙丁鱼	50.63	粗纹马鲾	86.52
粗纹马鲾	39.45	粗纹马鲾	36.08	金带小沙丁鱼	10.43
鲻	4.82	五棘银鲈	2.20	五棘银鲈	0.99

续表

1 号站		2 号站		3 号站	
种类	百分比/%	种类	百分比/%	种类	百分比/%
顶斑棱鳀	4.54	尖吻小公鱼	2.09	远海梭子蟹	0.60
长棘银鲈	1.99	凡纳滨对虾	1.54	舌虾虎鱼	0.43
舌虾虎鱼	1.03	远海梭子蟹	1.43	尖吻小公鱼	0.36
五棘银鲈	0.93	鲻	1.12	鲻	0.19
尖吻小公鱼	0.91	舌虾虎鱼	0.73	凡纳滨对虾	0.09
凡纳滨对虾	0.83	杜氏下鱵鱼	0.63	直额蟳	0.09
远海梭子蟹	0.78	长鲳篮子鱼	0.52	斑节对虾	0.06
斑节对虾	0.66	锯缘青蟹	0.49	长棘银鲈	0.06
长鲳篮子鱼	0.63	斑节对虾	0.42	长鲳篮子鱼	0.04
褐斑栉鳞鳎	0.58	乳香鱼	0.38	杜氏下鱵鱼	0.04
黄带鲟	0.45	后肛下银汉鱼	0.31	矛形梭子蟹	0.02
五带笛鲷	0.38	长蛇鲻	0.31	后肛下银汉鱼	0.02
直额蟳	0.33	矛形梭子蟹	0.21	五带笛鲷	0.01
杜氏下鱵鱼	0.28	长棘银鲈	0.14	鲷	0.01
后肛下银汉鱼	0.20	顶斑棱鳀	0.10	隆线强蟹	0.01
长蛇鲻	0.08	棕斑兔头鲀	0.07	黄带绯鲤	0.01
勒氏笛鲷	0.08	褐斑栉鳞鳎	0.07	大斑石鲈	0.01

（2）各站位生物量优势种。

金带小沙丁鱼和粗纹马鲾在各站位的生物量中也占主要优势，金带小沙丁鱼在 1 号、2 号和 3 号站位所占的百分比分别为 32.35%、56.58%和 32.32%，粗纹马鲾在 1 号、2 号和 3 号站位所占的百分比分别为 17.68%、8.42%和 54.03%，鲻在各站位占的百分比也较大，1 号站位为 28.86%、2 号站位为 7.68%、3 号站位为 2.56%，各站位游泳生物生物量优势种见表 4-63。

表 4-63　八门湾海域各站位游泳生物生物量优势种

1 号站		2 号站		3 号站	
种类	百分比/%	种类	百分比/%	种类	百分比/%
金带小沙丁鱼	32.35	金带小沙丁鱼	56.58	粗纹马鲾	54.03
鲻	28.86	粗纹马鲾	8.42	金带小沙丁鱼	32.32
粗纹马鲾	17.68	鲻	7.68	远海梭子蟹	5.03
顶斑棱鳀	3.34	远海梭子蟹	5.96	鲻	2.56

续表

1号站		2号站		3号站	
种类	百分比/%	种类	百分比/%	种类	百分比/%
长棘银鲈	3.33	五棘银鲈	2.66	五棘银鲈	1.58
黄带鲟	2.62	长鳍篮子鱼	2.56	舌虾虎鱼	1.48
长鳍篮子鱼	1.78	长蛇鲻	2.27	尖吻小公鱼	0.72
远海梭子蟹	1.78	锯缘青蟹	2.07	直额蟳	0.68
长蛇鲻	1.11	凡纳滨对虾	1.92	隆线强蟹	0.33
斑节对虾	1.11	尖吻小公鱼	1.45	斑节对虾	0.19
粒突鳞鲬	0.66	杜氏下鱵鱼	1.28	凡纳滨对虾	0.18
舌虾虎鱼	0.59	乳香鱼	1.22	长棘银鲈	0.16
凡纳滨对虾	0.57	长棘银鲈	1.21	长鳍篮子鱼	0.16
杜氏下鱵鱼	0.55	斑节对虾	0.72	矛形梭子蟹	0.12
五棘银鲈	0.55	粒突鳞鲬	0.49	杜氏下鱵鱼	0.11
尖吻小公鱼	0.41	棕斑兔头鲀	0.48	鲬	0.08
锈斑蟳	0.35	后肛下银汉鱼	0.46	褐斑栉鳞鳎	0.06
直额蟳	0.32	舌虾虎鱼	0.35	黄带绯鲤	0.05
五带笛鲷	0.31	短棘鲾	0.34	布氏短棘三刺鲀	0.05
勒氏笛鲷	0.26	鲬	0.32	后肛下银汉鱼	0.03

c. 渔获数量组成分布

本次调查游泳生物总的生物密度范围为530～2596ind./h，平均生物密度为1284ind./h，各站位和各类别游泳生物生物密度组成见表4-64。

表4-64　八门湾海域各站位各类别游泳生物生物密度组成　（单位：ind./h）

类别	站号			平均值
	1	2	3	
鱼类	714	508	2566	1263
虾类	4	10	11	8
蟹类	9	12	19	13
总计	727	530	2596	1284

各类别中鱼类平均生物密度最高，为1263ind./h，占98.36%；其次为蟹类，平均生物密度为13ind./h，占1.01%；虾类最少，只有8ind./h，占0.63%，如图4-26所示。

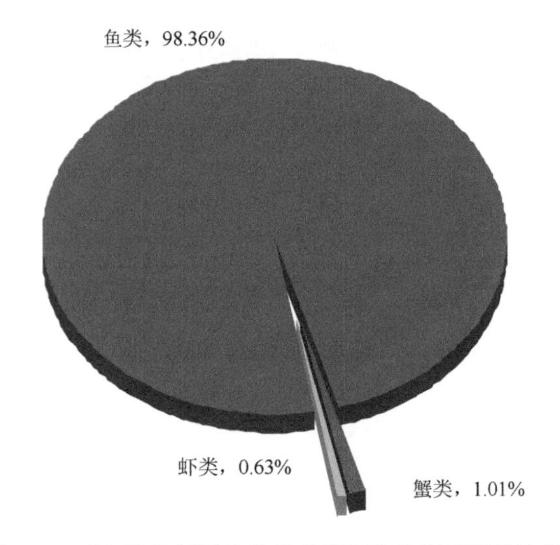

图 4-26　八门湾海域游泳生物各类别生物密度百分比组成

各站位中游泳生物生物密度以 3 号站生物密度最高，为 2596ind./h，其次为 1 号站，为 727ind./h，2 号站最小，为 530ind./h，如图 4-27 所示。

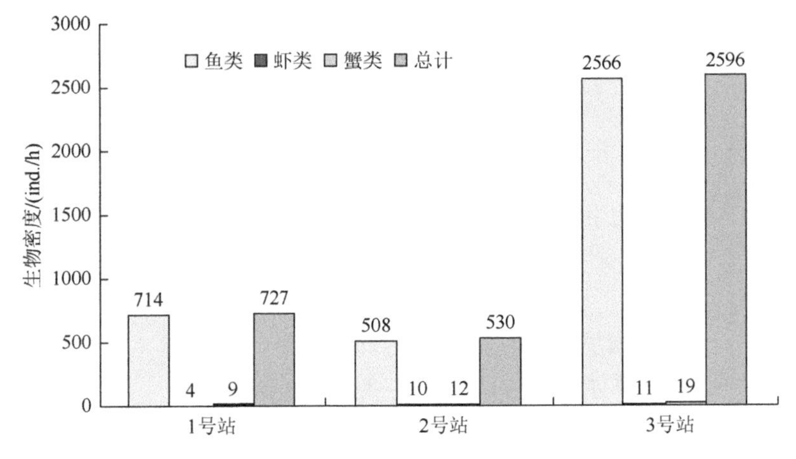

图 4-27　八门湾海域游泳生物各站位生物密度组成

d. 渔获量组成分布

各类别中鱼类生物量最高，为 3051.93g/h，占 93.44%；其次为蟹类，为 169.83g/h，占 5.20%；虾类最少，只有 44.60g/h，占 1.37%，如表 4-65 和图 4-28 所示。

表 4-65　八门湾海域各站位各类别游泳生物生物量组成　（单位：g/h）

类别	站位			平均值
	1	2	3	
鱼类	3980.55	1664.79	3510.45	3051.93
虾类	69.85	49.74	14.21	44.60
蟹类	112.20	165.78	231.50	169.83
总计	4162.60	1880.31	3756.16	3266.36

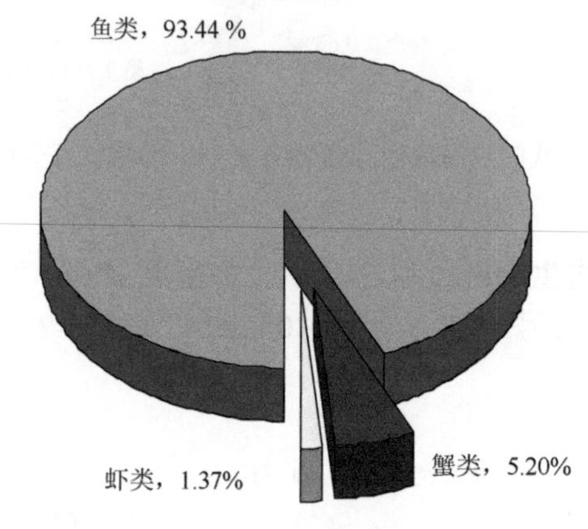

图 4-28　八门湾海域游泳生物各类别生物量百分比组成

各站位中游泳生物生物量以 1 号站最高，为 4162.60g/h，其次为 3 号站，生物量为 3756.16g/h，2 号站生物量最低，只有 1880.31g/h，如表 4-65 和图 4-29 所示。

e. 现存相对资源密度估算

现存相对资源密度计算采用面积法，计算公式为

$$B = C / q \times a \tag{4-13}$$

式中，B 为资源密度；C 为每小时取样面积内的渔获量；q 为网具捕获率［$q = 0.8$，底栖鱼类、虾类、蟹类；$q = 0.3$，中上层鱼类（鲱形目、鲈形目的鲹科、鲭亚目、鲳亚目）；$q = 0.5$，底层鱼类］；a 为网具每小时扫海面积。

根据网口宽度（作业时）、拖时、拖速等参数计算扫海面积，再根据各个品种渔获尾数和渔获重量及对应品种的捕获率计算每个站位的现存相对尾数资源密度和重量资源密度。

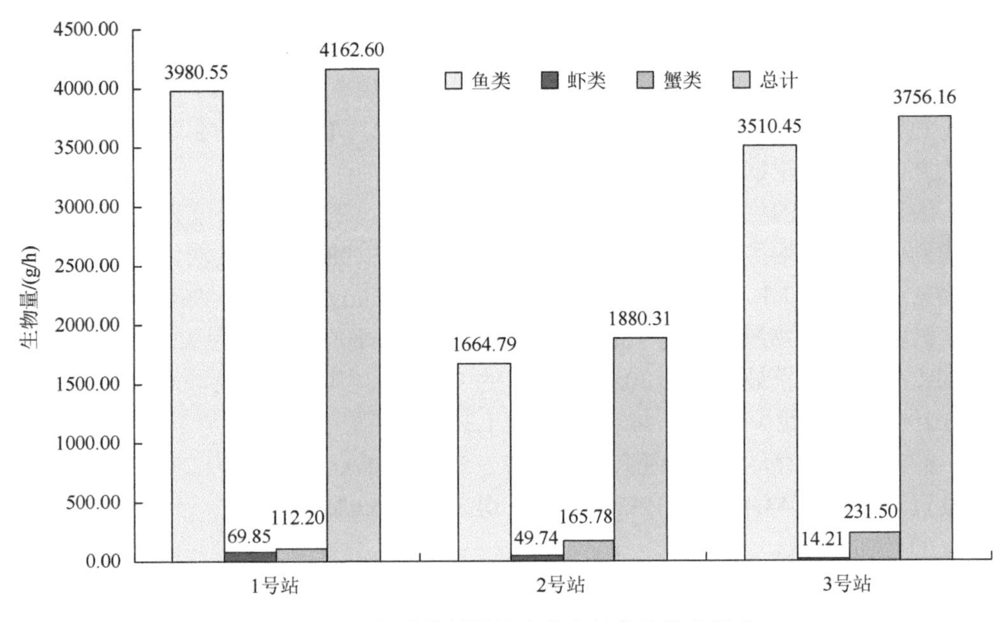

图 4-29　八门湾海域游泳生物各站位生物量组成

合计数（总的站位平均量）是根据总的扫海面积及总的渔获各品种尾数和重量及对应品种的捕获率计算得出的。3 个站位现存尾数资源密度为 12247～59943ind./km^2，平均为 29662ind./km^2；重量资源密度为 43.42～96.12kg/km^2，平均为 75.40kg/km^2，如表 4-66 所示。

表 4-66　八门湾海域游泳生物各站位现存相对资源密度

站号	扫海面积/km^2	尾数资源密度/(ind./km^2)	重量资源密度/(kg/km^2)
1	0.1624	16797	96.12
2	0.1624	12247	43.42
3	0.1624	59943	86.73
平均值	—	29662	75.40

f. 小结

本次调查共发现游泳生物 43 种，其中鱼类最多，33 种，占 76.7%；虾类 2 种，占 4.7%；蟹类 8 种，占 18.6%。

游泳生物总的生物密度优势度 $Y \geqslant 0.02$ 的优势种共 2 种，为粗纹马鲾和金带小沙丁鱼。其中，粗纹马鲾优势度最高，为 0.40，平均生物密度为 2728ind./h；金带小沙丁鱼优势度为 0.02，平均生物密度为 835ind./h。

游泳生物总的生物量优势度 $Y \geq 0.02$ 的优势种共 3 种。优势种主要有：粗纹马鲾、鲻和金带小沙丁鱼 3 种。这 3 种生物占出现频率的 81.55%。其中，金带小沙丁鱼优势度最高，为 0.15，平均生物量为 3624.27g/h；其次为粗纹马鲾，优势度为 0.08，平均生物量为 2923.83g/h。

游泳生物总的生物密度范围为 530～2596ind./h，平均生物密度为 1284ind./h，各类别中鱼类平均生物密度最高，为 1263ind./h，占 98.36%；其次为蟹类，平均生物密度为 13ind./h，占 1.01%；虾类最少，只有 8ind./h，占 0.63%。

游泳生物生物量范围为 1880.31～4162.60g/h，平均生物量为 3266.36g/h，各类别中鱼类生物量最高，为 3051.93g/h，占 93.44%；其次为蟹类，为 169.83g/h，占 5.20%；虾类最少，只有 44.60g/h，占 1.37%。

游泳生物现存尾数资源密度为 12247～59943ind./km^2，平均为 29662ind./km^2；重量资源密度为 43.42～96.12kg/km^2，平均为 75.40kg/km^2。

6）鱼卵仔鱼

a. 鱼卵仔鱼种类组成

八门湾海域 12 个调查站位共统计出鱼卵 2256 枚，仔鱼 4 尾，其中，仔鱼鉴定的种类为杜氏下鱵鱼、鲹科、管海马和一种未知种。

b. 鱼卵数量分布

本次调查 12 个站位中，水平拖网调查各站位鱼卵平均密度为 4.70 枚/m^3，仔鱼平均密度为 0.01 尾/m^3。本次调查统计鱼卵、仔鱼的数量结果表明，17 号站最多，为 896 尾/10min，其次是 13 号站，为 552 尾/10min，然后是 14 号站，为 489 尾/10min，6 号、7 号、10 号站的鱼类、仔鱼数量极少，每 10min 只有几尾，2 号、4 号和 9 号站未采到鱼卵或仔鱼，各站位鱼卵、仔鱼数量组成如表 4-67 所示。

表 4-67　水平网鱼卵、仔鱼数量组成　（单位：尾/10min）

种类	站位												
	2	4	6	7	9	10	11	13	14	16	17	18	总计
SP1（鱼卵）	0	0	3	1	0	2	261	552	489	21	896	31	2256
SP2（仔鱼）	0	0	0	0	0	0	0	0	0	1	0	0	1
鲹科（仔鱼）	0	0	0	0	0	0	0	0	0	0	0	1	1
管海马（仔鱼）	0	0	1	0	0	0	0	0	0	0	0	0	1
杜氏吻鳞鱵（仔鱼）	0	0	0	0	0	0	1	0	0	0	0	0	1
总计	0	0	4	1	0	2	262	552	489	22	896	32	2260

从本次调查鱼卵、仔鱼的数量分布可知，10 号站至八门湾潟湖内的站位采到的鱼卵、仔鱼的数量极少，而 11 号站至潟湖口门外的站位采到的鱼卵、仔鱼的数量极多。

c. 小结

调查海域 12 个站位共统计出鱼卵 2256 枚，仔鱼 4 尾，其中仔鱼鉴定的种类为杜氏下鱵鱼、鲹科、管海马和一种未知种。本次调查各站位鱼卵平均密度为 4.70 枚/m^3，仔鱼平均密度为 0.01 尾/m^3。17 号站鱼卵数量最多，为 896 尾/10min，有 3 个站位未采到鱼卵或仔鱼。

7）叶绿素 a 和初级生产力

a. 叶绿素 a 和初级生产力结果

初级生产力采用叶绿素 a 法，按照 Cadée 和 Hegeman[23]提出的简化公式（4-9），其计算结果见表 4-68。

表 4-68　调查海域叶绿素 a 质量浓度和初级生产力

站号	叶绿素 a/(mg/m^3)		初级生产力/[mg C/(m^2·d)]
	表层	底层	
QL02	6.36	—	163.71
QL04	4.33	—	133.75
QL06	5.35	—	165.25
QL07	3.68	—	113.67
QL09	4.03	3.16	103.73
QL10	2.95	—	91.12
QL11	5.37	6.77	165.87
QL13	3.53	2.85	90.86
QL14	3.02	2.5	93.28
QL16	2.36	1.79	85.04
QL17	2.6	2.42	107.08
QL18	2.62	—	107.90
范围	2.36～6.36	1.79～6.77	85.04～165.87
平均值	3.85	3.25	118.44

注：“—”表示水深不足 5m，无该层次采样。

由表 4-68 可知，调查海域叶绿素 a 质量浓度范围是 1.79～6.77mg/m^3，平均值为 3.55mg/m^3，各站间的差异较明显。根据生物学参考标准（叶绿素 a 质量浓度低于 5mg/m^3 为贫营养，10～20mg/m^3 为中营养，超过 30mg/m^3 为富营养），则调查海域水质属贫营养型。调查海域初级生产力变化范围是 85.04～165.87mg C/(m^2·d)；平均为 118.44mg C/(m^2·d)。

b. 小结

调查海域叶绿素 a 质量浓度范围是 1.79～6.77mg/m^3，平均值为 3.55mg/m^3；调查海域水质属贫营养型。初级生产力变化范围是 85.04～165.87mg C/(m^2·d)；平均为 118.44mg C/(m^2·d)。

4.5.2　2008 年 8 月生态调查概况

1. 调查站位

2008 年 8 月布设 8 个站位调查浮游生物、底栖生物，采样点位置如图 4-30 和表 4-69 所示，布设三条断面调查潮间带生物，采样点位置如表 4-70 和图 4-31 所示。

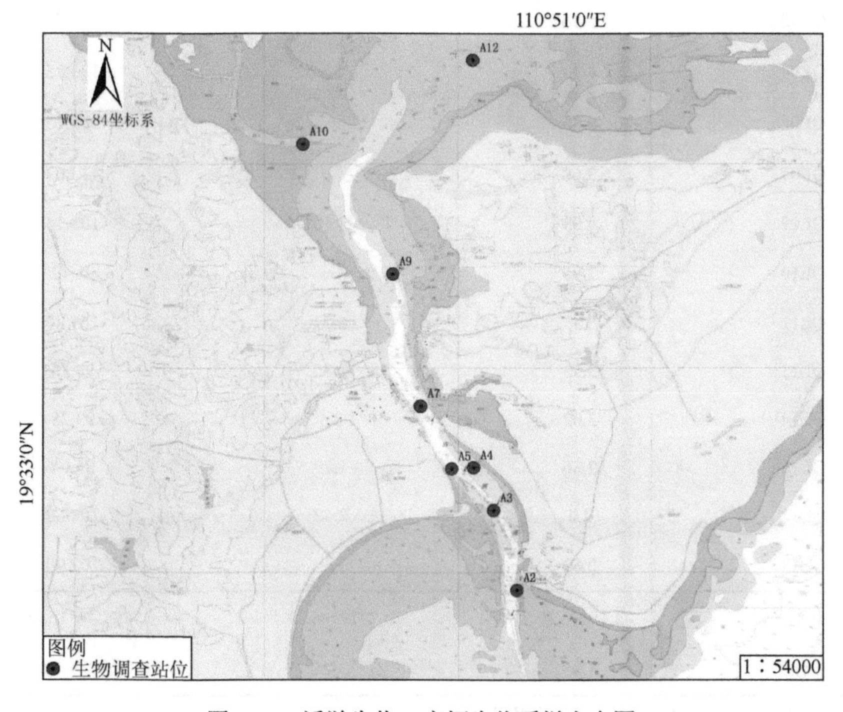

图 4-30　浮游生物、底栖生物采样布点图

表 4-69　采泥底栖生物调查布点位置表

站点	纬度	经度
A2	19°31′49.40″N	110°50′36.30″E
A3	19°32′36.25″N	110°50′21.83″E
A4	19°33′1.39″N	110°50′9.61″E
A5	19°33′0.68″N	110°49′56.11″E
A7	19°33′37.32″N	110°49′36.88″E
A9	19°34′55.34″N	110°49′19.90″E

表 4-70　潮间带生物调查站位表

断面	起点		终点	
	纬度	经度	纬度	经度
Ⅰ	19°33′00.1″N	110°49′51.1″E	19°33′00.3″N	110°49′51.7″E
Ⅱ	19°32′57.2″N	110°49′53.1″E	19°32′57.7″N	110°49′53.6″E
Ⅲ	19°33′16.6″N	110°50′02.2″E	19°33′15.3″N	110°50′01.4″E

2. 调查方法与评价方法

本次调查方法与评价方法同 4.5.1 节。

3. 调查结果

1）浮游植物

本次调查八门湾海域浮游植物共有 23 属 48 种（含变种和变型），其中硅藻类占绝大部分，有 16 属 35 种，占该海域总浮游植物种类的 72.92%；甲藻类 5 属 9 种，占 18.75%；蓝藻类 1 属 3 种，占 6.25%；绿藻类 1 属 1 种，占 2.08%。主要种类有齿角刺藻、拟弯角刺藻、洛氏角刺藻、毛尖形根管藻、裸甲藻等。

八门湾海域浮游植物细胞数量范围为（6.7～318.5）$\times 10^4$ind./m^3，其中 7 号、12 号站的浮游植物细胞数量相对较多，2 号、3 号、4 号站的浮游植物细胞数量相对较少，5 号、9 号、10 号站的浮游植物细胞数量分别为 183.2×10^4ind./m^3、65.1×10^4ind./m^3、134.2×10^4ind./m^3。

2）浮游动物

本次调查八门湾海域浮游动物有 29 种。其中桡足类 10 种，占 34.5%；毛颚类 5 种，占 17.2%；水母 3 种，占 10.3%；浮游幼体 3 种，占 10.3%；介形类、莹虾、磷虾、多毛类各 2 种，分别占 6.9%。主要种类有刺厚真哲水蚤、红纺锤水蚤、微刺哲水蚤和中华哲水蚤。

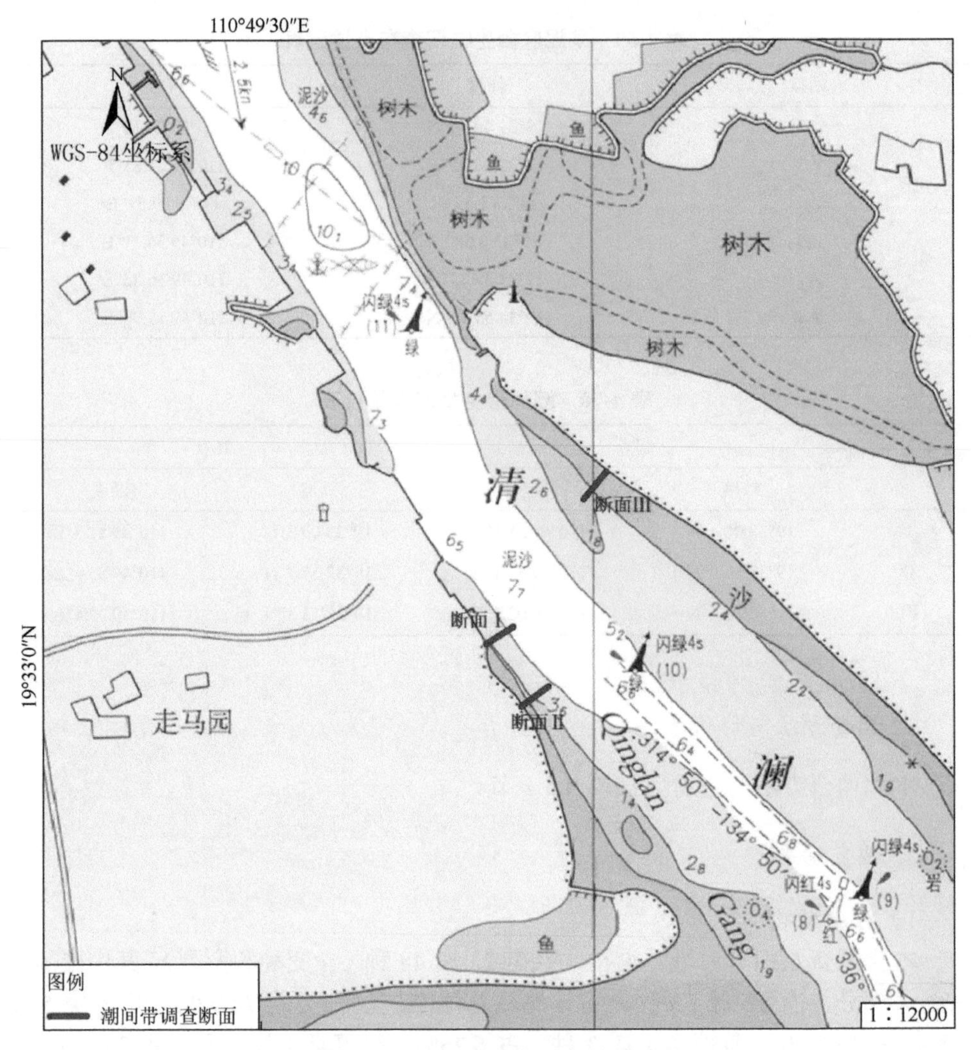

图 4-31　潮间带生物调查断面图

浮游动物的生物量范围为 18.4～114.6mg/m^3，其中以 12 号站的浮游动物生物量最高，2 号站最低，其余站位相差不大，3 号、4 号、5 号、7 号、9 号、10 号站的浮游动物生物量分别为 52.3mg/m^3、46.8mg/m^3、45.2mg/m^3、78.4mg/m^3、67.1mg/m^3、62.3mg/m^3。

调查海域位于文昌河和文教河的入海口，径流带来丰富的营养盐，促使该海域海洋生物繁殖生长，物种呈多样性。

3）底栖动物

a. 种类组成

经鉴定分析，本次调查共采获底栖动物 7 科 16 种，其中软体动物 9 种，多毛类动物 5 种，棘皮动物 1 种，甲壳动物 1 种。

b. 生物量及栖息密度

本次调查 8 个采泥站的生物量在 3.22～269.67g/m^2，平均生物量为 48.43g/m^2。从采泥底栖生物量的平面分布看，八门湾潟湖内 10 号、12 号站的采泥底栖生物量相对较高，分别为 269.67g/m^2、70.88g/m^2，而位于潮汐通道的 2 号、5 号、7 号、9 号站的采泥底栖生物量相对较低，最低为 3.22g/m^2，3 号、4 号站的采泥底栖生物生物量分别为 11.22g/m^2、12.33g/m^2。

各站栖息密度在 44.44～2911.11ind./m^2，平均密度为 498.61ind./m^2。从采泥底栖生物栖息密度的平面分布来看，各站采泥底栖生物的栖息密度分布与生物量分布类似，八门湾潟湖内的 10 号、12 号的采泥底栖生物的栖息密度相对较高，分别为 2911.11ind./m^2、599.99ind./m^2，而位于潮汐通道的 2 号、5 号、7 号、9 号站的采泥底栖生物的栖息密度相对较低，最低为 44.44ind./m^2，3 号、4 号站的采泥底栖生物的栖息密度分别为 155.56ind./m^2、111.11ind./m^2。

项目附近海域不同站位各类别底栖生物生物量及栖息密度详见表 4-71。

表 4-71　底栖生物生物量及栖息密度

项目		站位							
		2	3	4	5	7	9	10	12
软体动物	生物量/(g/m^2)	4.67	8	9.33	—	9.33	—	264.89	38.22
	栖息密度/(ind./m^2)	44.44	77.78	44.44	—	22.22	—	2833.33	344.44
多毛类动物	生物量/(g/m^2)	0.11	3.22	3	3.56	1.56	3.22	4.78	18.22
	栖息密度/(ind./m^2)	22.22	77.78	66.67	44.44	22.22	44.44	77.78	233.33
棘皮动物	生物量/(g/m^2)	—	—	—	—	—	—	—	10.11
	栖息密度/(ind./m^2)	—	—	—	—	—	—	—	11.11
甲壳动物	生物量/(g/m^2)	—	—	—	—	0.89	—	—	4.33
	栖息密度/(ind./m^2)	—	—	—	—	11.11	—	—	11.11
总生物量/(g/m^2)		4.78	11.22	12.33	3.56	11.78	3.22	269.67	70.88
总栖息密度/(ind./m^2)		66.66	155.56	111.11	44.44	55.55	44.44	2911.11	599.99

c. 主要优势种

本次调查显示，不同站位的底栖生物的优势种分布各有差异，总体而言，整个调查海域以软体动物中的曲畸心蛤和多毛类动物中缨鳃蚕为优势种。

d. 多样性指数和均匀度

调查海域的采泥底栖生物的多样性指数范围为 0～0.78，以 12 号站的多样性指数最高；采泥底栖生物的均匀度范围为 0～0.96，以 2 号和 7 号站为最高。各个调查站位的底栖生物多样性指数及均匀度见表 4-72。

表 4-72　底栖生物多样性指数及均匀度

指标	2 号	3 号	4 号	5 号	7 号	9 号	10 号	12 号
多样性指数	0.58	0.39	0.47	0	0.46	0	0.11	0.78
均匀度	0.96	0.82	0.79	0	0.96	0	0.17	0.75

4）潮间带生物

a. 生物量和栖息密度

调查海域的潮间带断面 I 的高潮和中潮主要为砂质地貌，低潮为泥沙；断面 II 主要为泥沙质地貌；而断面III则为砂质地貌。调查结果表明，调查海域 3 个潮间带断面的生物量中，断面III生物量最高，为 371.72g/m^2，其次为断面 I（51.84g/m^2），断面 II 生物量最低，为 19.2g/m^2。潮间带断面III的栖息密度最高，为 3272ind./m^2；其次为断面 II（44ind./m^2）；断面 I 栖息密度最低，为 32ind./m^2。调查结果见表 4-73。

表 4-73　潮间带生物的生物量和栖息密度

项目	断面 I	断面 II	断面III
生物量/(g/m^2)	51.84	19.2	371.72
栖息密度/(ind./m^2)	32	44	3272

b. 不同类别生物的生物量和栖息密度

项目附近海域潮间带类别生物的生物量及栖息密度详见表 4-74。

表 4-74　潮间带不同类别生物的生物量和栖息密度

项目	断面	多毛类动物	软体动物	甲壳动物
生物量/(g/m^2)	I	2.4	—	49.44
	II	1.92	—	17.28
	III	236.08	129.36	5.76

续表

项目	断面	多毛类动物	软体动物	甲壳动物
栖息密度/(ind./m^2)	Ⅰ	1.25	—	12
	Ⅱ	32	—	12
	Ⅲ	2320	222	72

c. 种类组成和优势种

本次调查共采集到潮间带生物 17 种，其中以软体动物种类最多（8 种）；多毛类动物居次（5 种）；甲壳动物最少（4 种）。断面Ⅰ采集到 7 种生物，其中多毛类动物有 5 种，甲壳动物有 2 种；断面Ⅱ采集到多毛类动物 1 种，甲壳动物 2 种；断面Ⅲ采集到 17 种生物，其中软体动物有 8 种，多毛类动物有 5 种，甲壳动物有 4 种。

本次调查显示，3 个断面的潮间带生物优势种分布各有差异，总体而言，断面Ⅰ的潮间带生物的优势种为甲壳动物的角眼沙蟹，多毛类动物的长吻沙蚕。断面Ⅱ潮间带生物优势种为甲壳动物的角眼沙蟹，但优势不明显。断面Ⅲ潮间带生物的优势种为软体动物的缨鳃蚕和曲畸心蛤。

d. 多样性指数和均匀度

断面Ⅰ潮间带生物的多样性指数最高，为 0.88；其次为断面Ⅲ，为 0.59；断面Ⅱ多样性指数为 0.33。断面Ⅰ的均匀度最大（0.04）；其次为断面Ⅱ，为 0.69，断面Ⅲ均匀度为 0.48。

4.5.3　红树林概况

海南清澜港红树林省级自然保护区于 1981 年建立，是我国第二个红树林自然保护区，也是迄今为止我国红树林保护区中红树林资源最多、树种最多、红树植物群落保持最为完整的自然保护区，是国家重要湿地自然保护区之一。保护区总面积为 2914.5962hm^2，核心区面积为 884.1264hm^2，占保护区总面积的 30.33%；缓冲区面积为 966.5525hm^2，占保护区总面积的 33.16%；实验区面积为 1063.9173hm^2，占保护区的 36.51%。海南省清澜红树林自然保护区按功能划分有四部分，其中主要的一部分位于文昌市东南方的八门湾（清澜港）沿海（图 4-32），毗邻文城、东郊、文教、东阁四镇，距文城约 4km，总面积 2019.9hm^2，该区红树林面积 835.4hm^2，滩涂和水域面积 1184.5hm^2；第二部分位于文昌市北部铺前港、罗豆海域沿海一带；第三部分位于文昌南部冠南沿海一带；第四部分位于文昌龙楼一带[24]。

根据各种资源调查资料统计，清澜港红树植物在全国范围内最为丰富，整个海南岛红树植物有 26 种，其中清澜港自然保护区就有 24 种，种类占全省的 92.31%，占全国（28 种）的 85.71%，占全世界（86 种）的 27.91%。半红树植物有 20 种，隶属 15 科 19 属。在这些红树植物中，有许多珍贵、稀有和濒危的物种，如水椰、海南海桑（图 4-33）、杯萼海桑、卵叶海桑、拟海桑、木果楝、正红树、尖叶卤蕨等。其中，海南海桑为国家二级保护植物，十分珍贵，已被《中国生物多样性保护行动计划》列入“植物种优先保护名录”；水椰、海南海桑、拟海桑、木果楝已载入《中国植物红皮书》。棕榈科的水椰为孑遗植物，在植物分类区系、地植物学及古植物学方面均有一定意义，为国家三级保护植物[24]。

图 4-32　八门湾片区红树林

图 4-33　海南海桑

保护区八门湾片区内红树林植物群落主要有：①海桑 + 桐花树群落；②红树群落；③水椰群落；④卤蕨群落；⑤海莲 + 海漆群落；⑥海莲 + 银叶树群落；⑦榄李群落；⑧玉蕊群落（头苑、文城、清澜）八种类型[24]。区内藤本与附生植物较丰富，动物资源也很丰富，属珍稀濒危、国家二级保护鸟类的有鹗、红隼、黑翅鸢等 12 种。

红树林有着丰富的生物种类，植物生长茂盛，具有很高的光合效率和生产力。红树林生态系统产生的有机质是河口与沿岸水域次级生产力的重要提供者之一。红树林湿地沉积物中的有机质与周围水体交换，向附近水域甚至河口近岸提供新鲜有机物，在短时间尺度里扮演“碳源”的角色。另外，红树林沉积物中埋藏了许多自生植物碎屑，同时拦截并埋藏了河流和涨落潮输送的陆源有机物及人为污染物，这使得红树林在长时间尺度里又扮演着“碳汇”的角色[25]。

由于红树林具有高生产力，能够为海洋生物提供良好的栖息场所，因此红树林湿地是良好的天然养殖场地。早在 20 世纪 80 年代开始，当地群众就大量挖除红树林建设养殖池塘（图 4-34 和图 4-35），造成红树林面积大幅减少。目前，红树林保护区八门湾片区内养殖池塘就占该保护区片区总面积的 42%。

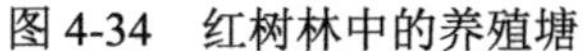

图 4-34　红树林中的养殖塘

图 4-35　养殖塘中的红树林

4.6　污染源调查

影响海南近岸海域海洋环境质量的污染物主要来自陆源排污，这些工业、农业生产废水和生活污水主要通过河流、直排或者混合入海排污口等向海洋排放[26]，排污口邻近海域环境质量受到明显影响。因此，本书收集 2012 年以文昌河、文教河作为纳污水体的陆源排污企业的排污数据，分析通过河流最终进入八门湾的废水排放量及污染物排放情况。

4.6.1　污染源概况

1. 陆源污染源

由河流携带入海的污染物总量较大，会造成近岸海域海水各项指标含量升高[26]，使海洋环境质量下降。

1）生活污水

八门湾沿湾分布有东阁镇、文城镇（文城镇与清澜镇合并）、文教镇、东郊镇四个镇，其中文城镇、文教镇分别有文昌河、文教河经镇域入湾。随着社会经济的发展、城市化进程的加快和人口的不断增加，生活污水及污染物的排放量也大为增加。但城市污水管网建设滞后，到 2018 年止，文昌市仅有文城污水处理厂和清澜污水处理厂建成投入运行，污水管网主要覆盖文城、清澜市政中心一带，八门湾沿湾仍然有大量城镇生活污水未经处理直接排入河道最终进入内湾（图 4-36）。城镇地区家庭、机关团体、学校、工商事业单位等排出的废水中，含有粪便、油脂、厨房垃圾、化学洗涤及漂白药剂等，其中大量的病菌和有机物是水中污染物的主要来源[27]。这些污染物的排放导致了八门湾化学需氧量超标。

图 4-36　文昌河沿岸生活污水直接排放

2）工业废水

据调查，以文教河作为纳污水体的工业行业主要为牲畜屠宰业，排放进入文昌河的工业行业主要是牲畜屠宰业、黏土砖瓦及建筑砌块制造业、其他未列明农副食品加工业、制造业。据统计，2012 年由文教河、文昌河进入八门湾的工业废水排放总量为 188.18 万 t，这些工业废水全都未经处理直接排放，其中工业 COD 排放量为 274.59t，工业氨氮排放量为 13.427t。其中，文昌河接纳工业废水最多，约占 90%，共接纳工业废水 168.73 万 t，接纳工业 COD 排放量 246.47t，工业氨氮排放量 12.043t；文教河共接纳工业废水 19.45 万 t，接纳工业 COD 排放量 28.12t，工业氨氮排放量 1.384t。

在相关的行业中，牲畜屠宰业 COD、氨氮排放量最大，分别占文昌河、文教河工业 COD、氨氮排放总量的 36.5%、32.4%；其次是其他未列明农副食品加工业，COD、氨氮排放量分别占文昌河、文教河工业 COD、氨氮排放总量的 20.9%、22.2%；再次是水产品冷冻加工业，COD、氨氮排放量分别占文昌河、文教河工业 COD、氨氮排放总量的 18.1%、18.1%；火力发电业 COD 排放量最小。

工业制造过程中的原料、副料产品、中间产品、副产品、其他物料或能量[27]所形成的污染物排放量大，且需要专门的处理工艺才能确保废水排放达标。以文教河、文昌河作为纳污水体的工业废水均没有经过处理直接排放，并最终进入八门湾，是八门湾水体环境恶化的重要原因。

3）农业废水

八门湾沿湾岸段主要被养殖用的高位池占据，农业种植带来的面源污染主要通过河流进入内湾。农业种植过程中使用的农药、化肥仅有少量被农作物附着或吸收，其余绝大部分残留在土壤和飘浮在大气中，通过降水随地表径流的冲刷注入河流最终入海。这些农业面源污染物随地表径流进入近岸海域的数量相当大，且造成的污染不易控制，农业面源污染也是影响八门湾水体环境质量的重要因素。

文教河、文昌河周边还分布有多家肉鸡、生猪和蛋鸡养殖场或养殖小区，这些养殖场（养殖小区）的养殖废水大部分经过处理，去除废水中绝大部分的 COD、部分总氮和总磷后排入文教河和文昌河最终进入八门湾。据统计，2012 年由文教河、文昌河进入八门湾的养殖场（养殖小区）的养殖废水 COD 排放量为 3049.5t，总氮排放量为 705.2t，总磷排放量为 178.5t。其中，文昌河接纳养殖场（养殖小区）的养殖废水最多，约占 93.4%，共接纳养殖废水 COD2824.8t，总氮 661.7t，总磷 167.4t；文教河接纳养殖废水 COD224.7t，总氮 43.5t，总磷 11.1t。这些养殖废水中，COD 平均去除率约为 84%，总氮平均去除率约为 56%，总磷平均去除率约为 59%。

4）生活垃圾

到 2018 年止，文昌市建有一座日处理 225t 的生活垃圾焚烧发电厂，还有五座已经建成的垃圾转运站，分别是抱罗、翁田、会文、南阳、东阁垃圾转运站，负责全市的垃圾清运，由此文昌市农村垃圾处理实现了“村收集、镇转运、市处理”的模式，农村生活垃圾大多得到有效收集（图 4-37），大大改善了农村卫生条件和生活环境。

图 4-37　农村生活垃圾收集装置

但垃圾转运站建设仍然不足，仍有部分生活垃圾直接堆放在就近水体，未得到有效收集、清运。现场勘察发现，清澜渔港、八门湾沿岸仍有不少垃圾堆放未清运（图 4-38），不仅占用水域空间，而且造成附近水体发黑发臭、污染严重。2016 年文昌市政府新建龙楼、铺前、昌洒、重兴四座垃圾转运站投入使用，进一步有效收集生活垃圾。

图 4-38　清澜大桥下未清理的垃圾

据调查，文昌生活垃圾焚烧发电厂从 2011 年 7 月正式运营以来，接收的垃圾量从每天不足 100t，到 2014 年每天接收的垃圾量接近 300t，2019 年文昌市拟建生活垃圾焚烧发电厂二期（扩建）项目，于 2021 年投入运营。

另外，据调查，文昌市生活垃圾焚烧发电厂中垃圾渗滤液目前还未有专门的处理工艺，而是直接排入文昌河。据统计，文昌市生活垃圾焚烧发电厂渗滤液排放量为 4500m^3，COD 排放量为 239.54t，氨氮排放量为 18.57t。垃圾渗滤液是一种成分复杂的高浓度有机废水，未经处理直接排放，会对受纳水体文昌河造成污染。

2. *海上污染源*

八门湾海上污染源主要包括海水养殖、港口排污等。

1）海水养殖

八门湾的海水养殖主要包括高位池养殖、低位池养殖和网箱养殖，其中，高位池养殖几乎占据八门湾沿湾岸线（图 3-12），面积约 1350hm^2；低位池养殖主要分布于文教河和文昌河河口海域（图 4-39），面积约 756hm^2，部分还位于清澜红树林自然保护区内，面积约 677hm^2；网箱养殖主要分布在口门附近邻近红树林保护区一侧（图 4-40），面积约 1.15hm^2，网箱数量 93 个。

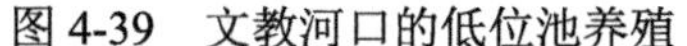

图4-39　文教河口的低位池养殖

图4-40　口门附近的网箱养殖

高位池养殖是集约化养殖方式，养殖尾水及池塘底泥直接排入八门湾，造成八门湾水质恶化（图3-15和图3-16，图4-41和图4-42）。由于八门湾口小肚大腹深，污水不能及时随潮扩散入外海，进一步加剧了水体恶化情况。

图4-41　高位池养殖

图4-42　高位池养殖尾水排放区

低位池养殖利用天然潮汐排水与纳水，因缺乏科学规划，布局不合理，这些低位池养殖大多集中在文昌河、文教河河口及红树林保护区内，局部海域养殖密度过大，加上养殖生物的排泄废物、有机碎屑等富集在养殖池基底，导致底质环境恶化，养殖水体出现富营养化，易遭病害侵袭，养殖效益下降，使得大量低位池养殖又改造成高位池养殖。

八门湾网箱养殖邻近红树林保护区，布局、规划不合理，且养殖密度较大，残饵、排泄废物、有机碎屑等长期累积，导致底质环境恶化，水体易出现富营养化，同时也会对邻近的红树林造成破坏。另外，网箱养殖设施的屏障效应使水体流速降低，造成水动力交换缓慢，影响营养物质的输入和污染物的输出，使陆源污染得不到及时的稀释扩散，滞留在潟湖内，也易造成八门湾水域环境的恶化。

2）港口排污

清澜港区属于中小型综合港口，废水排放量较大，给港池水域水体环境带来污染。特别是港区装卸机械和运输机械作业时滴漏和排出的污油等，以及码头装卸冲洗作业、船舶修理厂作业排污等（图 3-19），这些都是港池水体环境恶化的原因。

清澜渔港（图 3-17）是海南岛东北部重要渔港之一，在该港区作业的机动渔船有 1509 艘，机动渔船总吨位 10190t，机动渔船总功率 38754kW，平均吨位 6.8t，平均功率 25.7kW。这些渔船绝大多数没有安装油水分离装置，即使部分安装了油水分离器，为降低成本，也很少使用，渔船随意排污现象严重。除此之外，渔船靠港卸鱼后大多在港池水域进行清洗作业，死鱼随意丢弃入海，也影响了水体环境质量。

4.6.2 入海污染源现场调查

1. 调查站位与调查项目

2015 年 6 月 30 日至 7 月 3 日对八门湾沿湾主要排污口进行调查，共采集水样 38 个，覆盖整个八门湾潟湖区域，采样站位及坐标见表 4-75 和图 4-43。

表 4-75　八门湾附近海域水质、沉积物调查站位表

站号	纬度	经度	具体位置
1	19°32′06.76″N	110°50′43.16″E	文昌市东郊镇椰林湾养殖排污口
2	19°33′31.92″N	110°49′51.17″E	文昌市东郊镇白头尾避风港抛锚地及养殖场排污口
3	19°34′07.85″N	110°49′38.22″E	文昌市海警三支队小型避风港排污沟
4	19°35′01.05″N	110°49′55.09″E	文昌市宝土仔村养殖场排污沟
5	19°36′11.40″N	110°50′04.94″E	文昌市沙尾港养殖排污沟
6	19°35′26.85″N	110°50′07.92″E	文昌市沙尾港养殖排污沟
7	19°36′09.14″N	110°50′02.78″E	文昌市沙尾港养殖塘
8	19°36′17.36″N	110°51′16.10″E	文昌市白石村冠兴养殖场
9	19°36′19.04″N	110°51′17.92″E	文昌市白石村养殖场附近排污沟
10	19°36′03.98″N	110°51′12.05″E	文昌市白石村冠兴养殖塘
11	19°36′06.24″N	110°52′30.41″E	文昌市大地方村养殖塘附近排污沟
12	19°36′05.25″N	110°52′30.62″E	文昌市大地方村养殖塘
13	19°36′39.78″N	110°53′05.11″E	文昌市原县盐场养殖塘附近排污口
14	19°36′40.89″N	110°53′04.60″E	文昌市原县盐场养殖塘

续表

站号	纬度	经度	具体位置
15	19°38′52.11″N	110°54′12.15″E	文昌市东柳水闸（饮用水水源地）
16	19°40′12.79″N	110°54′09.07″E	文昌市东文教河
17	19°38′57.33″N	110°53′13.18″E	文昌市溪西村养殖场附近排污沟
18	19°38′35.78″N	110°52′39.33″E	文昌市盐灶养殖场附近排污沟
19	19°38′44.21″N	110°52′40.92″E	文昌市盐灶养殖塘
20	19°37′41.10″N	110°51′12.84″E	文昌市保留村养殖塘附近排污沟
21	19°37′39.92″N	110°50′37.86″E	文昌市南文村养殖场附近排污沟
22	19°37′39.58″N	110°50′15.03″E	文昌市排港村养殖塘附近排污沟
23	19°37′41.12″N	110°49′46.79″E	文昌市群建村养殖塘附近排污沟
24	19°37′50.45″N	110°49′18.55″E	文昌市南明山村养殖塘附近排污沟
25	19°37′31.50″N	110°48′55.68″E	文昌市丹场村养殖塘附近排污沟
26	19°37′35.53″N	110°48′32.43″E	文昌市丹场村养殖塘附近排污沟
27	19°37′20.19″N	110°48′02.75″E	文昌市霞场村养殖塘
28	19°37′31.63″N	110°47′32.77″E	文昌市霞场服务区文昌河
29	19°37′51.23″N	110°45′49.61″E	文昌市横渡桥河
30	19°36′44.17″N	110°46′27.84″E	文昌市白石村污水处理厂附近排污口
31	19°37′25.00″N	110°45′46.04″E	文昌市文东桥下（生活排污口）
32	19°37′15.89″N	110°45′28.50″E	文昌市沿江路文昌河
33	19°33′59.65″N	110°49′13.74″E	文昌市渔人码头排污口
34	19°33′58.26″N	110°49′14.31″E	文昌市渔人码头排污口
35	19°33′51.24″N	110°49′18.11″E	文昌市清澜港排污口
36	19°33′44.66″N	110°49′33.76″E	文昌市海警渔排（维修厂旁排污口）
37	19°33′28.60″N	110°49′33.76″E	文昌市海观码头排污口
38	19°34′19.20″N	110°49′06.11″E	文昌市清澜大桥下面排污口

调查项目为盐度、COD_{Mn}、DO、氨氮、总氮、总磷、石油类、铜、锌、铅、镉和铬 12 项。

2. 调查现状描述

根据现场调查，八门湾潟湖主要的排污口为水产养殖排污口，主要分布在潟湖的顶部和东部，在港口附近有部分生活污水和生活垃圾排放口，另外径流输入的排污口主要有文教河和文昌河。

本次调查共设置 38 个站位，下面仅对具有代表性的调查区域进行简要的描述，初步反映八门湾入海污染源现状。现场采样照片及现状说明如图 4-44 所示。

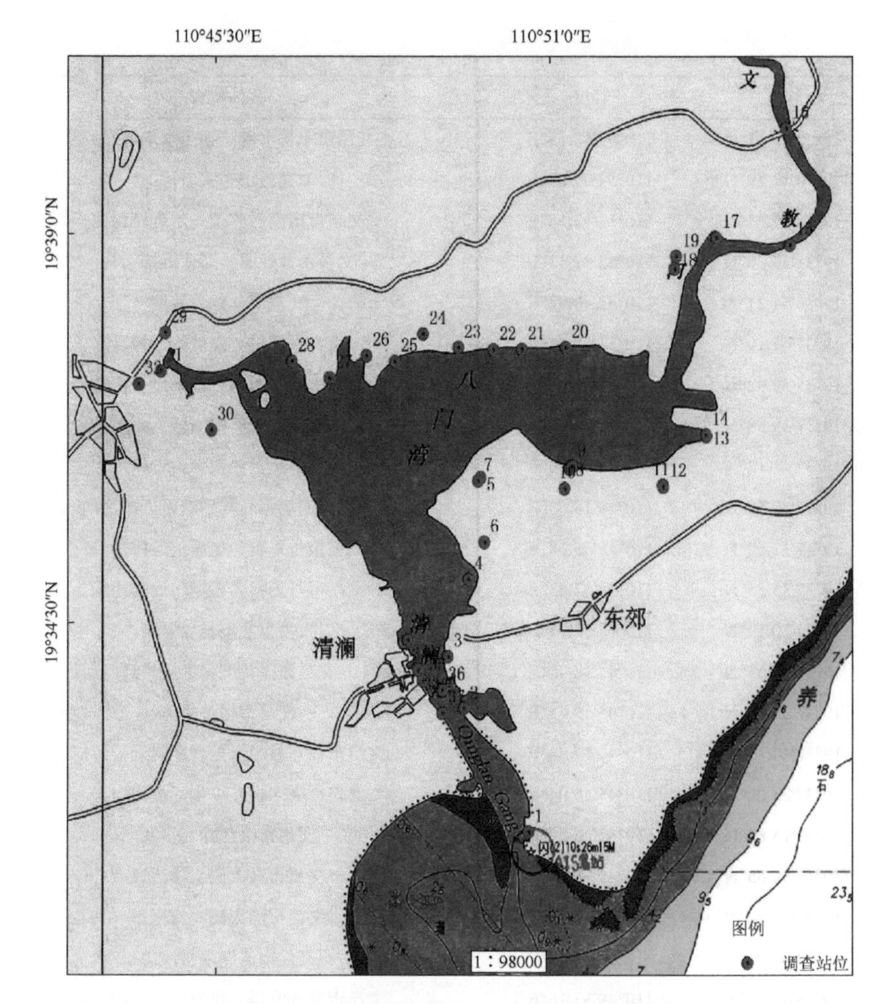

图 4-43　八门湾主要排污口水样采集位置图

（a）1 号站位采样现场
位于文昌市东郊镇椰林湾养殖排污口，水质较为浑浊，现场有大量的废弃渔船及小型的养殖网箱，网箱为临时性养殖，主要养殖类型为石斑鱼，高位池养殖类型为东风螺

（b）2 号站位采样现场，属于小型河口排污
位于潮汐通道东侧白头尾避风锚地排污口，水质较差，停泊较多的小型渔船，远处即为红树林，岸上有大量的高位池

（c）潮汐通道东侧的红树林
滩涂上有一些简陋的渔业设施，可见高位池养殖的取排水管道

（d）大片池塘养殖区的排污口
位于潮汐通道东侧，清澜大桥南侧，根据现场踏勘，附近的池塘部分已废弃，在养的池塘水质极差。
排污口外停靠较多渔船，且部分渔船已废弃

（e）清澜大桥东侧靠南位置
大量生活垃圾堆积，现场环境极差，臭气熏天

（f）高位池养殖的排水沟
在潟湖内部东侧区域，有大量的高位池，养殖污水未经任何处理直排入海

（g）清塘底泥经过管道直排入红树林生长区
大量的高位池已经过硬化处理，大量红树林遭到破坏

（h）高位池养殖废水未经任何处理直接排放，
大量发臭的养殖废水夹带淤泥直排入红树林生长区

（i）排入红树林生长区内发臭的高位池养殖废水

（j）较大的高位池养殖排污沟
沟内水体发黑发臭，有大量的泡沫出现

（k）池塘养殖户在现场撒投饵料

（l）池塘一侧的湿地中的垃圾及发黑的废水

（m）典型池塘养殖排污沟的水质现状

（n）清澜港附近的养殖取水管道和排污沟

图 4-44　现场采样照片及现状说明图

3. 调查结果

根据排水口所处的地理位置，按照城市或相关规划、区划对排水口性质的界定来选取水质的评价标准。主要位于海岸线向海一侧的排水口水体，按照《海水水质标准》（GB 3097—1997）（表 4-76）进行评价；属于一般排水口的水体按照《地表水环境质量标准》（GB 3838—2002）（表 4-77）进行评价，结合实际情况，样品多为海水或半咸水，因此本次调查水样主要采用《海水水质标准》评价，《海水水质标准》中没有的调查项目采用《地表水环境质量标准》评价。

表 4-76　海水水质标准

序号	项目	第一类	第二类	第三类	第四类
1	水温/℃	人为造成的海水温升夏季不超过当时当地 1℃，其他季节不超过 2℃		人为造成的海水温升不超过当时当地 4℃	
2	pH	7.8～8.5 同时不超出该海域正常变动范围的 0.2pH 单位		6.8～8.8 同时不超出该海域正常变动范围的 0.5pH 单位	
3	化学需氧量≤/(mg/L)	2	3	4	5
4	石油类≤/(mg/L)	0.05		0.30	0.50

续表

<table>
<tr><th>序号</th><th>项目</th><th>第一类</th><th>第二类</th><th>第三类</th><th>第四类</th></tr>
<tr><td>5</td><td>无机氮≤(以 N 计)/(mg/L)</td><td>0.20</td><td>0.30</td><td>0.40</td><td>0.50</td></tr>
<tr><td>6</td><td>活性磷酸盐≤(以 P 计)/(mg/L)</td><td colspan="2">0.015</td><td>0.030</td><td>0.045</td></tr>
<tr><td>7</td><td>汞≤/(mg/L)</td><td colspan="2">0.00005</td><td>0.0002</td><td>0.0005</td></tr>
<tr><td>8</td><td>镉≤/(mg/L)</td><td>0.001</td><td>0.005</td><td colspan="2">0.010</td></tr>
<tr><td>9</td><td>铅≤/(mg/L)</td><td>0.001</td><td>0.005</td><td>0.010</td><td>0.050</td></tr>
<tr><td>10</td><td>总铬≤/(mg/L)</td><td>0.05</td><td>0.10</td><td>0.20</td><td>0.50</td></tr>
<tr><td>11</td><td>砷≤/(mg/L)</td><td>0.020</td><td>0.030</td><td colspan="2">0.050</td></tr>
<tr><td>12</td><td>铜≤/(mg/L)</td><td>0.005</td><td>0.010</td><td colspan="2">0.050</td></tr>
<tr><td>13</td><td>锌≤/(mg/L)</td><td>0.020</td><td>0.050</td><td>0.10</td><td>0.50</td></tr>
</table>

注：按照海域的不同使用功能和保护目标，海水水质分为四类。

第一类　适用于海洋渔业水域，海上自然保护区和珍稀濒危海洋生物保护区。

第二类　适用于水产养殖区，海水浴场，人体直接接触海水的海上运动或娱乐区，以及与人类食用直接有关的工业用水区。

第三类　适用于一般工业用水区，滨海风景旅游区。

第四类　适用于海洋港口水域，海洋开发作业区。

表 4-77　地表水环境质量标准基本项目标准限值　（单位：mg/L）

序号	项目	Ⅰ类	Ⅱ类	Ⅲ类	Ⅳ类	Ⅴ类
1	氨氮(NH_3-N)≤	0.15	0.5	1.0	1.5	2.0
2	总磷(以 P 计)≤	0.02（湖、库 0.01）	0.1（湖、库 0.025）	0.2（湖、库 0.05）	0.3（湖、库 0.1）	0.4（湖、库 0.2）
3	总氮(湖、库，以 N 计)≤	0.2	0.5	1.0	1.5	2.0
4	铜≤	0.01	1.0	1.0	1.0	1.0
5	锌≤	0.05	1.0	1.0	2.0	2.0
6	砷≤	0.05	0.05	0.05	0.1	0.1
7	汞≤	0.00005	0.00005	0.0001	0.001	0.001
8	镉≤	0.001	0.005	0.005	0.005	0.01
9	铅≤	0.01	0.01	0.05	0.05	0.1

注：依据地表水水域环境功能和保护目标，按功能高低依次划分为五类。

Ⅰ类　主要适用于源头水、国家自然保护区；

Ⅱ类　主要适用于集中式生活饮用水地表水源地一级保护区、珍稀水生生物栖息地、鱼虾类产卵场、仔稚幼鱼的索饵场等；

Ⅲ类　主要适用于集中式生活饮用水地表水源地二级保护区、鱼虾类越冬场、洄游通道、水产养殖区等渔业水域及游泳区；

Ⅳ类　主要适用于一般工业用水区及人体非直接接触的娱乐用水区；

Ⅴ类　主要适用于农业用水区及一般景观要求水域。

本次入海污染源监测结果见表 4-78，质量标准指数见表 4-79。由于采样水域有八门湾红树林自然保护区，因此本次调查水质质量执行海水水质标准中的一类海水水质标准和地表水环境质量中的 I 类水质标准。

表 4-78　2015 年八门湾沿岸排污口水质监测结果

站号	盐度/‰	COD_{Mn}/(mg/L)	DO/(mg/L)	氨氮/(mg/L)	总氮/(mg/L)	总磷/(mg/L)	石油类/(mg/L)	铜/(μg/L)	锌/(μg/L)	铅/(μg/L)	镉/(μg/L)	铬/(μg/L)
1	30.9	1.3	5.0	0.117	0.781	0.223	0.059	5.3	14.1	ND	0.12	ND
2	31.2	0.9	6.6	0.029	0.425	0.165	0.132	1.2	11.8	0.03	ND	ND
3	30.6	2.4	5.1	0.018	0.218	0.131	0.188	2.2	9.6	ND	0.11	ND
4	27.6	4.2	4.9	0.035	0.319	0.051	0.040	2.8	10.2	0.26	ND	ND
5	26.1	5.9	4.8	0.043	0.267	0.039	0.079	1.1	13.4	ND	ND	ND
6	24.9	4.4	6.2	0.026	0.246	0.196	0.082	1.2	13.4	0.10	0.05	ND
7	26.2	5.9	6.1	0.022	0.216	0.462	0.058	1.9	12.6	ND	ND	ND
8	16.5	7.2	4.9	0.088	0.579	0.230	0.121	1.5	12.7	0.21	ND	ND
9	19.1	4.9	5.5	0.036	0.416	0.211	0.080	1.6	14.1	ND	ND	ND
10	17.1	6.4	6.5	0.113	0.678	1.05	0.089	1.1	16.8	0.07	ND	ND
11	16.9	6.2	4.5	0.094	0.523	0.514	0.092	1.6	43.8	0.35	0.09	ND
12	10.8	6.0	5.1	0.041	0.375	0.927	0.009	0.9	17.5	ND	ND	ND
13	9.3	5.5	4.9	0.035	0.276	0.111	0.042	1.5	15.8	0.30	0.03	ND
14	15.1	5.7	5.1	0.027	0.305	0.048	0.039	0.7	13.2	ND	ND	ND
15	5.2	5.0	6.0	0.032	0.375	0.070	0.025	1.2	11.9	0.15	ND	ND
16	5.3	4.7	6.6	0.041	0.429	0.051	0.058	1.1	8.4	0.18	ND	ND
17	8.3	5.7	6.2	0.029	0.262	0.087	0.091	0.9	12.9	0.04	ND	ND
18	5.1	5.7	6.1	0.025	0.344	0.106	0.165	1.1	13.7	0.06	ND	ND
19	3.0	5.9	6.6	0.038	0.428	0.094	0.066	1.0	15.4	ND	ND	ND
20	16.4	5.8	4.5	0.037	0.327	0.133	0.036	1.6	18.6	0.16	0.03	ND
21	17.5	5.6	4.3	0.034	0.336	0.146	0.015	1.2	19.2	0.20	ND	ND
22	19.6	4.3	4.3	0.038	0.342	0.111	0.060	1.3	17.3	0.34	ND	ND
23	21.8	3.6	5.4	0.029	0.312	0.118	0.012	1.7	16.2	0.78	ND	ND
24	26.1	6.1	6.2	0.085	0.512	0.087	0.134	1.1	16.6	0.23	ND	ND
25	23.1	3.5	4.8	0.034	0.324	0.093	0.031	0.9	16.1	0.13	ND	ND
26	19.0	7.1	4.3	0.023	0.346	0.518	0.084	2.2	14.8	ND	0.03	ND
27	20.8	6.0	6.2	0.040	0.419	0.434	0.060	1.8	13.5	0.15	ND	ND

续表

站号	盐度/‰	COD_{Mn}/(mg/L)	DO/(mg/L)	氨氮/(mg/L)	总氮/(mg/L)	总磷/(mg/L)	石油类/(mg/L)	铜/(μg/L)	锌/(μg/L)	铅/(μg/L)	镉/(μg/L)	铬/(μg/L)
28	21.0	4.3	4.5	0.051	0.315	0.159	0.036	1.3	10.2	0.18	ND	ND
29	8.3	4.1	4.6	0.062	0.424	0.041	0.010	1.6	10.9	0.55	ND	ND
30	6.8	4.5	4.5	0.116	0.657	0.691	0.036	1.5	12.3	0.09	ND	ND
31	9.5	7.1	4.6	0.062	0.324	0.198	0.047	1.3	13.6	0.42	ND	ND
32	10.6	7.4	4.8	0.059	0.286	0.314	0.049	0.6	13.7	ND	0.23	ND
33	33.8	1.1	5.6	0.014	0.186	0.058	0.024	1.2	9.7	0.19	ND	ND
34	32.6	5.4	5.2	0.026	0.246	0.075	0.024	1.4	8.0	0.67	0.05	ND
35	28.5	5.8	4.8	0.031	0.371	0.824	0.162	1.7	9.8	0.18	ND	ND
36	34.1	1.7	6.0	0.024	0.246	0.051	0.040	1.9	12.5	0.07	ND	ND
37	35.4	1.1	5.7	0.020	0.318	0.028	0.018	0.8	13.8	0.37	ND	ND
38	34.8	1.4	5.8	0.015	0.352	0.033	0.006	1.2	13.5	0.14	0.04	ND
平均值	19.71	4.73	5.34	0.044	0.371	0.234	0.063	1.48	14.25	0.24	0.08	ND
最小值	3.00	0.90	4.30	0.014	0.186	0.028	0.006	0.60	8.00	0.03	0.03	ND
最大值	35.40	7.40	6.60	0.117	0.781	1.050	0.188	5.30	43.80	0.78	0.23	ND

注："ND"表示未检出。

表 4-79　2015 年八门湾沿岸排污口水质质量标准指数表

站号	COD_{Mn}	氨	总氮	总磷	石油类	铜	锌	铅	镉
1	0.65	0.78	3.91	11.15	1.18	1.06	0.71	—	0.12
2	0.45	0.19	2.13	8.25	2.64	0.24	0.59	0.03	—
3	1.20	0.12	1.09	6.55	3.76	0.44	0.48	—	0.11
4	2.10	0.23	1.60	2.55	0.80	0.56	0.51	0.26	—
5	2.95	0.29	1.34	1.95	1.58	0.22	0.67	—	—
6	2.20	0.17	1.23	9.80	1.64	0.24	0.67	0.10	0.05
7	2.95	0.15	1.08	23.10	1.16	0.38	0.63	—	—
8	3.60	0.59	2.90	11.50	2.42	0.30	0.64	0.21	—
9	2.45	0.24	2.08	10.55	1.60	0.32	0.71	—	—
10	3.20	0.75	3.39	52.50	1.78	0.22	0.84	0.07	—
11	3.10	0.63	2.62	25.70	1.84	0.32	2.19	0.35	0.09
12	3.00	0.27	1.88	46.35	0.18	0.18	0.88	—	—
13	2.75	0.23	1.38	5.55	0.84	0.30	0.79	0.30	0.03

续表

站号	COD_{Mn}	氨	总氮	总磷	石油类	铜	锌	铅	镉
14	2.85	0.18	1.53	2.40	0.78	0.14	0.66	—	—
15	2.50	0.21	1.88	3.50	0.50	0.24	0.60	0.15	—
16	2.35	0.27	2.15	2.55	1.16	0.22	0.42	0.18	—
17	2.85	0.19	1.31	4.35	1.82	0.18	0.65	0.04	—
18	2.85	0.17	1.72	5.30	3.30	0.22	0.69	0.06	—
19	2.95	0.25	2.14	4.70	1.32	0.20	0.77	—	—
20	2.90	0.25	1.64	6.65	0.72	0.32	0.93	0.16	0.03
21	2.80	0.23	1.68	7.30	0.30	0.24	0.96	0.20	—
22	2.15	0.25	1.71	5.55	1.20	0.26	0.87	0.34	—
23	1.80	0.19	1.56	5.90	0.24	0.34	0.81	0.78	—
24	3.05	0.57	2.56	4.35	2.68	0.22	0.83	0.23	—
25	1.75	0.23	1.62	4.65	0.62	0.18	0.81	0.13	—
26	3.55	0.15	1.73	25.90	1.68	0.44	0.74	—	0.03
27	3.00	0.27	2.10	21.70	1.20	0.36	0.68	0.15	—
28	2.15	0.34	1.58	7.95	0.72	0.26	0.51	0.18	—
29	2.05	0.41	2.12	2.05	0.20	0.32	0.55	0.55	—
30	2.25	0.77	3.29	34.55	0.72	0.30	0.62	0.09	—
31	3.55	0.41	1.62	9.90	0.94	0.26	0.68	0.42	—
32	3.70	0.39	1.43	15.70	0.98	0.12	0.69	—	0.23
33	0.55	0.09	0.93	2.90	0.48	0.24	0.49	0.19	—
34	2.70	0.17	1.23	3.75	0.48	0.28	0.40	0.67	0.05
35	2.90	0.21	1.86	41.20	3.24	0.34	0.49	0.18	—
36	0.85	0.16	1.23	2.55	0.80	0.38	0.63	0.07	—
37	0.55	0.13	1.59	1.40	0.36	0.16	0.69	0.37	—
38	0.70	0.10	1.76	1.65	0.12	0.24	0.68	0.14	0.04
最大值	3.70	0.78	3.91	52.50	3.76	1.06	2.19	0.78	0.23
最小值	0.45	0.09	0.93	1.40	0.12	0.12	0.40	0.03	0.03

注：“—”表示未检出。

根据测试结果，所采水样的盐度范围为 3.00～35.40，平均盐度为 19.71，属于海水和半咸水。COD_{Mn} 范围为 0.90～7.40mg/L，平均为 4.73mg/L，在潟湖内的区域所检测的 COD_{Mn} 均大于 3.5mg/L，平均在 5.47mg/L，平均值超出一类海水水质标准 1.74 倍，仅在潮汐通道至口门处的 COD_{Mn} 较小，1 号、2 号、33 号、36～38 号站位符合一类海水水质标准，其他站位均超一类海水水质标准。DO 的范围为 4.30～6.60mg/L，平均为 5.34mg/L。氨氮的范围为 0.014～0.117mg/L，平均值为 0.044mg/L，按照《地表水环境质量标准》(GB 3838—2002)，所测水样氨氮符合 I 类水质要求。总氮的测值范围为 0.186～0.781mg/L，平均值为 0.371mg/L，根据《地表水环境质量标准》中总氮的标准，平均水平超出 I 类地表水环境质量标准，所有测项符合地表水Ⅲ类水质环境质量标准，其中 1 号、8 号、10 号、11 号、24 号和 30 号站位超地表水Ⅱ类水质标准，仅在 33 号站位的总氮测值符合地表水 I 类水质标准。总磷的测值范围为 0.028～1.050mg/L，平均为 0.234mg/L，所有站位的测值均超地表水 I 类水质标准，最大值出现在 10 号站位，为 1.050mg/L，超地表水Ⅴ类标准约 1.63 倍。石油类测值范围为 0.006～0.188mg/L，平均为 0.063mg/L，均符合Ⅲ类海水水质标准，其中 4 号、12～15 号、20 号、21 号、23 号、25 号、28～34 号和 36～38 号站位符合 I 类海水水质标准。本次入海污染源调查水样中，除了 1 号站的铜、11 号站的锌含量超一类海水水质标准外，其他站位的铜、铅、锌、镉含量均符合 I 类海水水质标准。

根据调查结果分析，超标较为严重的项目为 COD_{Mn}、总氮、总磷和石油类，总磷超标最为严重，所测样品中总磷超Ⅴ类地表水环境的超标率为 52.6%。其次是 COD，超Ⅳ类海水水质标准的超标率为 21.1%。总氮满足地表水环境Ⅲ类水质标准，超Ⅱ类标准的超标率约 15.8%。石油类含量满足海水水质Ⅲ类标准，超Ⅱ类标准的超标率为 50.0%。由此可见，在八门湾潟湖沿湾入海污染源中，主要的入海污染源是养殖排污，污染因子主要为有机污染物、氮和磷。

4.7 社会经济条件

4.7.1 文昌市社会经济

1. 综合经济

2015 年，文昌市实现地区生产总值 165.21 亿元，同比增长 8.0%。分产业看，第一产业增加值 63.12 亿元，增长 6.8%；第二产业增加值 41.40 亿元，增长 7.7%；第三产业增加值 60.69 亿元，增长 9.6%。三次产业增加值占地区生产总值的比重分别为 38.2∶25.1∶36.7。全市人均地区生产总值 29887 元，按现行平均汇率计算为 4799 美元，比上年增长 1.3%。

2015 年，文昌市固定资产投资总额完成 160.02 亿元，比上年增长 12.8%。其中，房地产开发投资完成 93.39 亿元，增长 16.4%；其他投资完成 66.63 亿元，增长 8.0%。分产业看，第一、第二产业投资分别为 1.38 亿元、14.86 亿元，第三产业投资比重明显偏大，达 143.78 亿元，占投资总额的 89.9%，同比增长 12.6%。第三产业除房地产产业外，其余投资力度较大的行业有水利、环境和公共设施管理业，完成投资 38.93 亿元，交通运输、仓储和邮政业完成投资 5.36 亿元，住宿业完成投资 2.17 亿元。

全年 109 个省市重点项目完成投资 147.8 亿元，占年度投资计划 136.5 亿元的 108.3%。随着重点项目的加快推进，铺前大桥、潮滩湾风情小镇一期、月亮湾和铜鼓岭片区等一大批项目的投资建设，使投资加快增长[28]。

2. 农林牧渔业

2015 年，农林牧渔业完成增加值 63.12 亿元，按可比价格计算，同比增长 6.8%。分产业看，种植业完成增加值 25.52 亿元，增长 6.9%；渔业完成增加值 19.42 亿元，增长 8.3%；林业完成增加值 2.03 亿元，下降 8.5%；畜牧业完成增加值 16.15 亿元，增长 6.9%。生猪出栏量 24.14 万头，增长 1.0%。禽类出栏量 3156.20 万只，增长 0.3%。2015 年文昌市农林牧渔业主要产品产量及增速见表 4-80[28]。

表 4-80　2015 年文昌市农林牧渔业主要产品产量及增速

产品名称	单位	绝对数	比上年增长百分比/%
粮食	万 t	16.59	–4.0
蔬菜	万 t	47.35	–0.2
瓜果类	万 t	16.06	9.6
水果	万 t	10.95	–8.8
肉类总产量	万 t	8.03	5.1
禽肉	万 t	5.81	9.4
水产品产量	万 t	23.08	–5.0
橡胶	t	2098	–40.5
椰子	万个	5326.36	–24.7

3. 旅游业、对外经济

2015 年，文昌市旅游接待过夜人数 173.83 万人次，比上年增长 14.6%。实现旅游总收入 12.15 亿元，增长 17.8%。

2015 年，文昌市对外贸易进出口总值 40774 万元，比上年下降 12.1%。其中，出口总值 29558 万元，增长 3.8%；进口总值 11216 万元，下降 37.3%。文昌市实际利用外资总额 1790 万美元[28]。

4. 人口数量

2015 年末，文昌市常住人口 55.49 万人，城镇化率 50.37%。全市人口出生率 13.77‰，死亡率 7.05‰，自然增长率 6.72‰。市区的主要经济活动是商业和服务业[28]。

4.7.2 八门湾周边经济情况

八门湾周边城镇主要为文城镇、东郊镇、东阁镇和文教镇四个镇，户籍人口 21.7 万人，渔业人口 1.8 万人，渔业专业从业人员 1.2 万人，其中渔业捕捞专业劳动力 4597 人，渔业养殖专业劳动力 5511 人，内海捕捞产量 524t，年产值 26 万元；八门湾周边水产养殖总面积 2275hm^2（含塘壁和塘间带），海水池塘养殖面积 1235hm^2（养殖水域面积），年产量 6164t，年产值 4917 万元，其中，低位池用海面积 1141hm^2，年产量 5420t，高位池占地面积 94hm^2，年产量 744t；普通网箱养殖面积 1.15hm^2，年产量 826t。

4.8 小　　结

（1）清澜潮汐特征为不正规全日潮类型，多年平均潮差为 0.89m。

（2）清澜潮汐通道内海流流速较快，实测最大落潮流可达到 147cm/s，落潮流最大流速略大于涨潮流。八门湾湾外和内湾流速都较小。实测海流在潮汐通道内为平行岸线的往复流，湾外呈旋转流性质。内湾和湾外流速都较小。

（3）八门湾对于波浪的遮蔽性好，具有良好的掩护条件，外海波浪对内湾几乎没有影响，内湾的局部风成浪较小。

（4）八门湾旅游休闲娱乐区、清澜港农渔业区已达四类海水水质标准，主要超标因子为 COD、油类；口门外海域水质仅无机氮含量超过一类海水水质标准。超标原因主要在于八门湾潟湖内接纳大量未经处理的城镇废污水、养殖废水，养殖排泄物长期累积及受到船舶排污的影响，加上水动力条件较差，不利于污染物稀释净化，导致潟湖内污染物含量偏高。

（5）八门湾潟湖内湾表层沉积物环境质量超标。

（6）八门湾海域所调查的生物体未受污染。

（7）在八门湾潟湖沿湾入海污染源中，主要的入海污染源是养殖排污，污染因子主要为有机污染物、氮和磷。

（8）八门湾生物多样性优良，红树林物种丰富。

第5章　八门湾海域使用现状与存在问题分析

5.1　海域使用现状

八门湾内现状用海类型有：渔业用海、旅游娱乐用海、交通运输用海、造地工程用海和特殊用海。

5.1.1　渔业用海

八门湾渔业用海现状有四种方式：渔业基础设施用海、围海养殖用海、开放式养殖用海和捕捞用海。

1. *渔业基础设施用海*

渔业基础设施用海为清澜一级渔港用海，位于八门湾口清澜港区，靠近文城镇，清澜跨海大桥从渔港上方穿过，交通十分便利。清澜渔港是海南岛东北部重要渔港之一（图5-1），在全省渔港布局中发挥着重要作用。清澜渔港水深条件好，1996年经过改造扩建后，现有码头岸线长426m，码头工作面1.7hm^2，渔船泊位23个，渔港陆域面积13.4hm^2，港池面积83.4hm^2，是南海捕捞船队的主要靠泊地，建有冰厂、冷藏库等基础设施。在该港区作业的机动渔船有1509艘，机动渔船总吨位10190t，机动渔船总功率38754kW，平均吨位6.8t，平均功率25.7kW。2009年海洋捕捞总量19724t，海水养殖产量14338t，年卸港量达85000t，已超出设计能力，由于渔港扩建空间受到限制，已基本无可扩大区域。渔港内湾宽而长，是天然的避风港，文昌河河段内避风条件好，为规划渔港避风锚地。

2. *围海养殖用海*

围海养殖用海为低位池养殖用海，主要分布于文教河和文昌河河口海域，养殖池塘用海面积756hm^2，养殖水域面积450hm^2。位于清澜红树林省级自然保护区内的养殖池塘用海面积约677hm^2，约占红树林保护区面积的42%。

除了海岸线以内的低位池，八门湾沿岸还有高位池1350hm^2，其中养殖水域面积720hm^2。这些养殖池塘不与海水直接连通，岸线修测将高位池划为陆地，但池塘排放的养殖废水直接排入八门湾内，对八门湾红树林和水体等生态环境破坏很大，对景观资源的利用也造成很大影响。

图5-1　清澜渔港

养殖池塘建造分为硬化池塘（图5-2）、地膜池塘（图5-3）、地池池塘（图5-4）三种，池塘塘高一般为3m，水深1.5m，每口塘面积3～4亩，养殖品种主要为南美白对虾、斑节对虾、石斑鱼等。目前，八门湾周边2106hm^{2}养殖池塘全部被利用，基本没有弃塘、废塘现象。

图5-2　硬化池塘

图5-3　地膜池塘

图5-4　地池池塘

3. 开放式养殖用海

开放式养殖用海为网箱养殖用海，主要分布在清澜港港口区靠近东郊镇一侧，面积1.15hm^2，网箱数量93个，年产量约1000t。其中，部分渔排为渔民养殖用（图 5-5），主要养殖品种为石斑鱼、红友鱼等；靠近口门为沿岸酒店网箱养殖用海，主要养殖品种为石斑鱼、红友鱼、贻贝、扇贝等。

图 5-5　渔排网箱养殖

4. 捕捞用海

捕捞用海为定置网捕捞用海。定置网捕捞是指渔网固定设置在渔场内捕获鱼、虾的作业方式，捕捞过程中可采用诱饵、驱集等辅助渔法，以提高捕捞效果。

八门湾内定置网捕捞主要有抬网（图 5-6）、地笼（火车笼）（图 5-7）等方式。

图 5-6　抬网

图 5-7　地笼

抬网是将尼龙网片四角用树枝固定，并配有四个滑轮，固定于水中不可随意移动，渔民可投放饵料或利用灯光吸引鱼群。抬网捕鱼工艺简单，操作方便，劳动强度低，取鱼迅速，捕捞效果好，是八门湾内使用最多的捕捞方式。根据海南省海洋开发规划设计研究院于 2012 年采用定置网捕捞调查八门湾游泳生物的结果，放网至收网时长为 9h，网具的网长为 28.5m，网宽为 25.5m，网目为 1.5cm，捕捞鱼类为金带小沙丁鱼、鲻、银大眼鲳、舌虾虎鱼、鲬、少牙斑鲆、点带石斑鱼、异叶小公鱼、大斑石鲈等，虾类主要有凡纳滨对虾和斑节对虾，蟹类主要有锯缘青蟹、锈斑蟳、红星梭子蟹等。八门湾内湾及文昌河、文教河河口约 320hm^2 的水域就有近 100 张抬网，平均每 3.2hm^2 海域范围内就有一张抬网，布局十分密集。近两年，抬网数量明显减少。

地笼是一种较适宜在潟湖水域捕捞鱼虾蟹类水产品的工具，捕获率较高。地笼网是用钢筋等材料加工制成 40cm 的正方形框架，每 50cm 为一节，用绳网连接起来，外面再用聚乙烯网布包缠，网的两端或中间制成网兜。每节设一个进口，框架与框架的网片上做成须门，使鱼、虾等只能进不能出。每相连两节的进虾口方向相反，这样可捕获来自两个方向的鱼虾，渔民每天晚上天黑前将地笼置入水中，第二天早上可取 1～1.5 公斤鱼虾，且活的居多，每天可收益 100～200 元。

5.1.2　旅游娱乐用海

八门湾旅游娱乐用海主要为游乐场用海。八门湾内红树林旅游资源丰富，湾内风平浪静，适宜开展红树林海上观光活动。目前海上旅游活动以自发式游船水上观光为主（图 5-8），缺乏统一规划和管理。

图 5-8　旅游观光船

5.1.3　交通运输用海

1. 港口用海

港口用海为清澜港港口用海，位于八门湾口门清澜潮汐通道两侧，西岸为人工海岸，东岸为人工海岸和生物海岸。清澜港是一个综合性港口（图 5-9），现有码头包括清澜新港、轮渡码头、公务码头、西南中沙后勤供应专用码头、海军码头等，主要码头设施分布在清澜潮汐通道的西侧。

图 5-9 清澜港

清澜新港现有的生产性泊位为一个 5000t 级和两个 500t 级货运泊位。码头总长度 260m，综合通过能力 50 万 t/a。为了适应市场的需要，1991 年将 5000t 级货运泊位改为油气泊位。改变用途后，5000t 级油气泊位接卸的货物主要有液化石油气、柴油、汽油等，平均每年卸油量 6 万～7 万 t。500t 级货运泊位主要运输货种为石英砂、木材和少量杂货。

轮渡码头后方与清澜镇区相邻，它与东郊的两个轮渡码头一起承担清澜与东郊镇之间的水路交通运输，清澜大桥建成通车后，轮渡码头基本废弃。

公务码头包括海警码头和海关码头，分布在公务码头区的南侧，码头岸线长约 360m。

西南中沙后勤供应专用码头是承担西南中沙后勤供应的专用码头，码头岸线为 150m，陆域纵深约为 160m，陆域总面积约为 $2.5hm^2$。

海军码头岸线长 300m，后方包括海军码头所属用地，用地面积约为 $27.6hm^2$。

2. 航道用海

清澜港进港主航道位于清澜潮汐通道内，为清澜港各船舶进港的主航道。2007 年航道按 5000t 级航道整治扩建后，航道宽度为 68m，底标高 7.3m。

3. 锚地用海

清澜渔港渔船待泊、联检锚地区为长方形锚泊区，沿潮汐通道自里向八门湾口外依次分布有 100～300hp（马力，1hp = 745.7W）渔船锚泊区（长 300m，宽 300m）、300～500hp 渔船锚泊区（长 550m，宽 300m）、500～600hp 渔船锚泊区（长 600m，宽 250m）。100hp 以下渔船锚泊区（长 300m，宽 200m）分布在 300～500hp 渔船锚泊区北侧，各锚泊区间距离 30m。锚泊区面积共计 46.5hm^2。该锚泊区水流平缓，底质上层为淤泥混粉砂，易于抛锚，提供渔船无台风期间锚泊。

4. 路桥用海

清澜大桥（图 5-10）连接文昌市清澜镇和龙楼镇，跨越八门湾潮汐通道，位于文昌市新市区清澜港至东郊镇码头之间，跨海桥梁全长 1148m，涉海部分段长约 1040m，大桥主跨长 300m，宽 34m，海域总面积为 7.66hm^2。目前，清澜大桥已建成通车。

图 5-10　清澜大桥

5.1.4　造地工程用海

八门湾造地工程用海主要有海南麟瑞工贸有限公司的旅游娱乐用海、海南文昌传奇房地产开发有限公司填海造地用海、海南文昌和友旅业发展总公司填海造地用海，总面积约为 5.8hm^2；文昌市东郊椰林湾海上休闲度假中心围填海项目用海，面积约为 25.2hm^2；海南中坤渝安投资有限公司的填海造地用海，面积约为 121.1hm^2。

5.1.5 特殊用海

八门湾特殊用海主要为清澜红树林自然保护区（八门湾片区）用海，是 1981 年依据海南行政区公署（海行〔1981〕151 号）文件建立的，是我国建立的第二个红树林自然保护区，也是迄今为止我国红树林保护区中红树林资源最多、树种最多、红树植物群落保持最为完整的自然保护区，是国家重要湿地自然保护区之一（图 5-11）。保护区总面积为 2914.5962hm^2，包括铺前罗豆部分、八门湾部分、清澜会文部分和龙楼部分，其中八门湾部分面积 2019.9hm^2，养殖池塘占该面积的 42%。

图 5-11　红树林自然保护区

5.1.6 海域使用现状评价

目前，八门湾用海现状为红树林保护区用海、清澜港港口用海、清澜渔港用海、养殖池塘用海、定置网捕捞用海、渔排网箱养殖用海、旅游娱乐用海、造地工程用海、清澜跨海大桥用海、特殊利用区用海。其中，围海养殖用海占用了大量红树林保护区，部分养殖池塘的建设破坏原有红树林资源；定置网捕捞渔具布局密集，给内湾船舶通行带来极大安全隐患，对八门湾景观环境造成影响；渔排网箱养殖占用清澜港港口航运区，为船舶航行带来安全隐患，养殖设施陈旧，对八门湾景观环境造成影响。八门湾用海现状如图 5-12 所示。

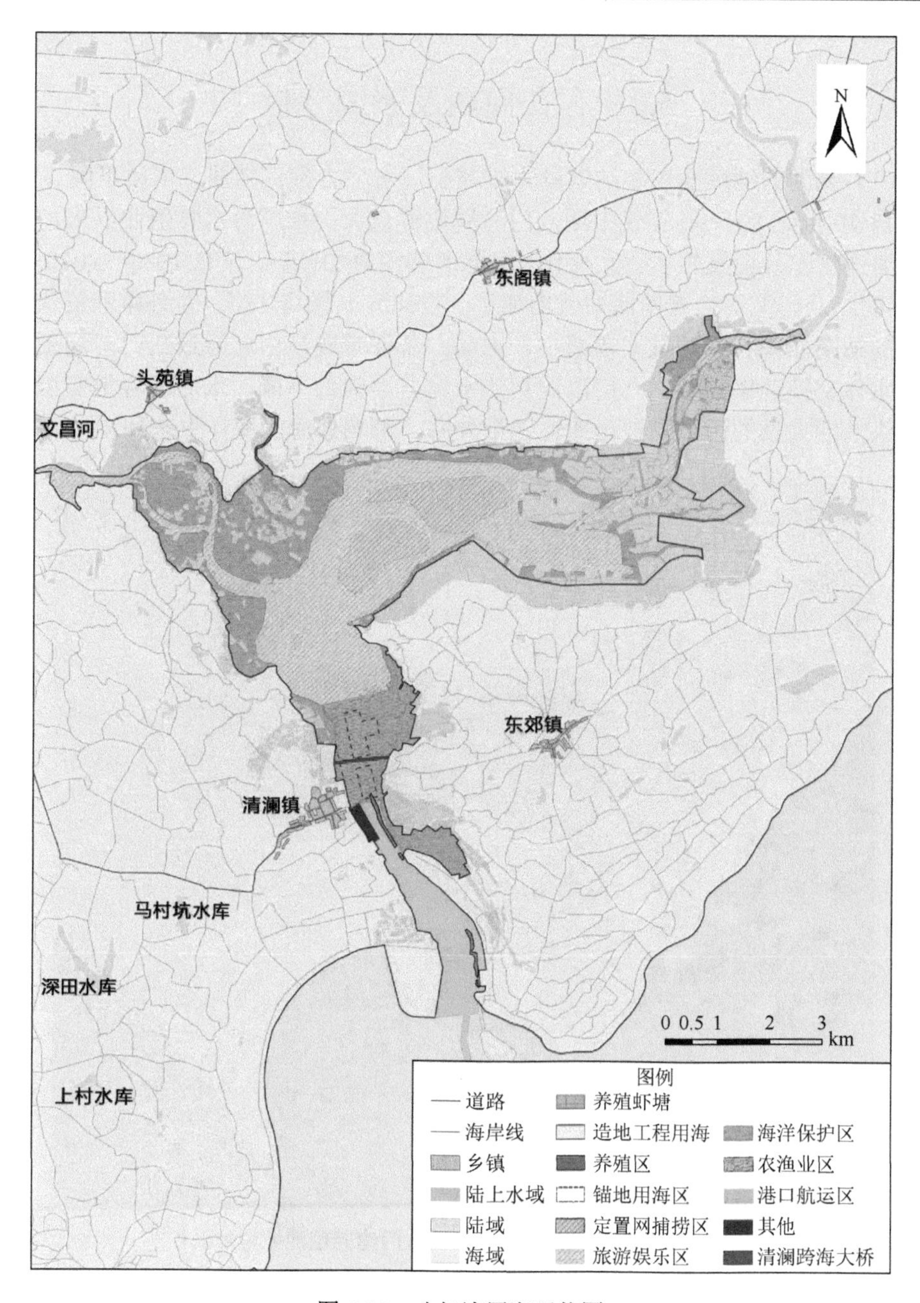

图 5-12　八门湾用海现状图

5.2　存在问题及原因分析

（1）潟湖的纳潮面积和纳潮量大幅减小，水动力条件减弱，水质下降。

自 20 世纪 80～90 年代中期八门湾周边群众大力推广海水养殖业以来，八门湾的海洋生态环境发生了很大变化。根据遥感图叠加分析，仅在 1988～2010 年的 13 年间，八门湾周边养殖池塘就增加了 1370hm²（图 5-13）。围海养殖使八门湾潟湖的纳潮面积和纳潮量大幅减小，水动力条件减弱，由此导致八门湾潟湖与外海的水体交换速率变缓，八门湾潟湖的水体自净能力下降，水环境容量变小，特别是洪水期大量的污染物被迅速输送至外海，影响外海的海洋生态环境。

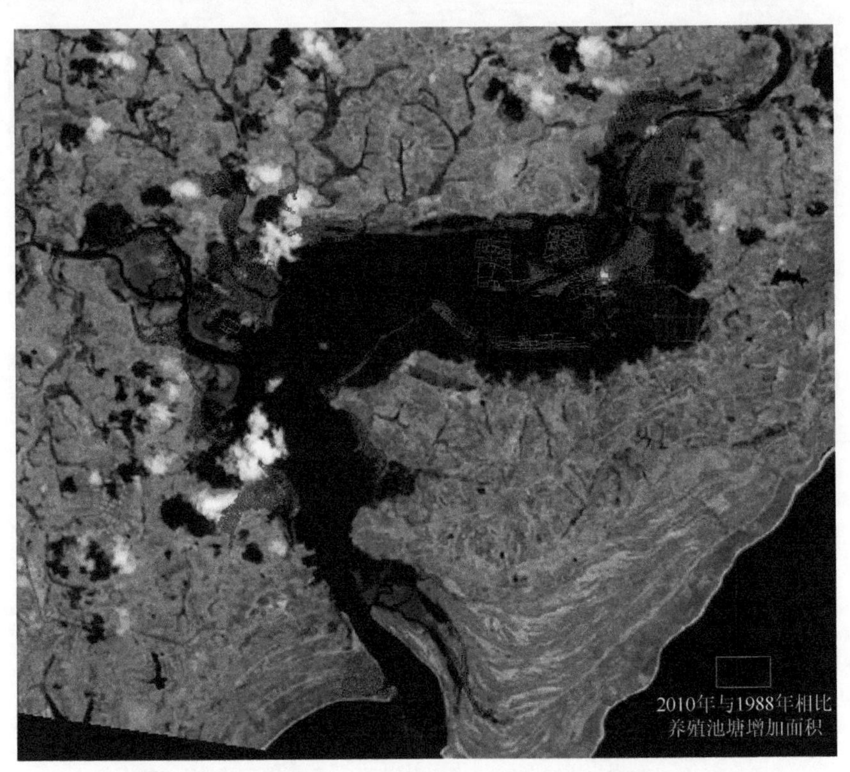

图 5-13　2010 年与 1988 年相比八门湾养殖池塘增加面积

另外，纳潮量也受到清澜港潮汐汊道内和口门外西侧浅滩围填海的影响。近年来，清澜港潮汐汊道内相继建成了清澜新港码头、海警码头、清澜渔港码头，八门湾内湾、清澜港潮汐汊道和口门处的围填使清澜港潮汐通道的过水断面面积减小，涨潮流变弱，纳潮量变小。据岸线修测成果计算，八门湾修测岸线所包括的海域面积约 3966hm²，其中红树林与养殖池塘面积约 1600hm²，纳潮水域面积

（不计红树林和养殖池塘面积）为 $2366hm^2$，大潮期纳潮量约 $3.785\times10^7m^3$，平均纳潮量约 $2.153\times10^7m^3$。按照八门湾现状条件下的纳潮量计算潮汐通道达到均衡态的断面面积要小于目前清澜港潮汐通道最窄处的过水断面面积，据此判断清澜港的过水断面面积有进一步缩小的趋势。

（2）防灾减灾能力不足，河道淤积及河口围填养殖导致行洪不畅。

洪水期文昌河和文教河的行洪能力下降，文昌市城区和低洼地容易积水。行洪能力下降除了受河道淤积和溪流支汊被围填的影响之外，也因为大量养殖池塘设在文昌河和文教河河口处，导致上游本已居高不下的洪水更难向八门湾内排放。据统计，文昌河和文教河每年向八门湾内输沙约 10 万 m^3，输沙大多沉积在河口，造成淤积。根据地形测量数据，文昌河和文教河河口平均水深均为 1m 左右，再加上河口两侧大规模围垦养殖，导致行洪不畅。2010 年 10 月，海南省发生 50 年不遇的持续强暴雨，文昌市是重灾区，由于文昌市地势平坦，文昌河和文教河河道弯曲，过水断面小，上游水土流失严重，下游河口河床淤浅，水流不畅，造成洪涝灾害，八门湾内红树林湿地也遭受重灾，损失十分惨重。

（3）红树林湿地生态系统遭受威胁。

红树林湿地是重要的湿地资源，是海洋动物的良好栖息地和许多水鸟的良好觅食地及越冬地（图 5-14），具有防风消浪、促淤保滩、固岸护堤、净化海水和空

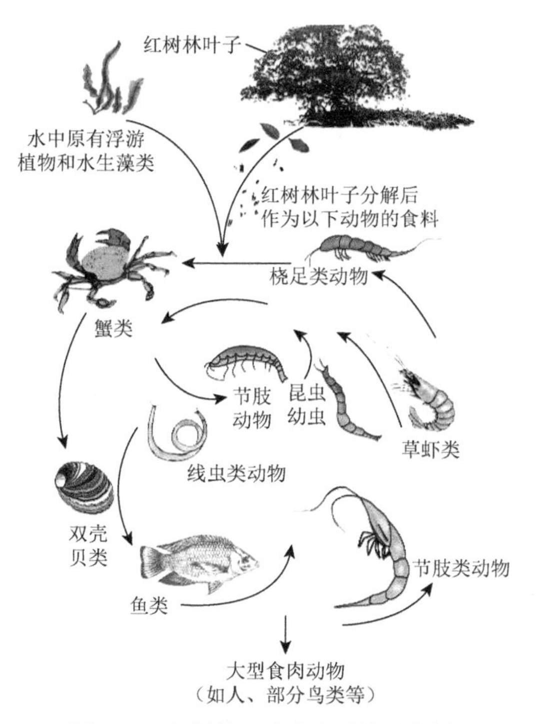

图 5-14　红树林湿地生态系统示意图

气等功能，有着陆地森林不可取代的作用。由于它所发挥的巨大功能日益为人们所认识，保护红树林湿地资源已成为国际社会的共识[29]。1998 年《海南省红树林保护规定》的颁布实施，对海南省红树林资源的保护起到了重大作用。

但自 20 世纪 80 年代末，海南省掀起海水养殖热潮，八门湾内大量滩涂和大面积红树林被开挖，用于建设养殖池塘（图 5-15），红树林湿地面积大幅减少。目前，红树林保护区内围垦养殖池塘面积 677hm^2，占保护区（八门湾片区）总面积的 42%，八门湾内红树林生态遭到严重破坏。同时，养殖废水、清塘底泥废水未经处理直接排海，残饵、排泄物等养殖废物大部分沉降于海底，成为海底沉积物的永久性污染源，使潟湖内水体环境恶化，影响红树林的生长（图 5-16～图 5-18）。养殖过程中大量使用的抗生素、消毒剂和农药残留排入八门湾，不仅污染了滩涂，还毒杀了害虫天敌，破坏了红树林系统的食物链和食物网。

图 5-15　低位池紧邻红树林生长区

图 5-16　邻近网箱养殖区枯死的红树林

图 5-17　养殖池塘内死亡的拟海桑

图 5-18　养殖池塘内正在死亡的正红树

除此之外，部分高位池采用硬水泥面依湾而建，破坏了沿岸植被和水生生物赖以生存的基础，压占滩涂，挤压红树林生长空间，同样使红树林湿地生态遭受破坏（图 5-19）。

图 5-19　正在衰退的海莲

（4）潟湖内水体污染较严重，污染物承载能力一般。

随着城市化发展进程的加快和城镇人口的增多，大部分生活污水和工业废水未经处理经文教河、文昌河汇集后排入八门湾，污染物总量持续增多，而沿湾乡镇城市污水管网建设严重滞后，造成潟湖内水质恶化。

由于缺乏科学规划，布局不合理，八门湾海水养殖密度过大，沿湾岸线基本被高位池和低位池占据，特别是高位池养殖废水排放量大且未经处理直接排海，高位池养殖废水年排放总量为 7047 万 t，占八门湾年污水排放量绝大部分，严重影响了潟湖水体环境质量。同时八门湾内网箱养殖残留饵料、养殖生物排泄物长期累积，部分区域生活垃圾的直接堆放，以及清澜港港口作业排污、清澜渔港渔船排污，也是造成八门湾内水体环境恶化的重要原因。

此外，由于八门湾为潟湖港湾，口门通道较窄，大量养殖池占据潟湖水域面积，潟湖纳潮量减少，同时受口门附近网箱养殖设施、潟湖中部的定置网捕捞设施和口门外围填海工程等阻拦作用，湾内水动力交换缓慢，陆源污染物得不到及时的稀释扩散，滞留在湾内，同样造成潟湖内水体环境恶化。洪水期大量的污染物被迅速输送至外海，还会影响口门外近岸海域的水体环境。

以平均纳潮量为计算参数，利用半日潮潮汐系数换算测算出八门湾 COD 环境容量为 1.880t/潮周期、3.718t/d、1369.62t/a。总体来说，八门湾污染物承载能力水平一般。

（5）部分岸段遭受侵蚀。

据现场勘察和当地居民反映，在清澜港潮汐通道出口东侧岸段处有侵蚀现象（图 5-20）。清澜港航道的疏浚导致潮汐汊道深泓下切，横断面坡度变陡，加上清澜港口门西侧的浅滩围填造地使得落潮流主流方向更加偏向于口门东侧。

与此同时，东郊椰林人工岛的建设拦截进入清澜港航道的沿岸输沙，泥沙来源减少、水动力增强和水下岸坡坡度变陡的综合作用导致清澜港潮汐通道口门的东岸部分岸段遭受侵蚀。

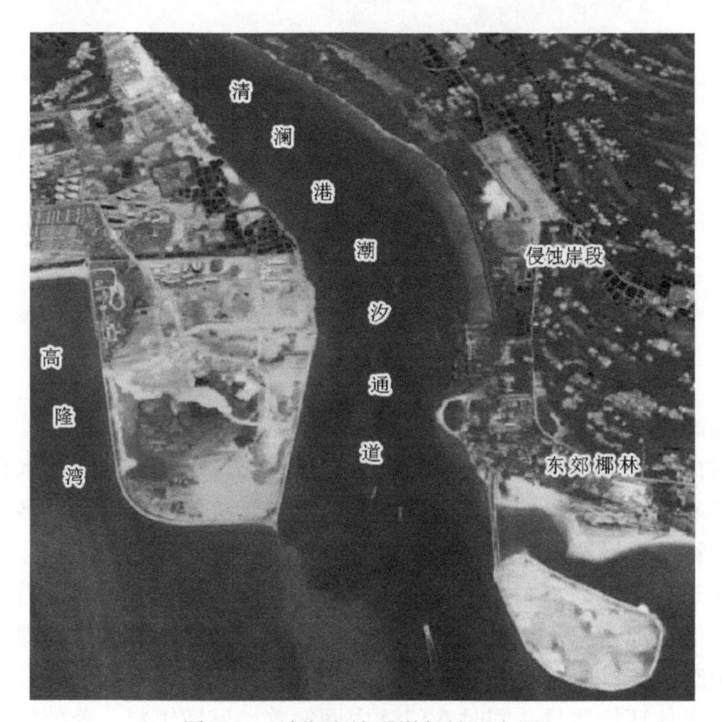

图 5-20 清澜潮汐通道侵蚀示意图

（6）水母暴发。

水母（jellyfish）是一个泛称，主要包括刺胞动物门（Cnidaria）的水螅虫纲（Hydrozoa）、管水母亚纲（Siphonophorae）和钵水母纲（Scyphozoa）等具有固着水螅型和浮游水母型的水母，以及终生营浮游生活的栉水母门（Ctenophora）水母。在我国海域已发现的水母有 35 种[30]。

在全球变化和人类活动影响下，海洋生态系统的结构与功能发生了很大的变化，海洋赤潮、绿潮、白潮（水母暴发）等生态灾害在多重压力下不断出现[31]。全球海洋中的水母数量有所增加，在一些局部区域出现了水母种群暴发的现象，主要是在近海，特别是一些重要的渔场和高生产力区[32]。从全球范围来看，白令海、黑海、地中海、纳米比亚、南非西海岸、墨西哥湾及南大洋等全球不同海域[33]，均有水母暴发现象的报道，近年来我国东海、黄海的水母暴发规模和频率呈现逐年加重的趋势。

水母暴发已经形成重要的生态灾害，对沿海工业、海洋渔业和滨海旅游业等造成严重危害[32]。诸多研究表明，水母的大面积暴发与全球气候变化、海洋渔业活动、海洋水体富营养化、海岸带工程等密切相关，水母暴发现象是海洋生态系统演变的一种具体体现。水母暴发的原因、生态危害、如何应对等是一个世界性难题，引起全球沿海国家的重视，也是国际海洋生态系统研究领域的焦点问题之一[32]。

孙松[34]通过大量实验结果和大规模海上考察及综合分析，从基础生物学和生态学的角度，对中国近海水母暴发的机理提出一种新的理论模式：水母生活史中的大部分时间以水螅体的形式生活在海底；水母种群的暴发是水螅体对环境变异的一种应激反应，是为了逃避动荡环境、扩大分布范围、寻求新的生存空间，为种群繁衍寻求更多的机会的一种生存策略。导致水母种群暴发的关键过程是海洋底层温度的变动和饵料数量的变化，全球气候变化和富营养化是中国近海水母暴发的最重要诱发因素。水母暴发是全球变化下海洋生态系统演变的一种综合体现。

我国报道过的水母暴发事件较少，主要发生在渤海、黄海和东海海域，而在南海较为少见。在我国海域暴发的大型水母主要有海蜇（*Rhopilema esculentum*）、沙海蜇（*Stomolophus meleagris*）、白色霞水母（*Cyanea nozakii*）和发形霞水母（*Cyanea capillata*）[35]。岑竞仪等[36]首次记录了在海南文昌八门湾清澜港海域监测到的黄斑海蜇（*Rhopilema hispidum*）暴发。

岑竞仪等[36]跟踪监测了2011年5月八门湾清澜港海域的水母暴发（图5-21），种类有黄斑海蜇、鞭腕水母（*Acromitus flagellatus*）和陈嘉庚水母（*Acromitus*

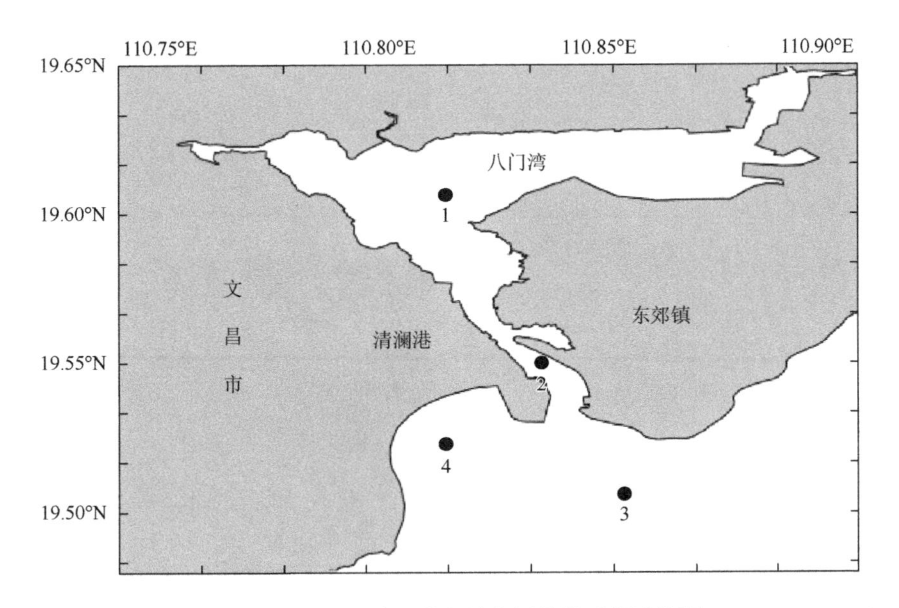

图5-21　八门湾清澜港海域水母暴发采样站位图

tankahkeei），其主要原因种为黄斑海蜇。水母暴发期间，水体浊度大，并呈褐色，黄斑海蜇暴发区为 1 号和 2 号站位附近海域，3 号和 4 号站位为非暴发区，水母最大密度出现在 2 号站位，每立方米可达 30 多个成蜇。水母暴发期间观察到幼蜇伞形直径范围为 1～2cm，成蜇伞形直径范围为 8～15cm，外伞表面有黄褐色斑点。水母暴发期间伴随着热带骨条藻（*Skeletonema tropicum*）藻华，细胞密度最高达 7.34×10^8cells/L，藻华主要发生在内湾 1 号站位到外湾 2 号站位之间海域。

岑竞仪等[36]认为2011年5月八门湾清澜港海域水母暴发主要是由于内湾的大型藻类养殖网、外湾的鱼类养殖区和正在修建的跨海大桥为水母幼体提供附着的生境。3 月水体中浮游植物大量繁殖，海域中浮游动物数量增加，为水母暴发提供了物质基础。水母暴发后，通过捕食使水体中浮游动物数量迅速减少，并且大量的水母排泄物使水体中可溶性无机氮升高，从而使浮游植物数量急速增加，最后形成热带骨条藻藻华。

2012 年 6 月和 2015 年 6 月八门湾海域环境质量现场调查期间，也同样发现潟湖内水母暴发的现象（图 5-22）。水母暴发是八门湾海洋生态系统发生变化的重要现象之一，我们不能轻视，今后有必要对八门湾水母暴发进行专门的研究。

图 5-22 八门湾潟湖内水母暴发（摄于 2015 年 6 月）

（7）渔业养殖捕捞开发管理无序。

八门湾养殖池塘开发无序，高位池约 1350hm^2，低位池约 756hm^2，大部分未办理养殖证和海域使用证。沿湾大量滩涂被开挖建塘养殖，缩减了海洋生物栖息繁衍地面积，阻碍了陆地生态系统和海洋生态系统的物质、能量和信息交流，进而影响到生态系统的自我维持力，加上长期的过度捕捞，导致生物多样性下降。养殖废水排放严重影响八门湾水动力条件和水生生态环境。

2013 年，八门湾内湾及文昌河、文教河河口约 320 万 m^3 的水域就有近 100 张抬网，定置网捕捞规模大、布局密、网眼小、管理无序（图 5-23），无休渔期，严重破坏了八门湾渔业资源和生态环境。据对当地渔民的访谈，八门湾内渔获物的种类、数量显著减少，个体明显偏小。抬网对海上通行也产生了较大安全隐患。近两年抬网数量明显减少，但仍有部分渔民私自乱下抬网。

图 5-23　八门湾潟湖内密布的定置网捕捞设施

位于潮汐通道处有 1.15hm^2 的渔排网箱养殖，全部位于清澜港港口航运区航道区附近，随着清澜港港口功能的完善，现有渔排网箱养殖对通航将产生不利影响，且港口航运区执行四类或三类海水水质标准，而养殖用海应执行二类海水水质标准，因此，港口航运区内不应设置渔排网箱养殖用海。

5.3　小　　结

八门湾潟湖现存主要问题在于池塘养殖、定置网捕捞、清澜港潮汐汊道内和口门外西侧浅滩围填海、污水排放等人类开发活动导致潟湖面积减少、纳潮面积和纳潮量大幅减小、水动力条件减弱、水体自净能力降低、水质下降、水环境容量变小、红树林资源遭到破坏、红树林生态环境遭受威胁；文教河、文昌河等河流每年携带大量泥沙流入门湾，大多数泥沙沉积在河流入海处，造成河口处淤积严重，加上河口两侧大规模围垦养殖，导致流水不畅，特别是洪水期引起壅水，如果遇上天文大潮顶托，文昌河和文教河洪水难以消退，造成洪水淹城，同时，泥沙淤积也严重影响了八门湾的通航能力。另外，由于多年来管理力度不够，渔业养殖的无序发展造成滨湾、滨海养殖区占用大量海岸带和红树林生长区域，影响景观资源的开发和利用。

未经处理的污水和潟湖自净能力下降的共同作用，使得目前八门湾潟湖的水质变差，水体自净能力变弱。改善八门湾潟湖的水体环境需从两方面入手：一是控制排污总量；二是提高水体自净能力。控制污染源和减少排污量是根本。提高水体自净能力可采取一定的海洋工程措施，如拓展潮汐汊道口门宽度、疏浚八门湾内部分浅滩、退塘还林、退塘还海、严格控制潮汐汊道内的填海、增加红树林面积等。其中，拓展潮汐汊道口门宽度、疏浚八门湾内部分浅滩、退塘还林、退塘还海等工程对改善洪水期排洪问题也将起到一定作用。

目前，八门湾处在“亚健康”状态，因此对八门湾进行有效的规划和整治很有必要。通过退塘还林、退塘还海以及河道清淤等措施，增加潟湖水体与外海的水交换速率，提高八门湾潟湖的水环境容量，改善湾内的生态环境质量，同时缓解行洪压力；通过退塘还林等措施，增加红树林面积，保持红树林生态系统的稳定。

为了增加八门湾的纳潮量，改善八门湾内水质和生态环境，提高八门湾内的行洪能力和通航能力，拟在八门湾内进行疏浚、退塘还林和退塘还海工程。疏浚、退塘还林和退塘还海工程完成后八门湾的水环境如何变化，如纳潮量将增加多少、行洪能力是否会提升、八门湾口门是否能维持足够的断面面积、水交换周期是否会改善以及是否会引起盐水入侵等都是应该关注的重点问题。

第6章　八门湾潟湖综合整治工程方案研究

6.1　综合整治目标

八门湾综合整治应以可持续发展思想为指导，突出生态治湖理念，在确保国民经济持续增长的前提下，实现八门湾功能、环境综合改善，使红树林生态系统得到恢复和保护，沿岸景观服务价值显著提升。总体满足行洪、通航、观光需求，生态、环境保护和恢复需求，侵蚀岸段修复需求，打造具有海南特色和独具代表性的八门湾国家级湿地公园。

拟通过整治工程达到以下目标。

（1）增加八门湾潟湖水面面积，以达到增加纳潮面积、加快潟湖水体交换速度、增大潮流挟沙力，减缓潟湖自然衰退过程；

（2）潟湖周边养殖池塘部分清退，恢复海域和红树林面积；

（3）潟湖水体环境和生态环境得到改善和恢复，沿岸景观环境得到美化和加强；

（4）通过疏浚工程使内湾水深平均高程达到–3.0m（设计水位基准面为85高程，为当地理论深度基准面以上0.383m，下同）、河道平均高程达到–2.0m，缓解排洪压力，满足船舶通航需求；

（5）口门侵蚀岸段得到修复和保护；

（6）养殖和捕捞活动得到清理和整治，保护渔业资源，确保船舶通行安全。

6.2　总 体 思 路

八门湾综合整治的总体思路是以分析八门湾现状和存在问题入手，提出解决问题的工程方案，围绕疏浚工程、退塘还林、退塘还湖、定置网捕捞整治、渔排改造、侵蚀岸段修复等工程开展论证研究，通过整治方案的实施，着力改善八门湾及周边生态环境和水动力环境，实现人与自然和谐发展。

6.3　疏浚方案研究

6.3.1　疏浚的必要性

文昌河和文教河每年向八门湾内大量输沙，导致河道、河口和内湾淤积，造成行洪不畅，淤积也会导致水体环境容量变小，水体自净能力减弱，水质下降，同时，淤积区域水深较浅，不利于船舶通行。因此，为了改善潟湖水质、缓解行洪压力、满足船舶通行需求，对文昌河和文教河河道、河口和八门湾内湾规划的游艇航道进行疏浚是十分必要的。

6.3.2 疏浚工程概述

八门湾疏浚项目包括河道、内湾规划的游艇航道的疏浚，疏浚总工程量约400万m^3，文昌河及文教河疏浚至–2.0m，内湾游艇航道疏浚至–3.0m。根据地质钻探资料，该工程的疏浚土主要为淤泥、细砂。由于八门湾河道及湾内两岸为红树林保护区，疏浚难度和制约因素不同于其他海域，疏浚方案应重点考虑对红树林生态环境的影响。

6.3.3 疏浚范围和深度

八门湾内湾和文昌河、文教河流域两岸有约771hm^2红树林资源，旅游资源丰富，因此，八门湾的疏浚工程不同于其他海域，疏浚方案的范围和深度应重点结合红树林生态环境及游览观光的需要。本方案设计考虑游艇的实用性和安全性，结合实际资料确定的设计代表船型尺寸见表6-1。

表6-1　设计代表船型　（单位：m）

船舶名称	主要尺度			备注
	总长 L	型宽 B	满载吃水 T	
60英尺游艇	18	5.4	1.2	主设计船型（近期）
100英尺游艇	30	6.2	1.8	主设计船型（远期）

注：1英尺≈3.048×10^{-1}m。

1. 疏浚范围研究

（1）内湾疏浚主要针对游艇航道，游艇进出河道的选线应满足游艇航行安全要求，结合总体规划、自然条件等因素综合确定，并适当留有发展余地。航道疏浚范围的确定主要考虑设计游艇的船型及游艇安全航行的航道有效宽度，航道疏浚设计边坡坡度根据土质确定为1∶10。

内湾疏浚还应考虑疏浚工程对红树林的影响。红树群落是指生长在热带潮间带的木本植物群落，红树植物有长期只生长于受到潮汐浸润的潮间带的真红树和只有高洪期方可浸润的高潮带以上或具有两栖性的半红树植物。红树的垂直分布主要在平均低潮位和平均高潮位之间的中潮带至平均高潮位和特高潮之间的高潮带，一些先锋种类可分布到特低潮位和平均低潮位之间的低潮带（图 6-1）。内湾疏浚方案距离红树林生长区域稍远，采取适当保护措施，疏浚不会对周边红树产生影响。

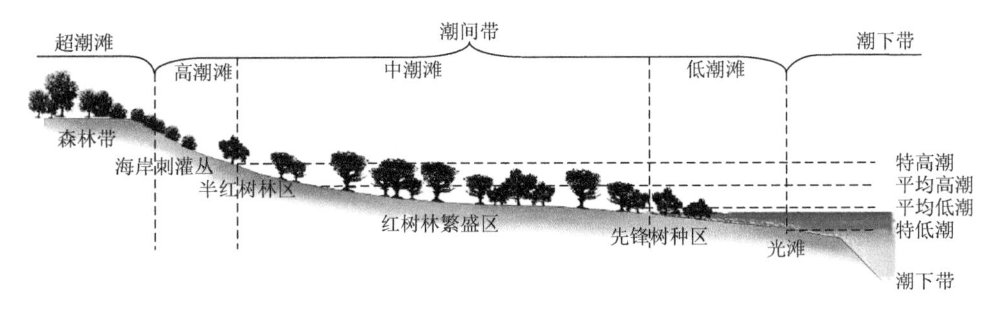

图 6-1　红树林海岸滩涂各潮区及植被分布示意图

规划游艇航道根据《游艇码头设计规范》（JTS 165-7—2014）规定，航道有效宽度按 6 倍通航设计船宽确定。因此，本方案游艇航道有效宽度为 33m，考虑远期更大的游艇通航，按 50m 进行设计。

（2）保持与红树林保护区的安全距离是河道疏浚的制约因素，红树林保护区外边界外扩 10m 作为疏浚范围边界线。文昌河和文教河河道较窄，为了与河流上游疏浚方案衔接，同时满足游船通行需要，在文昌河一条分支河道和文教河河道进行疏浚，文昌河另一条河道水深平均达到–1.5m，局部水深达到–4.0m，暂不疏浚。为了保护文昌河和文教河河道两侧红树林，疏浚方案从红树林外边界各外扩 10m 作为安全距离开始放坡，疏浚设计边坡坡度根据土质确定为 1∶7。

2. *疏浚深度研究*

（1）内湾疏浚深度的确定。目前内湾水深为–1.0m 左右，疏浚深度的确定一是与水务部门的文昌河、文教河河道疏浚高程设计衔接，二是考虑增加潟湖纳潮量，三是满足船舶通航要求。

根据《游艇码头设计规范》（JTS 165-7—2014）规定，航道设计底标高按以下公式计算：

$$D_0 = T + Z_0 + Z_1 + Z_2 \tag{6-1}$$

$$D = D_0 + Z_3 \tag{6-2}$$

式中，T 为设计船型满载吃水（m）；D_0 为航道通航水深（m）；D 为航道设计水深（m）；Z_0为游艇航行时船体下沉值（m）；Z_1为龙骨下最小富裕深度（m）；Z_2为波浪富裕深度（m）；Z_3为备淤深度（m）。

航道设计底标高＝设计低水位–航道设计水深，航道设计水深计算见表 6-2。则航道设计底标高为

100 英尺游艇：–0.163–2.9＝–3.063m，取–3.0m；

60 英尺游艇：–0.163–2.15＝–2.313m，取–2.5m。

表 6-2　航道设计水深计算表　（单位：m）

船舶吨级	计算参数						
	T	Z_0	Z_1	Z_2	Z_3	D	取值
100 英尺游艇	1.8	0.2	0.5	0	0.4	2.9	–2.9
60 英尺游艇	1.2	0.15	0.4	0	0.4	2.15	–2.15

根据《文昌市文昌河出海口段清淤工程设计报告》对文昌河出海口处河岸段进行疏浚工程设计，疏浚高程在–2.6～–2.9m；根据《文教河河道清淤疏浚工程规划报告》，文教河疏浚范围在上游河流至河海分界线，疏浚高程平均为–2.3m。考虑行洪需求，内湾疏浚高程应比河道深，同时为了增加潟湖纳潮量，以及结合游艇航道规划建设，满足游艇船舶通航需求，综合考虑确定内湾航道疏浚至–3.0m。

（2）目前文昌河和文教河河道内水深为–1.0m 左右，河口水深不足 0.5m。为了与文昌河和文教河疏浚方案衔接，保障行洪需要，对文昌河和文教河河道进行疏浚。考虑文昌河和文教河河道较窄，文昌河河道最宽只有 250m，最窄仅 70m，文教河最宽处 170m，最窄仅 60m，且河道两侧红树林生长茂盛，疏浚方案不宜过深。本次文昌河和文教河疏浚高程控制为–2.0m。疏浚工程实施后的文昌河和文教河河道既能满足上游河流行洪需要，同时也能满足小游艇和游船通航需要。

6.3.4　疏浚技术经济指标

八门湾疏浚方案共包括五个区域，总面积 499.4hm^2，疏浚方量 400.79 万 m^3（不含超深、超宽方量），各区块具体方案如下。

疏浚区域 1：位于文昌河河道内，疏浚至–2.0m，疏浚方量 96.52 万 m^3（不含超深、超宽方量），土质为淤泥及混合砂。

疏浚区域 2：位于文昌河口门，疏浚至–3.0m，疏浚方量 118.39 万 m^3（不含超深、超宽方量），土质为淤泥。

疏浚区域 3：位于文教河河道，疏浚至–2.0m，疏浚方量 35.59 万 m^3（不含超深、超宽方量），土质为淤泥及混合砂。

疏浚区域 4：位于文教河河道，疏浚至–2.0m，疏浚方量 4.21 万 m^3（不含超深、超宽方量），土质为淤泥及混合砂。

疏浚区域 5：位于八门湾内湾、规划游艇航道、文教河河口，疏浚至–3.0m，疏浚方量 146.08 万 m^3（不含超深、超宽方量），土质为淤泥和细砂。

6.3.5　疏浚施工方案

1. 施工船舶的选择与配套

本次疏浚工程主要集中在河道、内湾的游艇航道，河道局部疏浚水域宽度较窄，水深较浅，土质为淤泥或淤泥混合砂；内湾的游艇航道面积不大，水深也较浅，土质为淤泥或细砂，根据工程特点均采用“抓斗式挖泥船＋开底泥驳”施工工艺，疏浚料由业主安排抛弃。

2. 疏浚施工流程

开工展布时，挖泥船被拖至施工区，按照全球定位系统（global positioning system，GPS）定位系统进行定位。实测水深与施工图水深核对相符后，随即放下抓斗，定住船位。然后根据水流、风向情况，依次抛锚展布。根据施工区的土质特性和挖泥船的性能，一般采用纵挖式施工，不同施工条件应采用分段、分层施工的方法达到设计要求。施工中挖泥船根据潮位适时调整启闭钢缆长度，来满足施工中不同挖掘深度的需要，确保工程质量。抓斗挖泥船在疏浚时采用环保型抓斗。

通过抓斗船的挖泥机具抓斗，将疏浚土装至自航泥驳，然后由泥驳将疏浚土抛至业主指定抛泥区。抓斗式挖泥船施工流程见图 6-2。

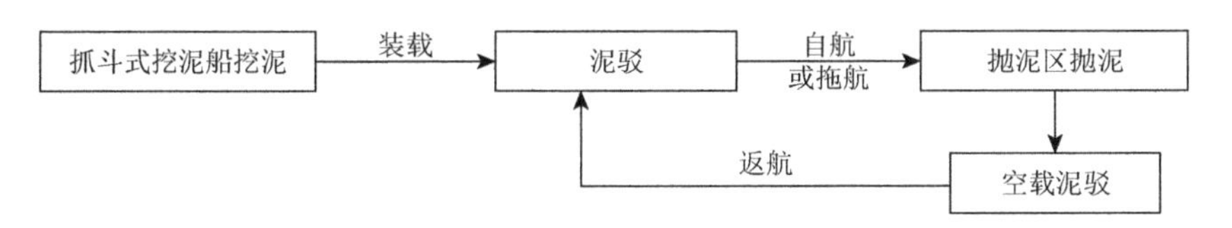

图 6-2　抓斗式挖泥船施工流程图

6.3.6　疏浚方案水动力影响分析

1. 疏浚工程前后流场变化分析与研究

为能反映本工程项目区域附近的流场特征，给出潮汐动力较强的大潮情况，落急与涨急流场分别见图 6-3 和图 6-4。流场的数值计算结果表明：受地形的

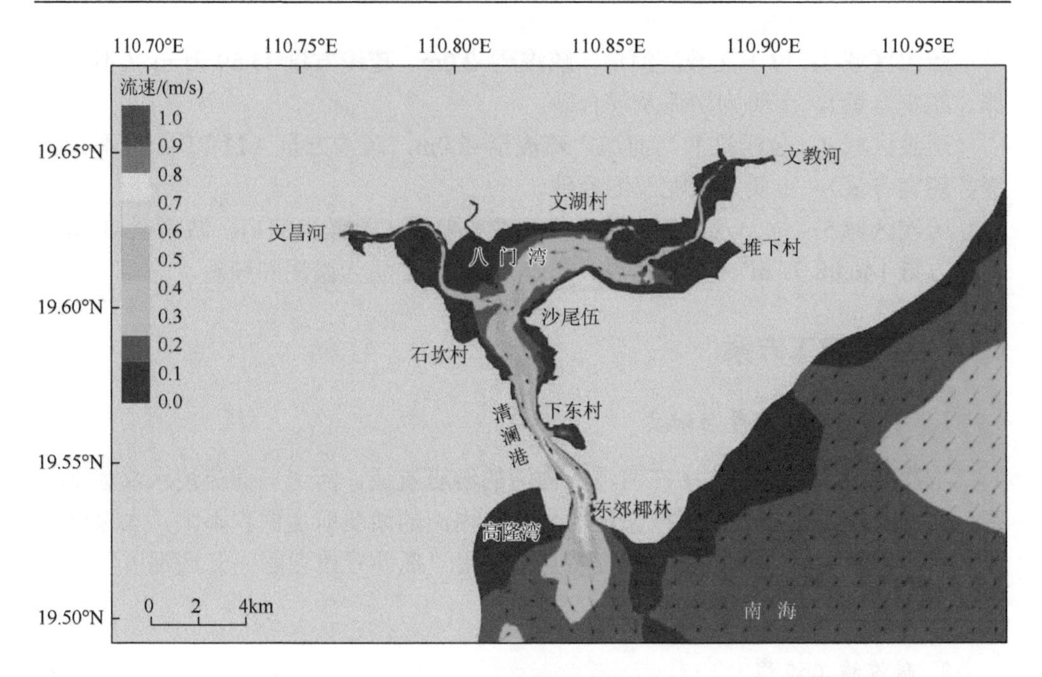

图 6-3　工程前落急流场

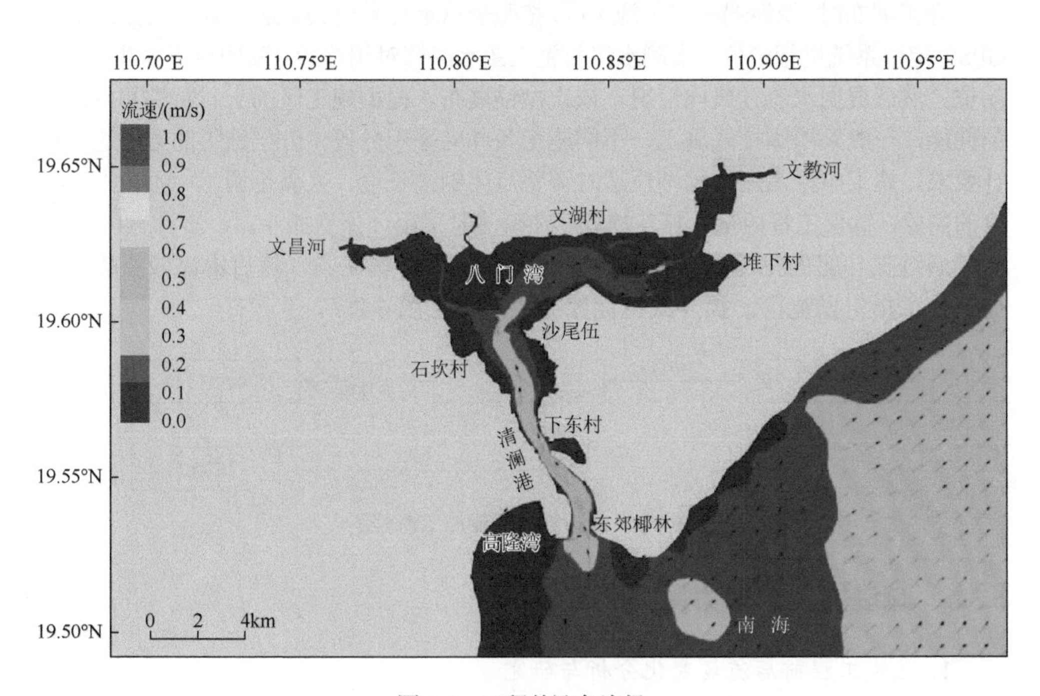

图 6-4　工程前涨急流场

约束，潮流沿清澜潮汐通道呈近南北方向往复流动。落急时刻，清澜潮汐通道深槽内落急流速在 85cm/s 左右，落潮过程中浅滩及岸边部分逐渐干出，流速较小，流向较混乱；涨急时刻，潮汐通道深槽内涨急流速在 55cm/s 左右。潮汐通道深槽内落急流速明显大于涨急流速，说明潮汐通道以落潮为优势。落潮优势有利于泥沙和其他物质输运至外海，这有利于维持潟湖的稳定，在洪水期更加明显，洪水期由于大量径流输入潟湖内，涨潮时滞留在潟湖内，落潮时纳潮量叠加径流从而形成急流。本次模拟过程上游文昌河和文教河的径流量较大，因此落潮流优势较为明显。

模拟八门湾内局部浅滩疏浚后的水动力影响。由图 6-5 和图 6-6 可知，八门湾疏浚工程实施后，清澜港潮汐通道内的落潮流速略有增大，平均增大幅度在 5cm/s 左右，涨潮流速的平均增大幅度在 2cm/s 左右。由此可见，疏浚工程实施后八门湾潟湖的纳潮量增加，潮汐通道的水流流速增加，同时也表现为落潮流优势进一步扩大，这有利于维持潟湖的稳定，有利于将潟湖内的泥沙搬运至外海。

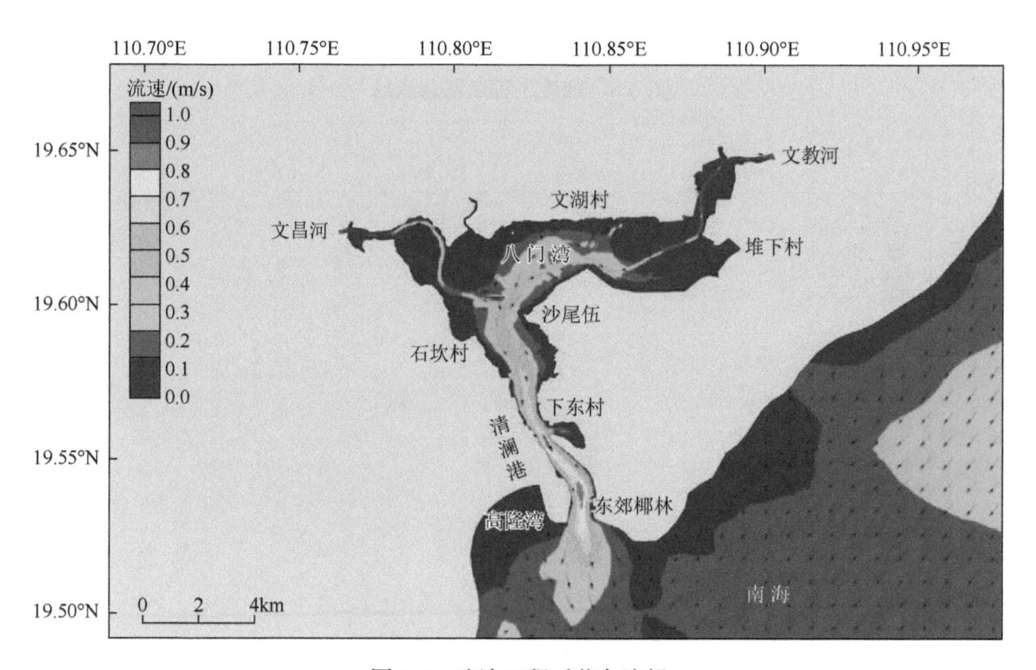

图 6-5　疏浚工程后落急流场

从工程前后的流速变化分布图可以看出，落急时刻（图 6-7），清澜潮汐通道的流速增大约 3cm/s，流速增大的区域自沙尾伍至东郊椰林，覆盖了整个清澜潮汐通道。另外，疏浚后的航道处流速最大增幅达到 10cm/s 左右，这与疏浚后滩面流集中于深槽有关。涨急时刻（图 6-8），清澜潮汐通道内的流速基本无变化，即变化幅

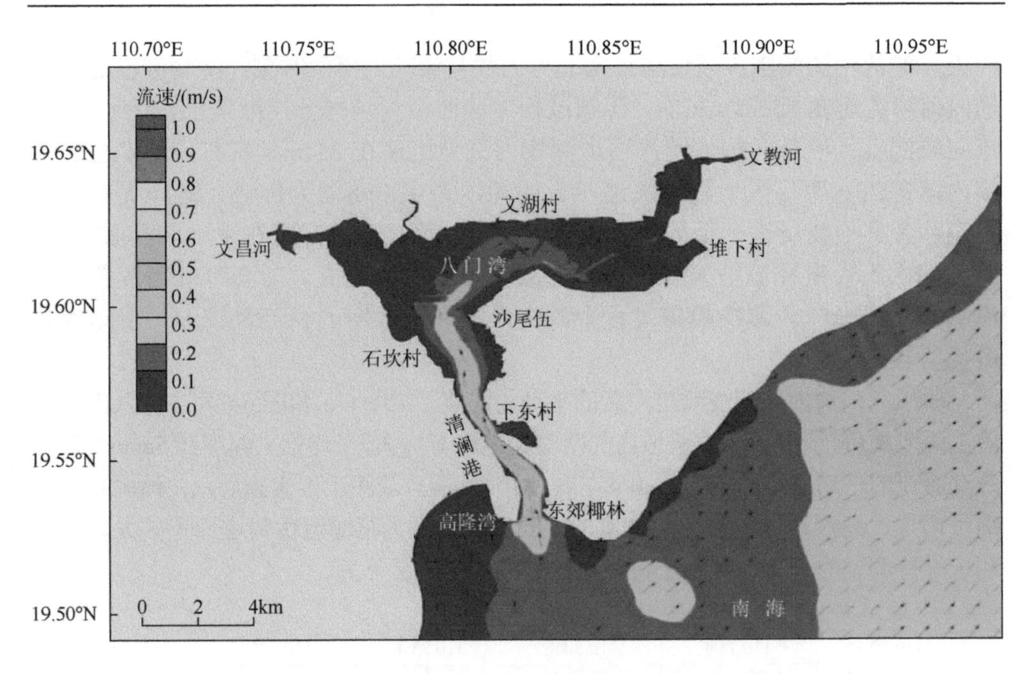

图 6-6　疏浚工程后涨急流场

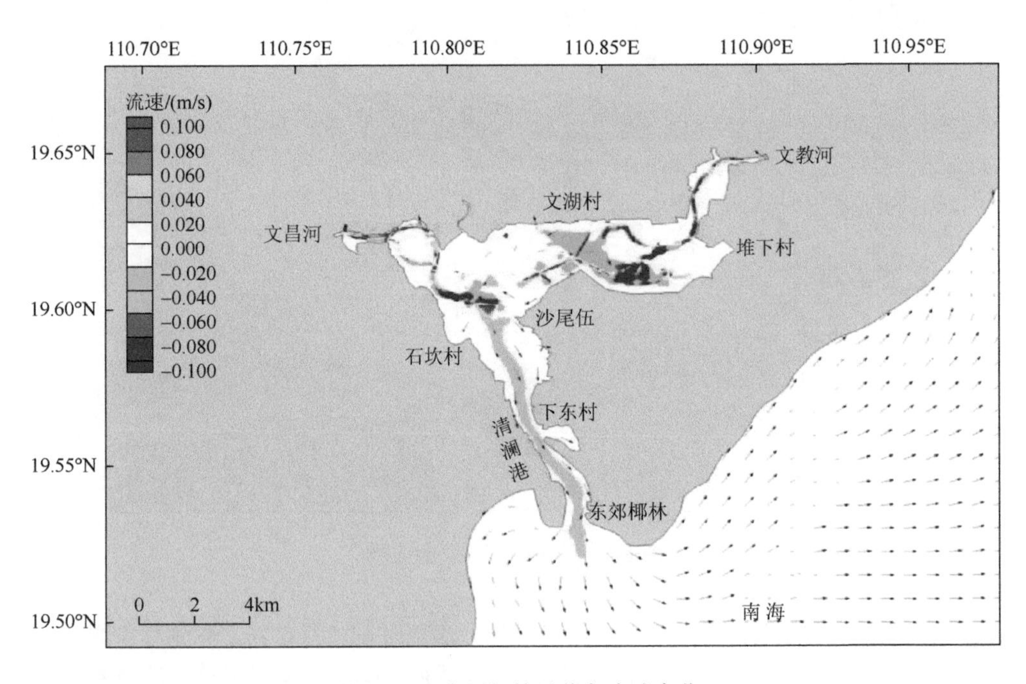

图 6-7　疏浚工程前后落急流速变化

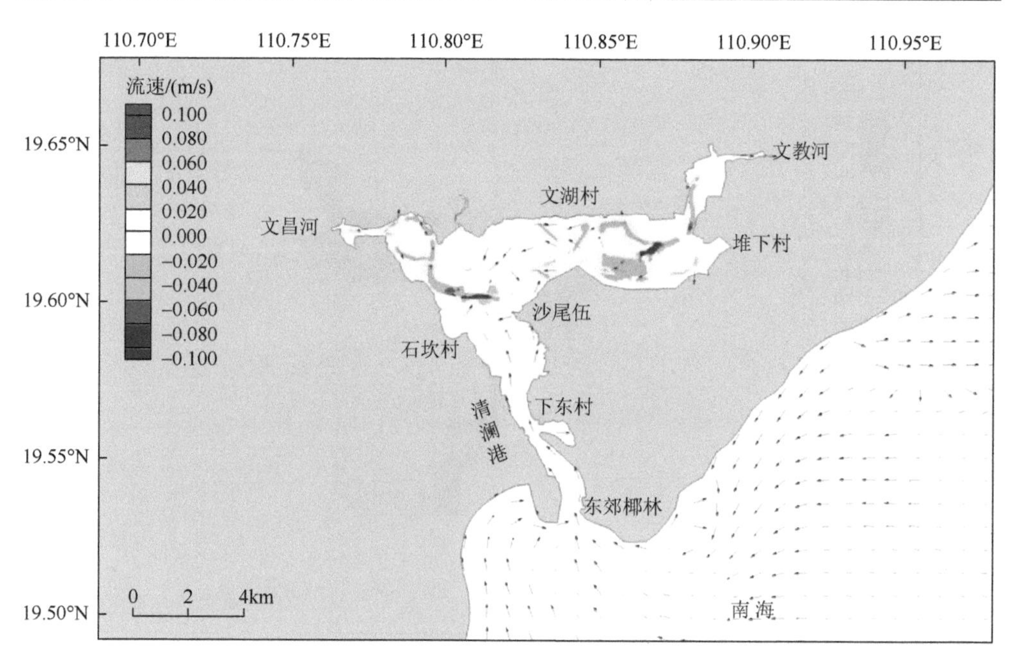

图 6-8　疏浚工程前后涨急流速变化

度小于 2cm/s；疏浚后八门湾内的航道处流速略有下降，下降最大幅度在 8cm/s 左右。由此可以看出，清澜潮汐通道内工程前后涨潮流基本无变化，而落潮流增大，这有利于泥沙向潮汐通道外输运，即有利于维持清澜潮汐通道的稳定。

另一个较为明显的特征是由于潟湖内疏浚，八门湾内的深槽处流速减小，工程前存在滩面流归槽现象，工程后疏浚区水深增大，滩面流归槽现象减弱，因此八门湾内深槽处的流速略有减小，而清澜港潮汐汊道的流速由于纳潮量增加而增大。

通过水动力场的分析可知，疏浚工程引起八门湾纳潮量增加，清澜港潮汐汊道流速增大，落潮流优势更加显著，这些变化都有利于维持八门湾和清澜港潮汐汊道的稳定。

2. 水交换能力研究

假设八门湾的保守物质初始浓度为 100，外海的保守物质初始浓度为 0，计算八门湾内的水交换速率。水交换计算初始浓度场见图 6-9。

疏浚工程前，由图 6-10 可以看出，计算 30d 以后，清澜港潮汐通道沙尾伍以南水域的相对浓度降到 50 以下，可见清澜港潮汐通道的水体半交换周期在 30d 以下。疏浚工程后（图 6-11）相对浓度 50 的等值线向北即向潟湖内前进了约 270m，相对浓度为 80 的等值线比疏浚工程前向八门湾内延伸了 210m，可见本项目工程对于清澜港潮汐通道内的水交换有加快促进作用。

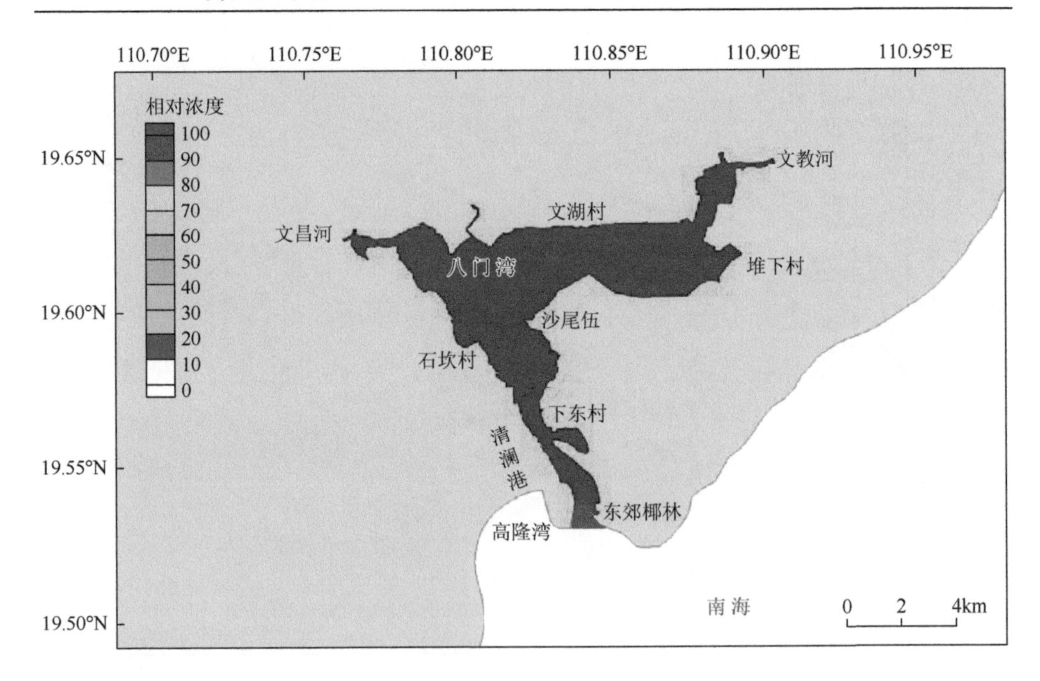

图 6-9　水交换计算初始浓度场

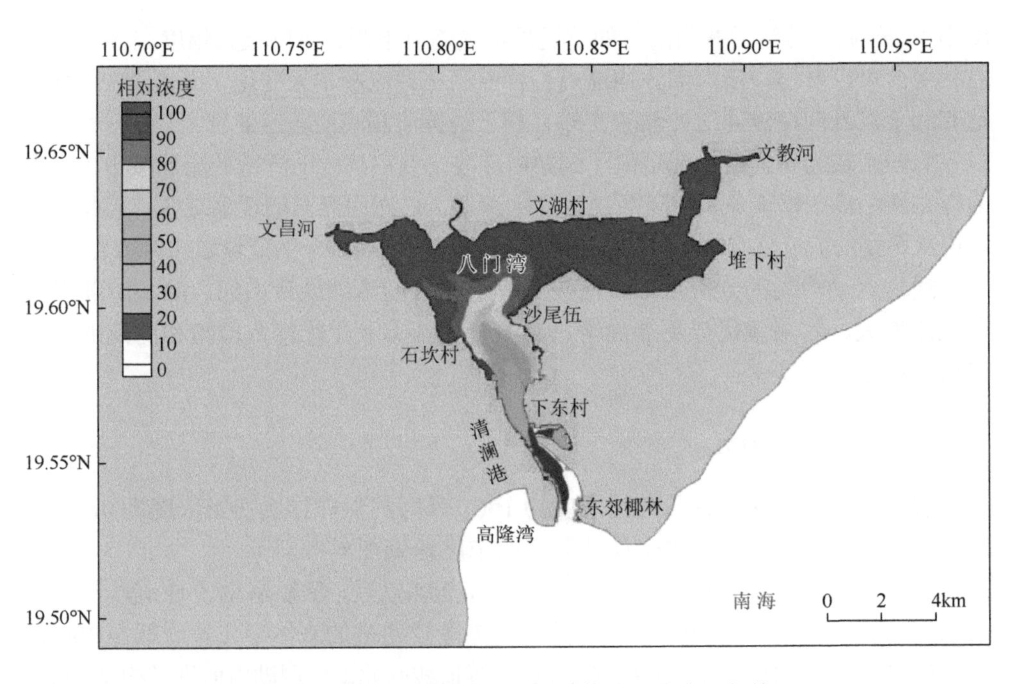

图 6-10　计算 30d 后的相对浓度等值线（疏浚工程前）

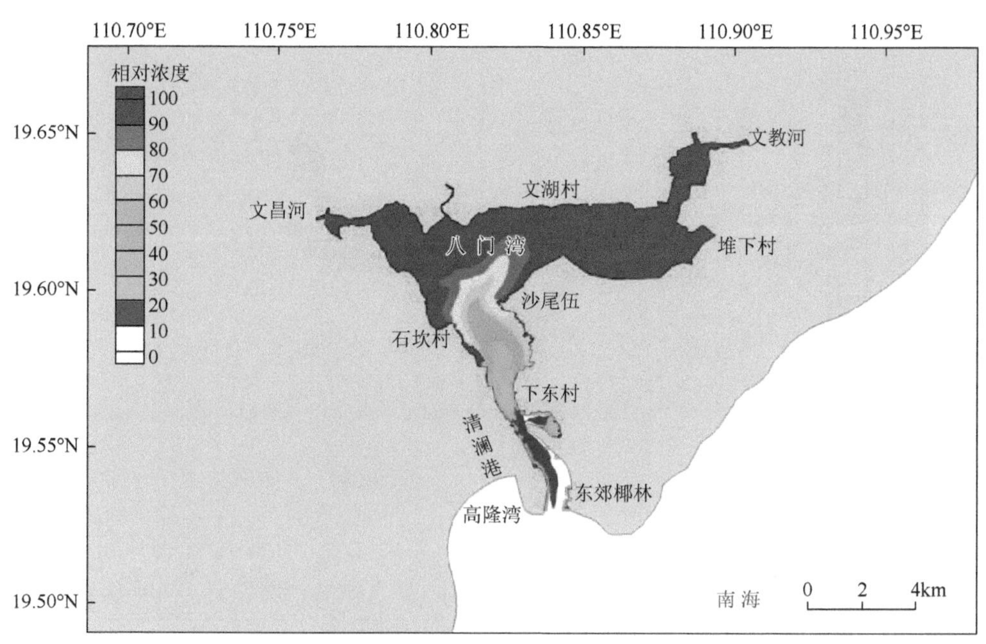

图6-11 计算30d后的相对浓度等值线（疏浚工程后）

由图6-12可以看出，计算60d以后，清澜港潮汐通道的相对浓度都降到40以下，相对浓度50等值线位于石坎村与下东村之间水域。疏浚工程后（图6-13）相对浓度为80的等值线比疏浚工程前向八门湾内的东西两侧都扩大了范围。

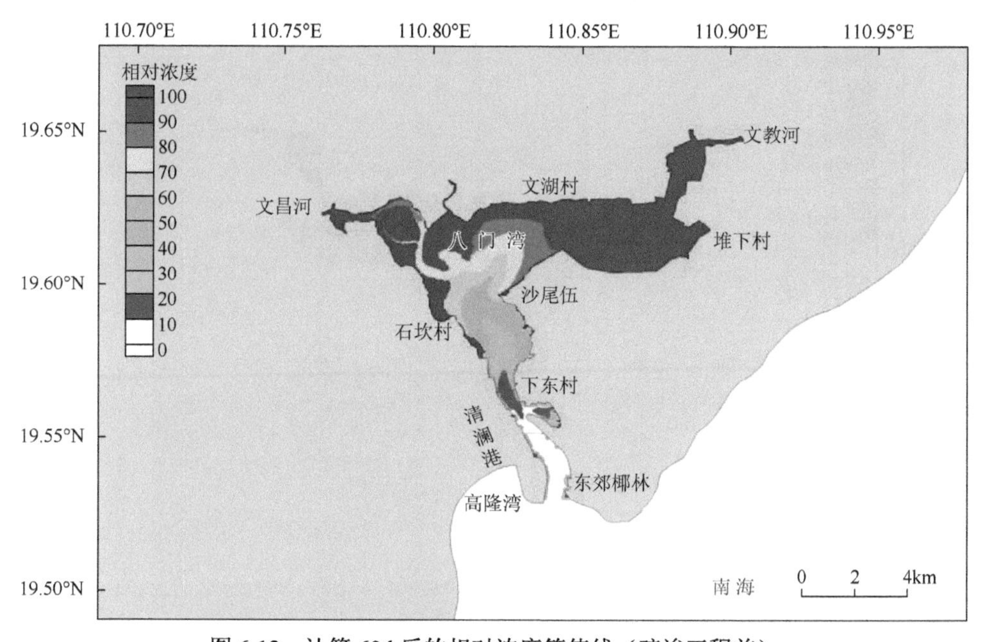

图6-12 计算60d后的相对浓度等值线（疏浚工程前）

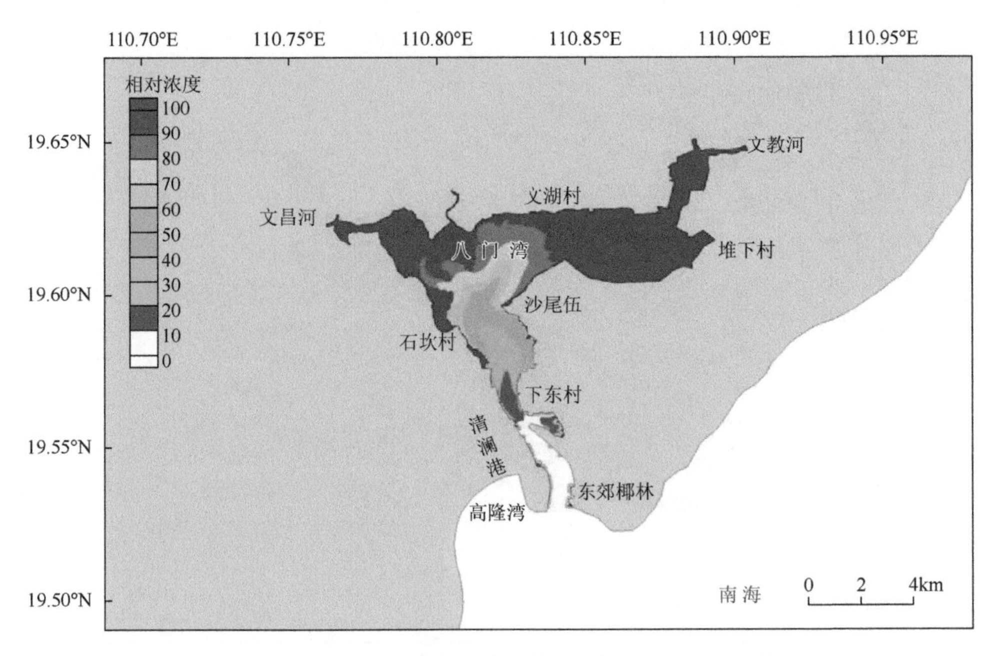

图 6-13　计算 60d 后的相对浓度等值线（疏浚工程后）

由图 6-14 可以看出，计算 120d 以后，清澜港潮汐通道的相对浓度都降到 20 以下。疏浚工程后（图 6-15）相对浓度为 80 的等值线比工程前略有扩大。

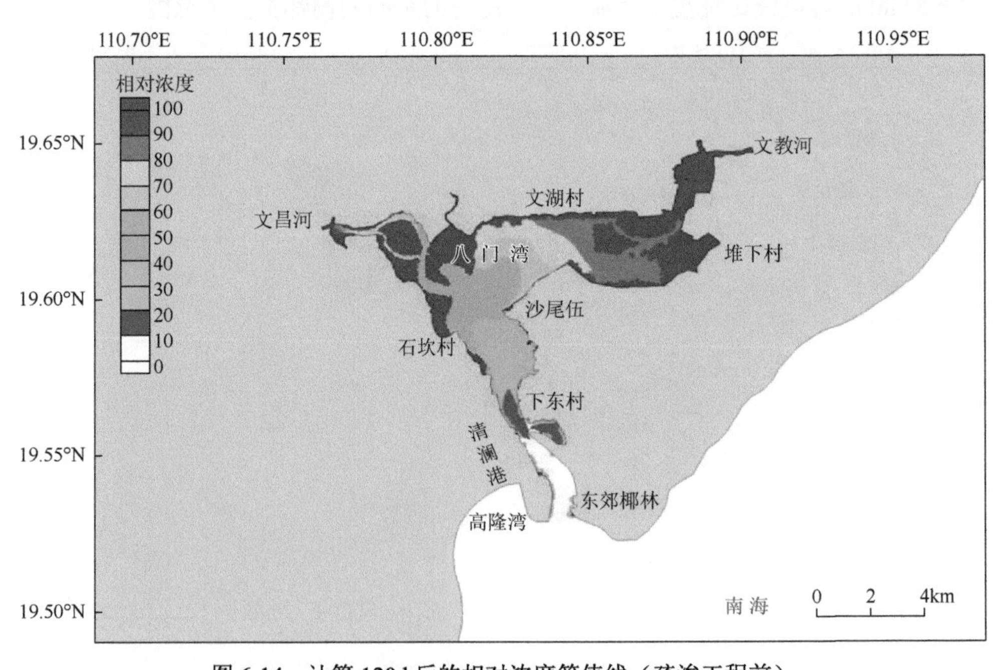

图 6-14　计算 120d 后的相对浓度等值线（疏浚工程前）

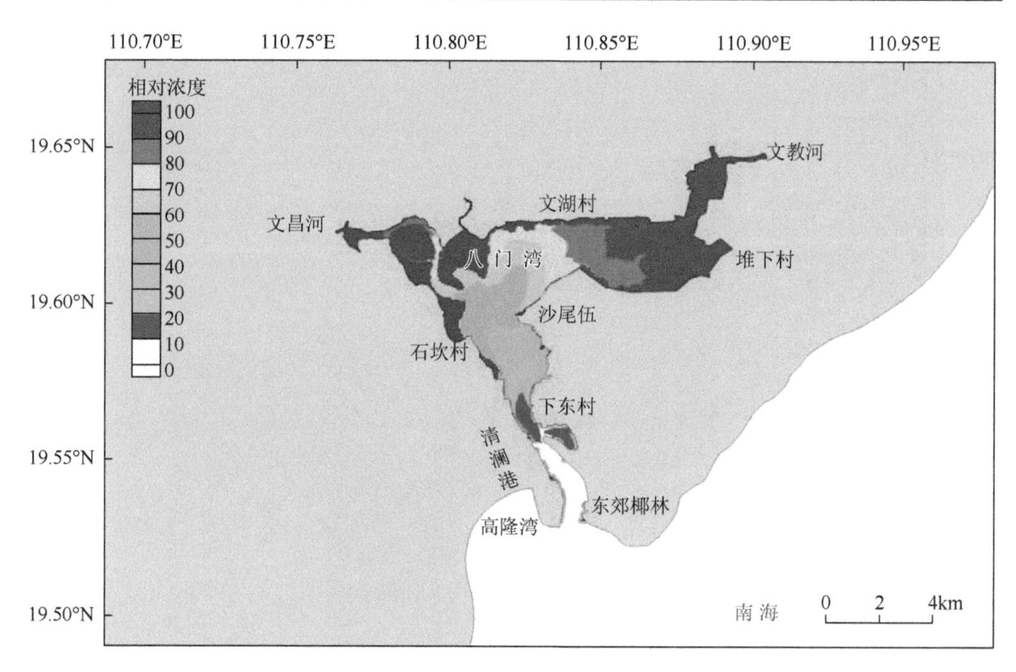

图 6-15　计算 120d 后的相对浓度等值线（疏浚工程后）

从图 6-16 和图 6-17 可以看出，疏浚工程前后清澜港潮汐通道内的水体交换速率增加，这表明工程后清澜港潮流通道的水动力增强，水流流速加快，有利于潮汐通道与外海的水体交换，清澜港潮汐通道内石坎村与沙尾伍连线水域的半交换周期在 90d 左右。再往北的八门湾潟湖内，工程前后的水体半交换周期并未加快，这是由于疏浚后八门湾潟湖内的水体总量增加，即使单次涨落潮引起的水体交换量加快，但单次涨落潮引起的水体交换率略微下降，由此造成八门湾潟湖内的水交换速率减缓。从工程后的水体半交换周期来看，八门湾潟湖内文湖村以东水域的半交换周期在 330d 以上。整体上疏浚工程后的水体交换速率变缓。出现这一现象的原因是疏浚工程的实施，使八门湾潟湖内的水体总量增加，虽然单个潮周期内的水体交换量也同时增加，但增长速率比水体总量增加率小，因此，八门湾潟湖内的水体半交换周期变长，而清澜港潮汐汊道的水体半交换周期变短。

3. 疏浚后八门湾纳潮量变化研究

维持八门湾及潮汐通道较高的纳潮量是维护潮汐通道水深的重要因素。八门湾潟湖西侧，从文昌河至潟湖北部是一片繁茂的红树林带。潟湖中部地区的水深也只有 1m 左右，仅在潟湖西南侧与清澜潮汐通道相连的局部水域仍保持有 3～8m 的水深。由于大部分区域水深变浅，以及大量的围填养殖，潟湖的纳潮量日趋减小，这对于潮汐通道水深维护是不利的。

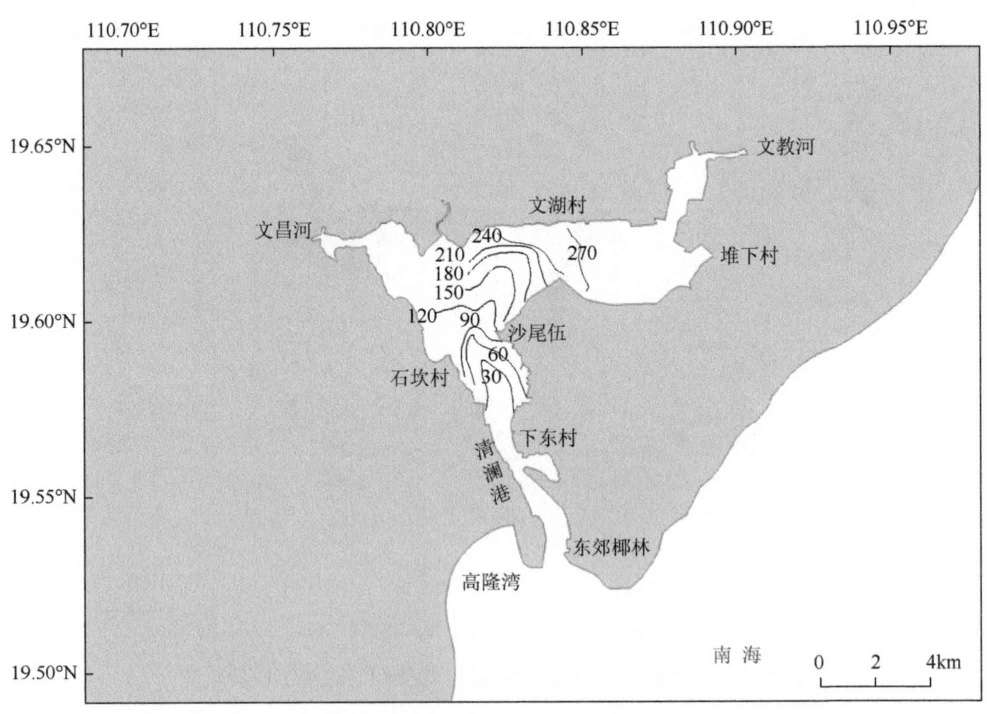

图 6-16　疏浚工程前水体半交换周期图

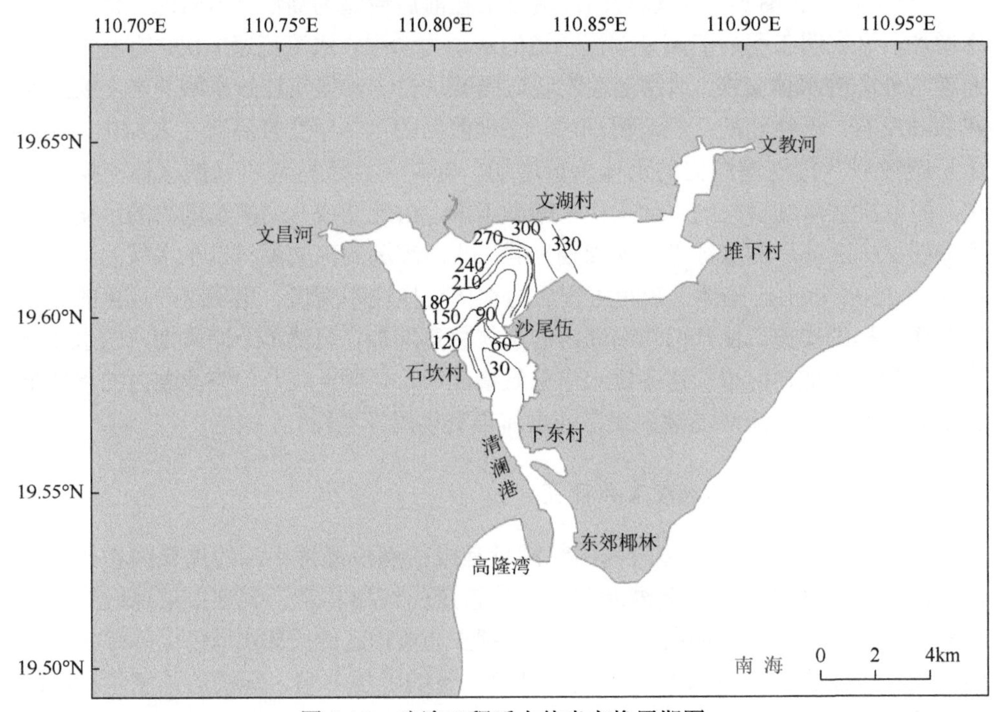

图 6-17　疏浚工程后水体半交换周期图

根据海南省海岸线修测成果计算，八门湾修测岸线所包括的海域面积约 39.66km^2，其中红树林与养殖虾塘面积约 16km^2，在此不计红树林和养殖虾塘面积，即纳潮水域面积为 23.66km^2。疏浚工程前后潮差基本未改变，工程后疏浚部分浅滩，增加水域面积和水体总量，这有利于纳潮量的增加，特别是落潮时出露的浅滩区水深增加将有效增加纳潮量，疏浚工程前后纳潮量对比见表 6-3。由计算结果可知，疏浚工程后纳潮量略有增加，疏浚引起的纳潮量增加 3.1%，纳潮面积与疏浚工程前相同。

表 6-3　疏浚工程前后纳潮量对比

工况	计算纳潮面积/km^2	清澜港口门潮差/m	纳潮量/m^3	增量	增幅/%
疏浚工程前	23.660	0.89	18988410	—	—
疏浚工程后	23.660	0.89	19574880	586470	3.1

4. *疏浚后八门湾潮汐汊道稳定性分析*

潮汐汊道是砂质海岸常见的地貌形态，它是末次冰期海侵以来海平面上升淹没沿岸低地而形成的。通常情况下，潮汐汊道由潮汐水道、纳潮盆地和潮流三角洲等地貌单元组成。潮汐水道是连接外海和纳潮盆地的过水通道；纳潮盆地在涨潮时吸纳涨潮水体，落潮时排出涨潮水体，排出的水体当然也包含注入潟湖内的淡水径流。由于潮汐汊道特别是纳潮盆地具有较高的利用价值，因此国内外对于潮汐汊道的研究非常丰富。如何保持潮汐汊道的稳定，是人们普遍关心的问题。

八门湾是中国大陆沿海面积较大的潟湖之一，发育了潮汐汊道-潟湖地貌体系，八门湾纳潮面积大约为 3966hm^2，通过潮汐汊道与外海相连。八门湾内大部分水域的水深小于 2.5m，小于 2.5m 水深的区域占总面积的 70.3%，但由于纳潮面积大，其纳潮量仍然很大。八门湾潮汐汊道-潟湖地貌体系由落潮流控制，在潮汐汊道发育了落潮槽，潮汐汊道口门处则为冲刷深槽，水深可达 10m 左右，口门外为落潮浅滩，主要是落潮流出潮汐汊道口门后流速急剧下降导致泥沙沉积而形成的。

根据计算，在自然演变条件下，八门湾潮汐通道将会缓慢缩窄。由于八门湾有大面积的红树林，计算纳潮量时未考虑红树林区域，因此纳潮量的计算结果偏小，但不会影响对八门湾潮汐汊道口门稳定性的判断。现状条件下，八门湾潮汐通道有缓慢淤积过水断面面积缩小的趋势。

疏浚工程后八门湾潟湖的平均纳潮量增加至 0.01957488km^3，将纳潮量代入 $A = 8.49 \times 10^{-2} \times P^{0.908}$ 得到自然状态均衡态条件下的过水断面面积为 2386.5m^2，这略小于现状条件下潮汐通道内最窄处的过水断面面积（2580m^2）。由此可见，疏浚工程后的理论过水断面面积将会增加，这有利于维持八门湾潮汐通道的口门宽度。

5. 疏浚后八门湾盐度变化研究

1）盐度分布现状

通过盐度平面分布图（图 6-18 和图 6-19）和断面垂向分布图（图 6-20～图 6-25）可以发现，由于河流淡水的输入，在河流进入八门湾的河口处盐度都比较低。文昌河（古城河和文城河）河道内点 T1 处盐度表层约为 12.6，底层约为 23.8；文教河河道内点 T2 处盐度表层约为 26.1，底层约为 29.7。现状情况下八门湾内的表层平均盐度为 30.6，底层平均盐度为 31.8。

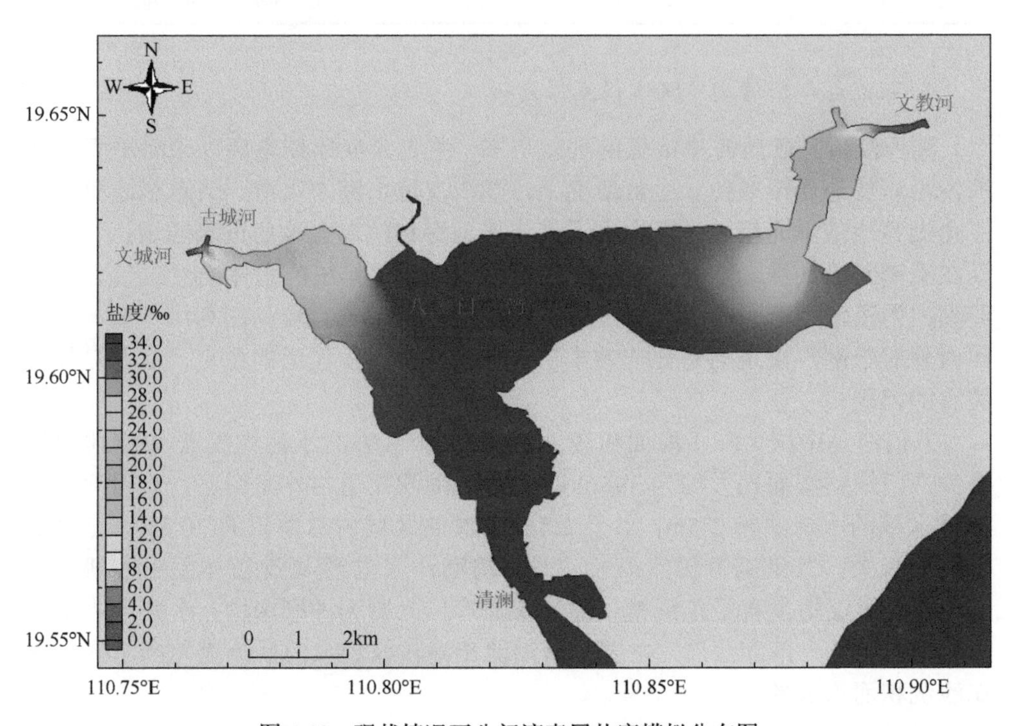

图 6-18 现状情况下八门湾表层盐度模拟分布图

从盐度的平面分布和垂向分布可以看出，在清澜江，通道东侧的盐度大于西侧的盐度；在八门湾内部，南侧的盐度大于北侧的盐度。

底层盐度大于表层盐度，在浅水区域，河流的通道内底层盐度相比于表层盐度较大。

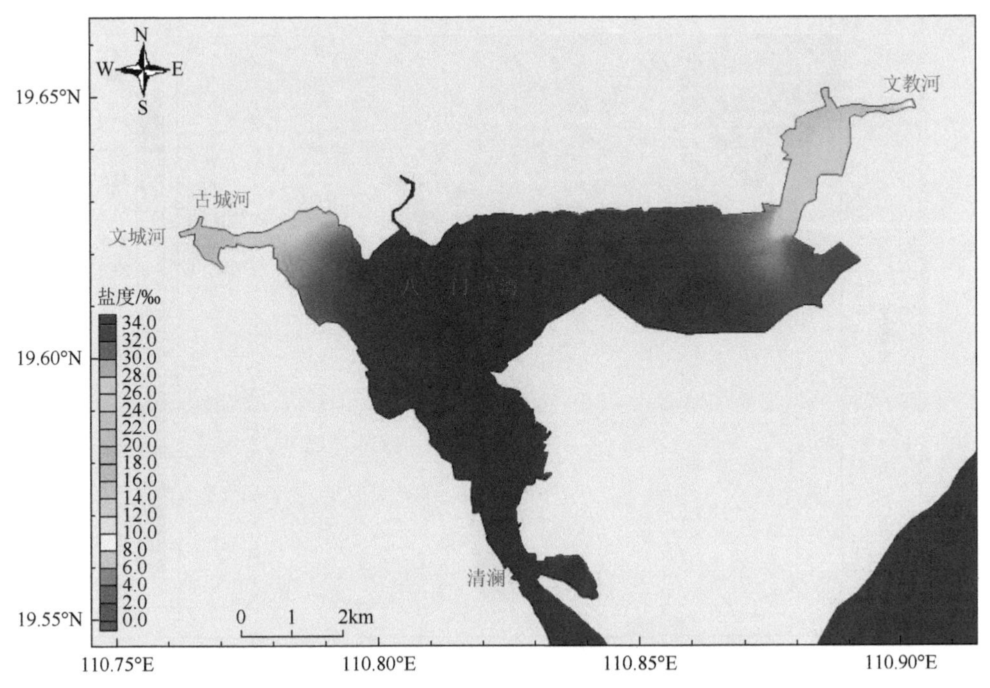

图 6-19　现状情况下八门湾底层盐度模拟分布图

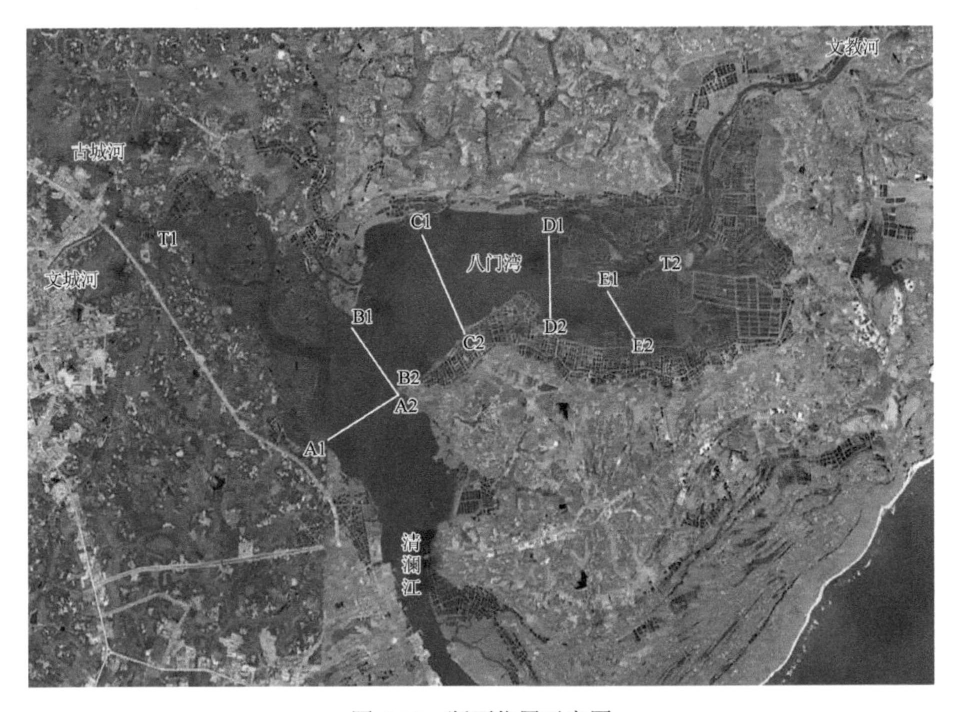

图 6-20　断面位置示意图

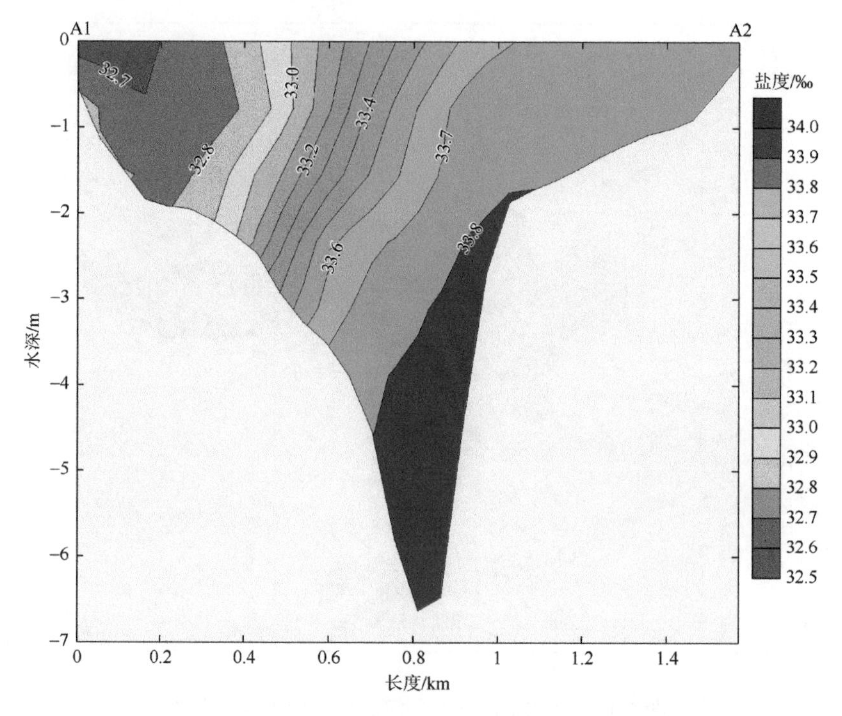

图 6-21　A1-A2 断面现状盐度垂向分布图

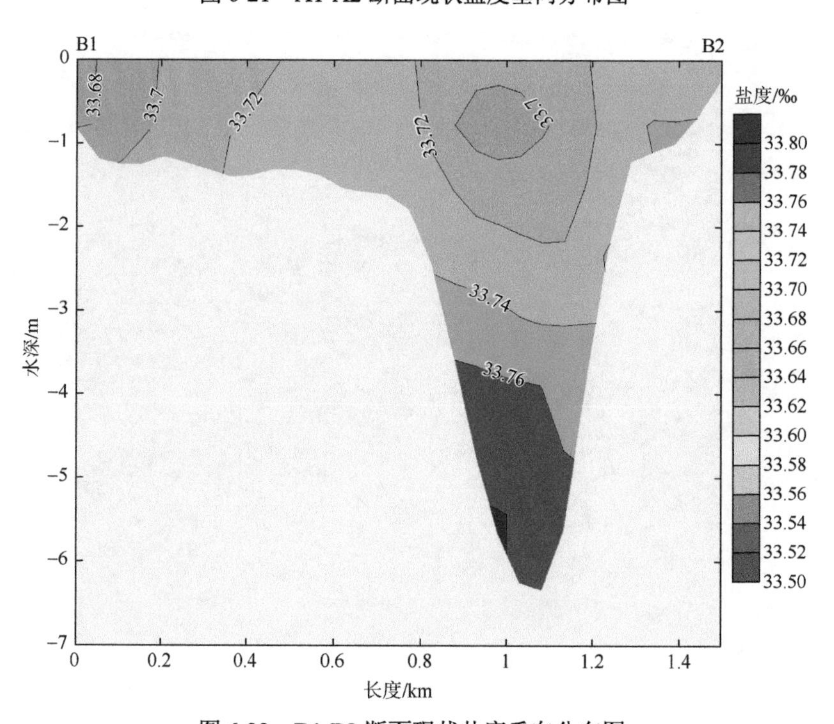

图 6-22　B1-B2 断面现状盐度垂向分布图

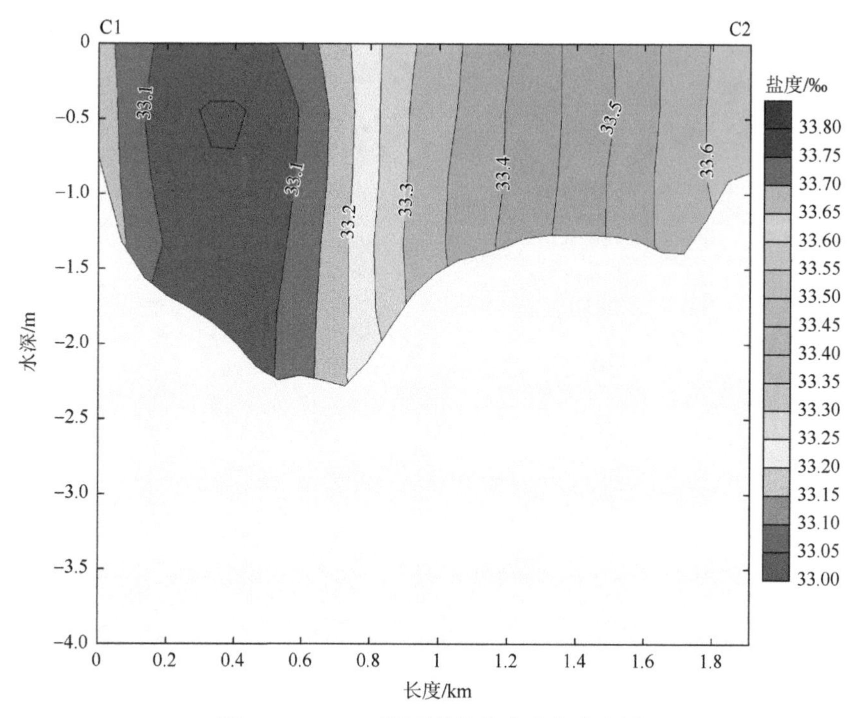

图 6-23　C1-C2 断面现状盐度垂向分布图

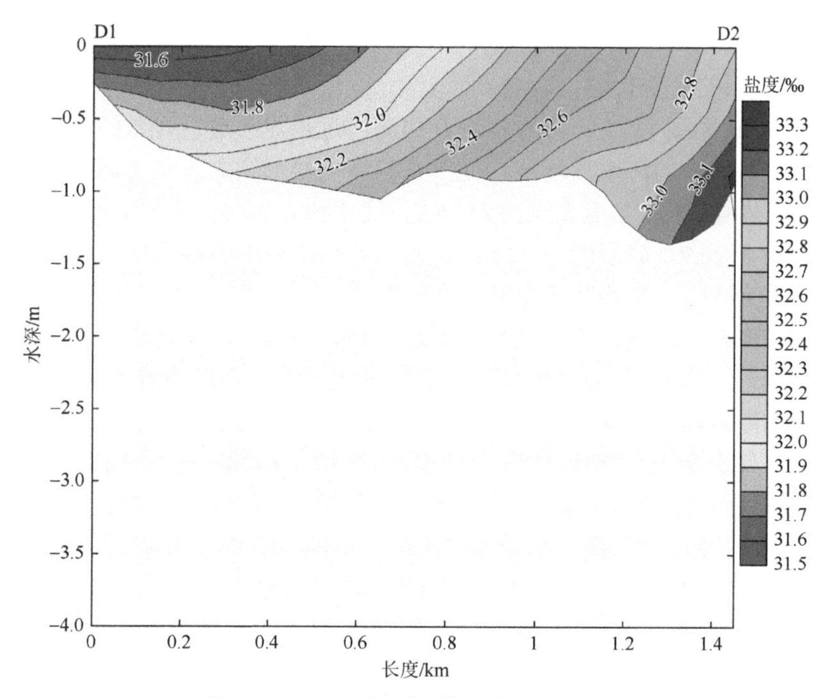

图 6-24　D1-D2 断面现状盐度垂向分布图

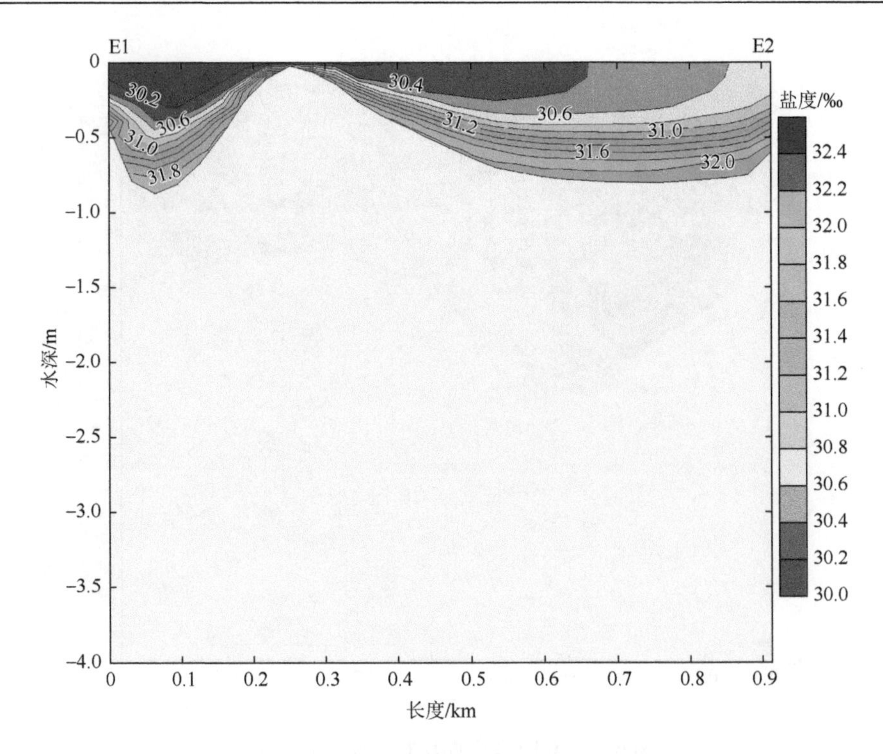

图 6-25 E1-E2 断面现状盐度垂向分布图

2）疏浚后盐度变化

从图 6-26 和图 6-27 可以看出，八门湾经过疏浚改造后，八门湾的纳潮量增大，能够进入其中的海水量增多，使得八门湾内盐度增大。文昌河（古城河和文城河）河道内点 T1 处盐度表层约为 16.7，底层约为 27.4；文教河河道内点 T2 处盐度表层约为 26.7，底层约为 31.0。疏浚后八门湾内的表层平均盐度为 30.9，底层平均盐度为 32.1，平均盐度上升了 0.3 左右。

疏浚是对八门湾内河道以及潮汐通道开挖，增加了流水通道的流量，使得淡水更快地进入八门湾。通过对比发现，在流水通道处，表层的海水盐度比周边小，但是底层的海水盐度比周边大。

通过对比分析疏浚前后盐度断面分布图（图 6-28～图 6-32）可以发现，疏浚后大部分断面的盐度都不同程度地有所增大，但部分断面盐度有所减小。例如，文昌河进入八门湾河口北侧海域，以 B1-B2 断面处靠近点 B1 的海域为例，海水平均盐度在疏浚后反而有所下降，这是由于文昌河河道的疏浚，进入河道的海水增加，从而往河口北侧海域的海水有所减少，故而海水平均盐度有所下降。

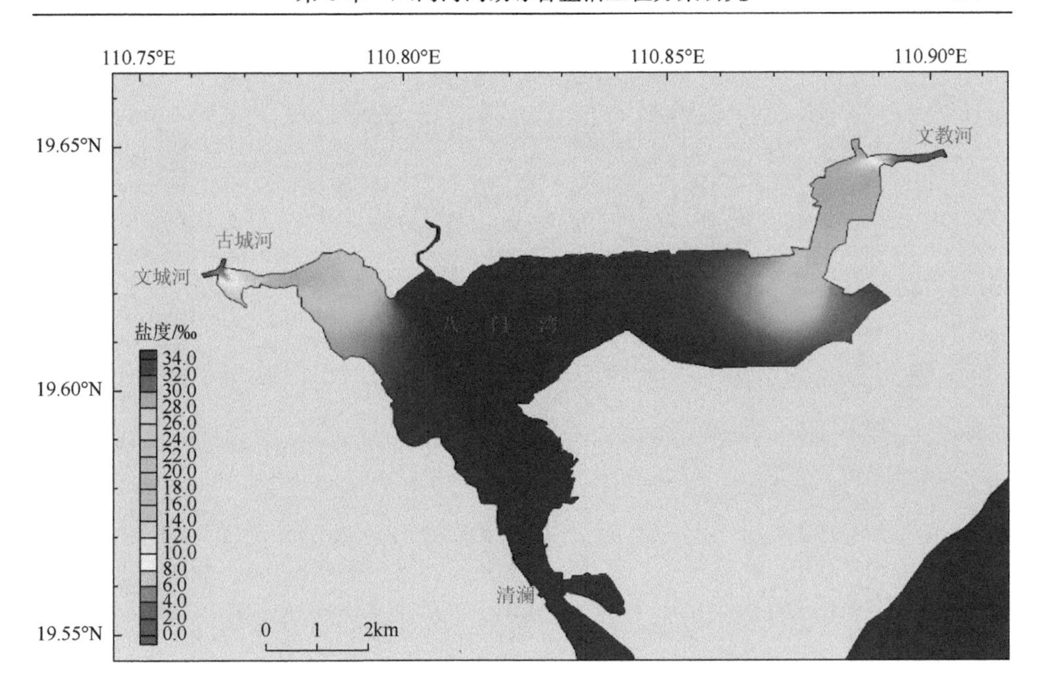

图6-26　疏浚后八门湾表层盐度模拟分布图

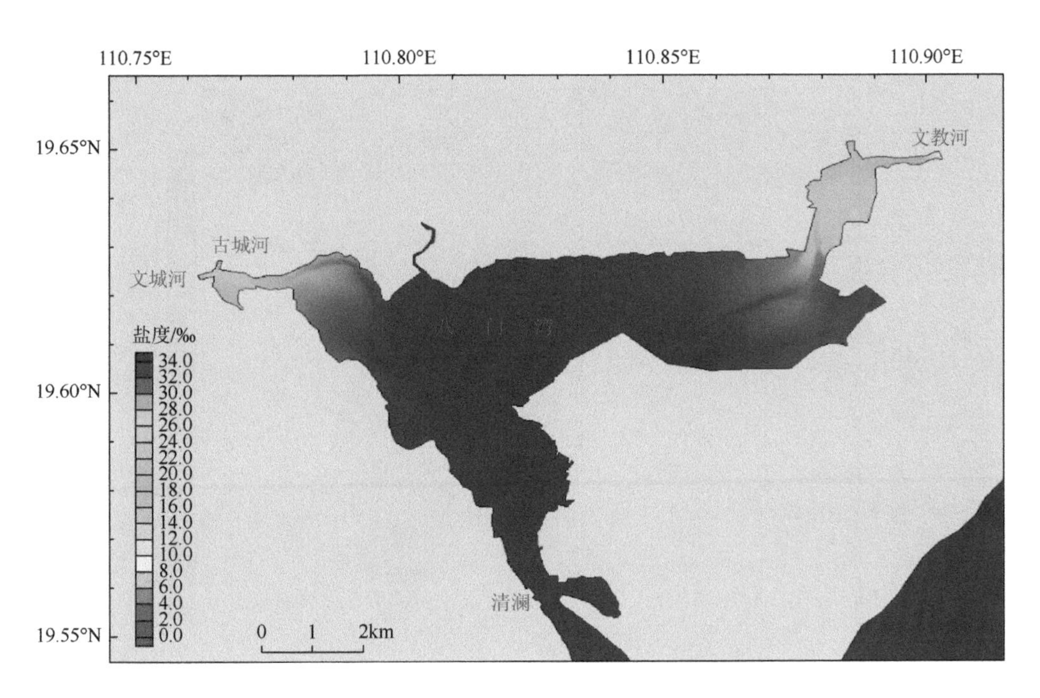

图6-27　疏浚后八门湾底层盐度模拟分布图

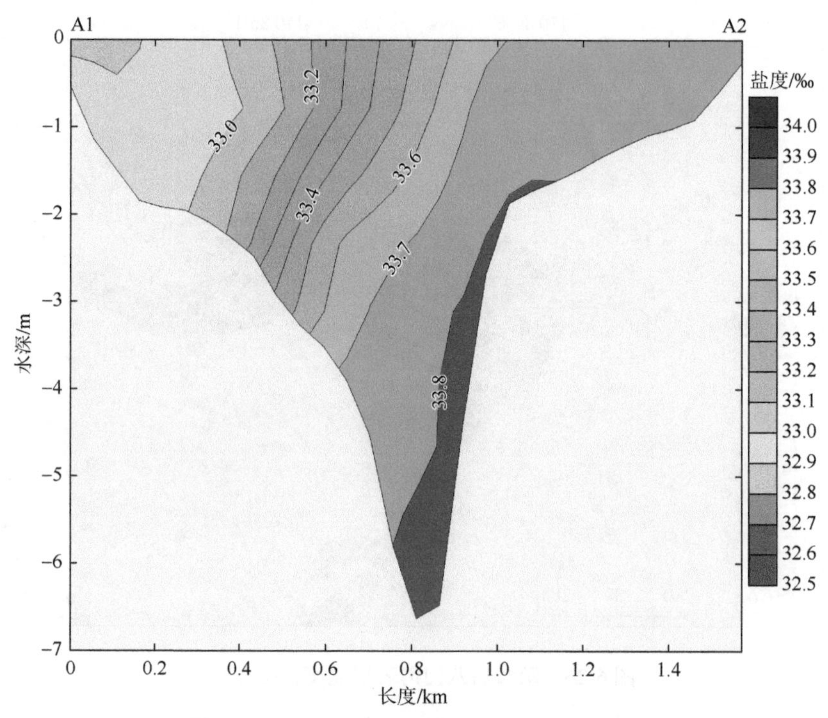

图 6-28　A1-A2 断面疏浚后盐度垂向分布图

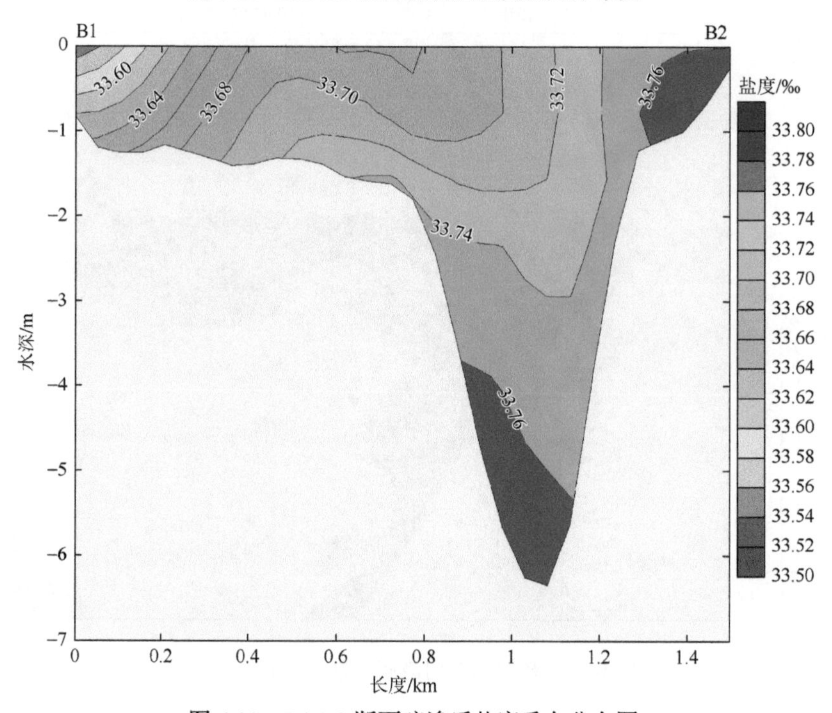

图 6-29　B1-B2 断面疏浚后盐度垂向分布图

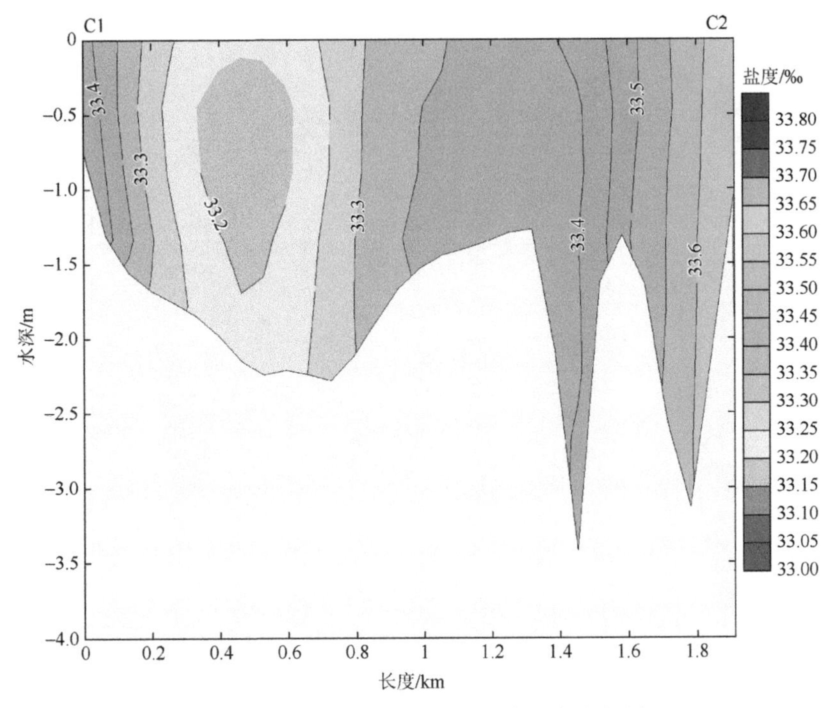

图 6-30　C1-C2 断面疏浚后盐度垂向分布图

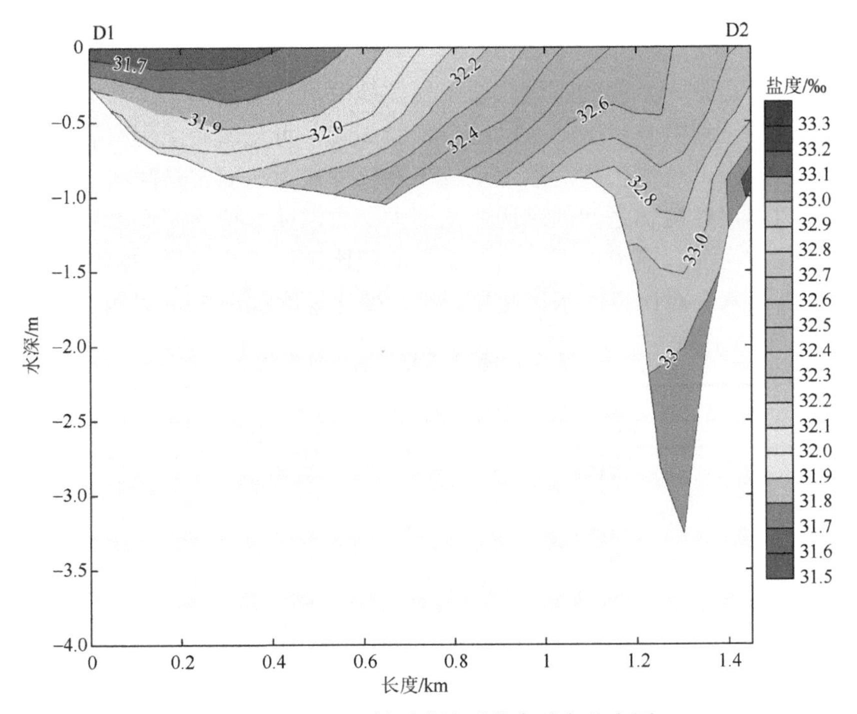

图 6-31　D1-D2 断面疏浚后盐度垂向分布图

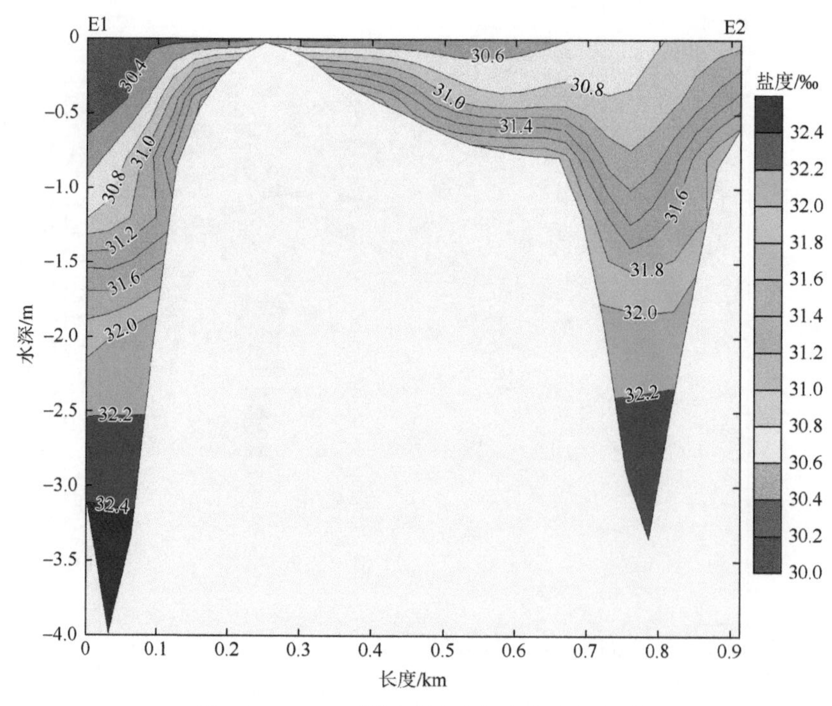

图 6-32　E1-E2 断面疏浚后盐度垂向分布图

6. 50 年一遇洪水期水位疏浚工程前后对比

由表 6-4 可知，八门湾潟湖疏浚工程实施后，在文昌河和文教河河口，洪水期水位比疏浚工程前分别下降 33.7cm 和 37.6cm，可见疏浚工程有利于行洪，特别是文教河河口，疏浚工程后洪水水位下降幅度最大；而文昌河河口由于存在大面积的红树林，红树林之间的潮沟弯曲度大，洪水期水位下降幅度要略小于文教河河口。文教河河口疏浚以后，河口断面面积比疏浚工程前增加幅度较大，有利于行洪。其余六个对比点的水位变化较小，变化幅度都在 3cm 以内。

表 6-4　疏浚工程前后水位变化　　（单位：cm）

对比点	最高水位		差值
	疏浚工程前	疏浚工程后	
P1	217.3	183.6	−33.7
P2	90.9	93.5	+2.6
P3	105.1	104.2	−0.9
P4	212.3	174.7	−37.6
P5	87.7	89.3	+1.6
P6	85.4	86.6	+1.2
P7	81.9	82.6	+0.7
P8	78.6	78.8	+0.2

注：“差值”列 + 表示水位增高，−表示水位降低。

6.3.7　疏浚方案环境影响分析

1. 疏浚对水质环境的影响分析

疏浚作业对海床的扰动，引起水体含沙量增加，水体中悬浮物浓度增大，疏浚区域附近水质质量下降。水体悬浮物产生量与挖泥船类型及大小、作业现场的波浪及水流、底质粒径分布等因素有关。根据疏浚区域工程地质勘探结果，疏浚层主要为淤泥、混合砂、细砂，悬沙不易落淤，使得水体中悬浮物易于扩散。泥沙的扩散除了自身的沉降外，主要受到潮流的输运作用影响，因此，泥沙的扩散方向与潮流的方向相同。由于潟湖内水动力条件较弱，悬浮泥沙以沉降为主，而潮汐通道内水动力相对较强，且落潮流速明显大于涨潮流速，悬沙以扩散为主，有利于悬沙稀释，因此潮汐通道内疏浚悬沙对水质环境的影响面积较小，而对潟湖内的影响面积较大。

另外，泥沙携带的污染物释放到水体中，也可能造成疏浚区域附近水质受到污染。根据八门湾海域水质调查结果，潟湖内湾现状水质已达四类海水水质标准，因此疏浚过程中若不采取有效措施，水体中悬浮物浓度的增大将加剧潟湖内水质污染。可尽量选择在小潮期落潮时抓紧进行疏浚作业，并根据水流方向和流速控制开挖方向、范围和强度，最大限度减小悬浮物扩散范围。

疏浚后潟湖内水域水深加深，水体总量增加，使八门湾的纳污水体增加，即水体的自净能力增强；疏浚后过水断面增加，潟湖内水交换速率加快，水交换能力增强，有利于污染物向外海扩散，一定程度上对改善八门湾潟湖内水质质量具有促进作用。

2. 疏浚对沉积物环境的影响分析

根据沉积物现状调查，八门湾潟湖内表层沉积物受石油类、有机碳和硫化物污染较为严重，但重金属均符合所在海洋功能区的沉积物环境质量要求。疏浚产生的悬沙主要顺潮流扩散，在潟湖内以沉降为主，在潮汐通道内以扩散为主，因此悬沙主要将覆盖潟湖内周围原海底泥面，并覆盖口门外海域小范围的海底泥面，高浓度悬沙仍然主要集中在源点附近。由于施工产生的悬沙来源于该海域，悬沙经扩散和沉降后，不会对八门湾海域沉积物的理化性质产生影响。

由于沉积物在淤积形成过程中，会受到人类产生的陆源污染物的影响，且这种影响会逐渐增强并累积，即沉积物越接近表层，污染越严重。在暴雨过后，表层沉积物中的污染物得以释放，易造成水体环境的二次污染。因此，河道、潟湖潮汐通道的底泥清淤是目前常采用的改善沉积物环境的重要途径。文昌河、文教河河道、八门湾潟湖内及潮汐通道疏浚后，将清除疏浚区表层部分受污染的沉积物，出露的沉积层的沉积物质量在保持现有水平的基础上，会较疏浚前的沉积物清洁，这有利于改善文昌河、文教河河道及八门湾潟湖内的沉积物质量。但采取疏浚的方式改善沉积物环境，只能在短期内发挥作用，治标不治本，只有对入海河流实施截污，方能有效避免潟湖内沉积物环境的恶化。

3. 疏浚对生态环境的影响分析

1）疏浚对底栖生物的影响

疏浚主要对底栖生物产生较大的影响。一方面，疏浚时作业机械的挖掘，彻底破坏了疏浚区底栖生物的栖息环境，造成疏浚区周边水域底栖生物被挖掘、掩埋致死，这种影响是一次性、不可恢复的，在施工结束后底栖生物才能慢慢恢复并重建。另一方面，疏浚产生的悬沙扩散和沉降对疏浚区附近水域的底栖生物也将产生间接的不利影响。悬浮泥沙沉降后将掩埋原有底栖生物，恶化其固有的栖息环境，除活动能力较强的底栖生物逃往他处外，部分种类如贝类、多毛类、线虫类等将难以存活，但这种影响是暂时性的、可恢复的，可随施工结束而消失，经过一段时间后，外围周边的底栖生物群落将逐步恢复并重建。由于疏浚后改变了文昌河、文教河的水文情势，底栖生物的物种组成可能发生变化，与疏浚前略有不同。

该项目疏浚面积较大，对底栖生物的影响也较大。根据 2012 年 6 月底栖生物调查数据，八门湾海域底栖生物的平均生物量为 $136.99g/m^2$，疏浚面积约 499.4 万 m^2，疏浚导致底栖生物直接损失约为 684.1t，根据计算，疏浚对底栖生物损害补偿总额为 3078.6 万元。

2）对浮游植物的影响

疏浚产生的悬浮物增加将造成水体透明度下降，削弱水体的真光层厚度，降低溶解氧，直接对浮游植物的光合作用产生不利影响，进而妨碍浮游植物的细胞分裂和生长[37]。浮游植物生物量降低导致局部水域内初级生产力水平降低。

3）对浮游动物的影响

疏浚产生的悬浮物将引起局部水域混浊，浮游生物将受到不同程度的影响，滤食性浮游动物受到的影响较大，这是由于悬浮物会黏附在动物体表，干扰其正常的生理功能，滤食性浮游动物吞食适当粒径的悬浮颗粒会造成内部消化系统紊乱。

4）对游泳生物的影响

鱼类等水生生物对骤变的环境反应敏感。疏浚引起水体悬浮物含量变化，并造成水体浑浊度增加，其过程呈跳跃式和脉冲式，这必然引起鱼类等游泳生物行动的改变，鱼类将避开混浊区，产生“驱散效应”。

水中悬浮物含量过高会使鱼类的腮腺积聚泥沙微粒，严重损害鳃部的滤水和呼吸功能，甚至导致鱼类窒息死亡[38]。同时，鱼类吞食适当粒径的悬浮颗粒会造成内部消化系统紊乱。不同的鱼类对悬浮物质含量高低的耐受范围有所区别。据有关实验数据，悬浮物浓度为 6000mg/L 时，鱼类最多能存活 1 周；悬浮物浓度为 300mg/L 水平，每天做短时间搅拌，使沉淀的淤泥泛起，鱼类能存活 3～4 周。通常认为悬浮物质的浓度在 200mg/L 以下时，不会导致鱼类直接死亡。

5）对养殖生物的影响

疏浚产生的悬浮物造成周围区域水体中悬浮物浓度增加，降低了沿岸高位池养殖、低位池养殖的取水水质质量，进而对养殖生物造成短期不利影响。疏浚后，潟湖内水体交换能力增强，养殖取水水质质量有所改善，有利于养殖生物的生长和人群健康。

综上，虽然疏浚产生悬浮物增量的这种影响是暂时的，可随施工结束而消失，但由于八门湾潟湖及入海河道的整治疏浚方量较大，时间较长，对海洋生物的正常栖息活动干扰也较明显。因此，应合理安排疏浚作业时间，尽量减小悬浮物的扩散范围。

6.4　围垦养殖整治方案研究

6.4.1　围垦养殖整治的必要性

八门湾现有低位养殖池塘 756hm^2，高位池 1350hm^2，总面积 2106hm^2，其中位于红树林保护区内的养殖池塘为 677hm^2。八门湾现有养殖池塘分布见图 6-33，红树林保护区内养殖池塘分布见图 6-34。过度围海养殖使八门湾潟湖的纳潮面积和纳潮量大幅减小，水动力条件减弱，由此导致八门湾潟湖与外海的水体交换速率变缓，水体自净能力下降，水环境容量变小，水质下降，文昌河、文教河河道过水断面减小，导致行洪不畅。同时大量养殖池建设破坏红树林滩涂的自然海岸地貌，在陆地和红树林生长区之间形成隔离带，限制了陆地生态系统和海洋生态系统的物质、能量和信息的交流[39]，进而影响生态系统的自我维持力，带来环境问题。养殖过程中大量使用的抗生素和农药残留排入八门湾，不仅污染了滩涂和海水，还毒杀了害虫天敌，破坏了红树林系统的食物链和食物网。围垦养殖整治对增加八门湾面积和纳潮量、扩大行洪过水断面、改善八门湾生态环境和水环境具有十分重要的作用，是八门湾治理最迫切需要的措施之一。

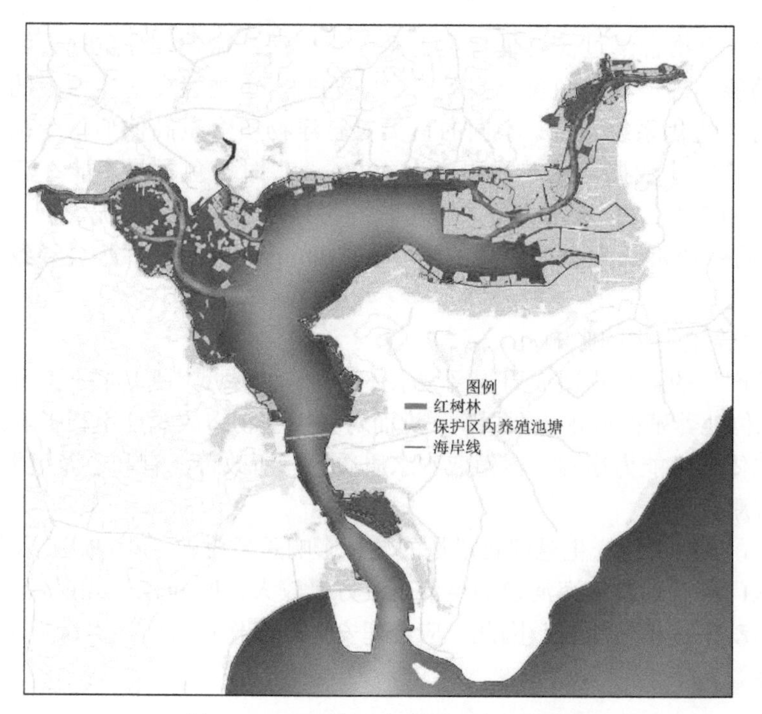

图 6-33　八门湾现有养殖池塘分布图

图 6-34　红树林保护区内养殖池塘分布图

6.4.2　围垦养殖整治方案概述

本次对养殖池塘的整治工程主要包括退塘还林和退塘还湖，共涉及退塘面积 912hm^2，包括低位池 756hm^2，高位池 156hm^2（剩余 1194hm^2 高位池不在此次整治范围内）。由于八门湾养殖池塘多是 20 世纪八九十年代政府鼓励渔民进行围垦的，开展整治工程难度较大。本次围垦养殖整治方案主要从完善八门湾潟湖功能、改善水环境和保护红树林生态资源的角度出发进行设计，暂不考虑退塘的难易程度。

1. 退塘还林工程

1）退塘还林范围

退塘还林工程范围为清澜红树林省级自然保护区（八门湾片区）内全部养殖池塘，面积约 677hm^2。

2）退塘还林方式

退塘还林施工方式分两种：一种是将位于文昌河和文教河河道内、河道两侧及河口处的养殖池塘，用机械完全挖除，恢复自然潮汐，使红树林能够自然恢复生长；另一种是用机械均匀挖破养殖池塘的塘壁和水泥底板，使养殖池内水流自然涨退，清理出宜林地，使红树林能够在塘内外自然生长。

2. 退塘还湖工程

退塘还湖工程范围如下。

（1）海岸线以内红树林保护区范围以外海域范围内的养殖池塘；

（2）位于红树林保护区边缘的部分陆域养殖池塘，为红树林保护区预留一定水域；

（3）位于河道两侧的陆域养殖池塘，退塘还湖后有利于拓宽河道边界。

退塘还湖的面积约为 235hm^2，施工方式为机械挖除塘壁和塘底。

6.4.3　疏浚加退塘工程水动力影响分析

1. 疏浚加退塘工程前后流场变化分析与研究

在疏浚方案基础上增加退塘还林、退塘还海方案后，计算超流场变化情况。疏浚和池塘整治方案增加了水域面积、纳潮面积、水体体积，这些变化体现在落潮流流速比只进行疏浚方案进一步增大。由图 6-35 和图 6-36 可知，八门湾疏浚加退塘工程后，与工程前相比，清澜港潮汐通道内的落潮流速略有增大，平均增

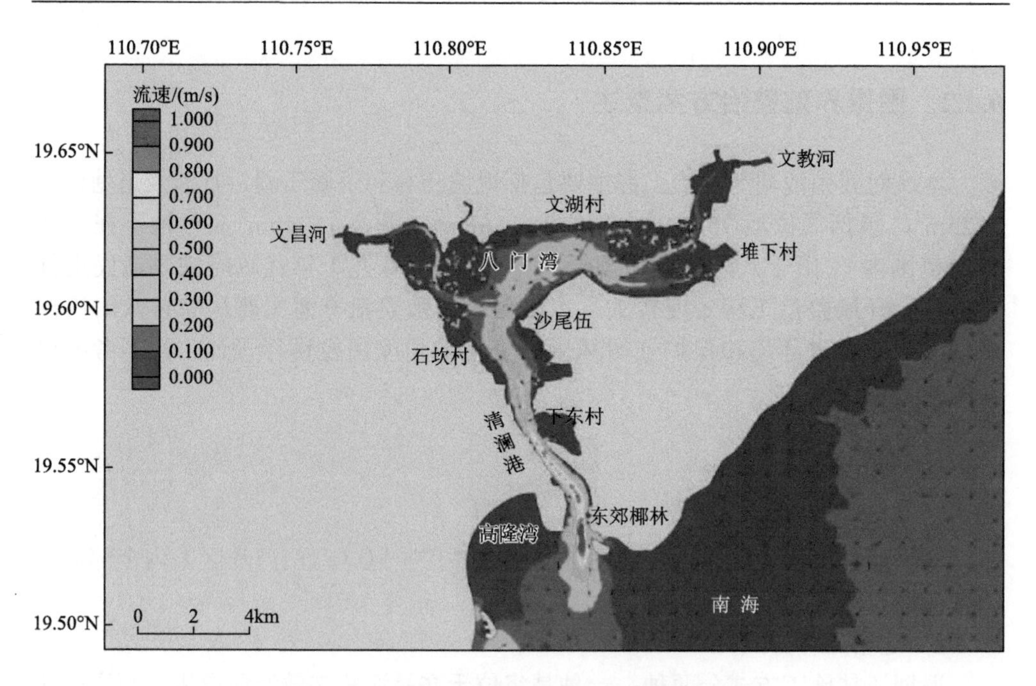

图 6-35　工程后落急流场（疏浚加退塘工程）

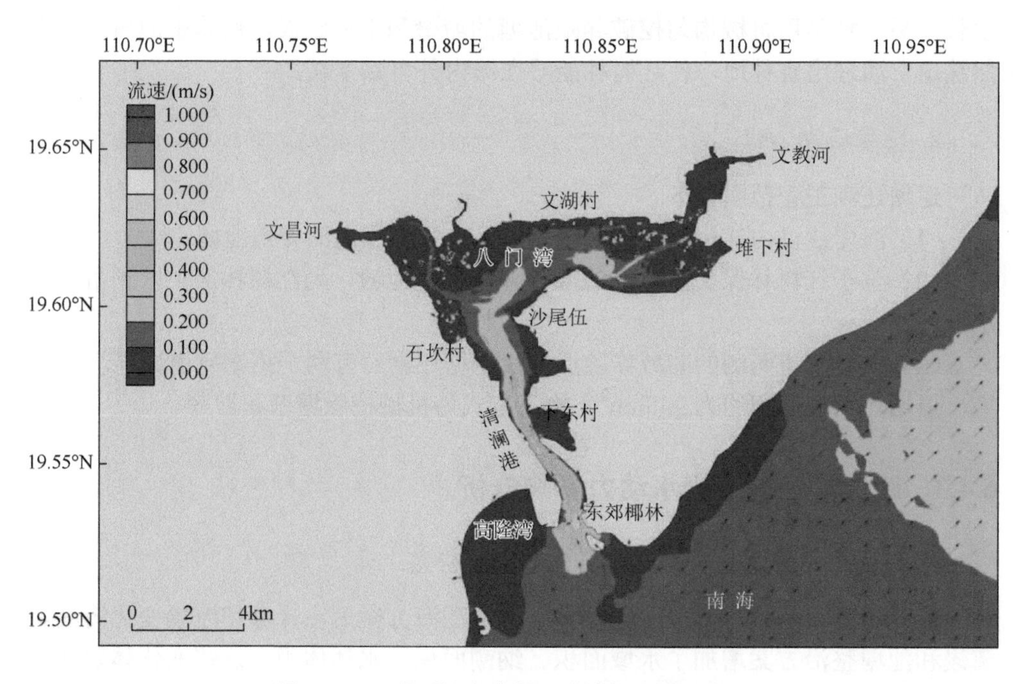

图 6-36　工程后涨急流场（疏浚加退塘工程）

大幅度在 6cm/s 左右，涨潮流速的平均增大幅度在 3cm/s 左右。由此可见，疏浚加退塘工程后八门湾潟湖的纳潮量增加，潮汐通道的水流流速增加，同时也表现为落潮流优势进一步扩大，这有利于维持潟湖的稳定，有利于将潟湖内的泥沙搬运至外海。与单独进行疏浚方案相比，疏浚加退塘工程后清澜港潮汐通道内涨急和落急流速的增幅都加大，这更加有利于维持清澜港潮汐通道的稳定。

从工程前后的流速变化分布图可以看出，落急时刻（图 6-37），清澜潮汐通道的流速增大约 4cm/s，流速增大的区域自沙尾伍至东郊椰林，覆盖了整个清澜潮汐通道。另外，疏浚加退塘工程后的航道处流速最大增幅达到 11cm/s 左右，这与疏浚加退塘工程后滩面流集中于深槽有关。涨急时刻（图 6-38），清澜潮汐通道内的流速也普遍增加 4cm/s 左右，最大增加幅度可达到 8cm/s；疏浚加退塘工程后八门湾内的航道处流速也略有增加，最大增加幅度在 7cm/s 左右。由此可以看出，疏浚加退塘工程后清澜潮汐通道内涨落潮流都增大，其中落潮流的增加幅度更大，这更加有利于泥沙向潮汐通道外输运，即有利于维持清澜潮汐通道的稳定。

通过水动力场的分析可知，疏浚加退塘工程后引起八门湾纳潮量增加，清澜港潮汐汊道涨潮、落潮流速都增大，其中落潮流增幅占优，这使得落潮优势更加显著，这些变化都有利于维持八门湾和清澜港潮汐通道的稳定。

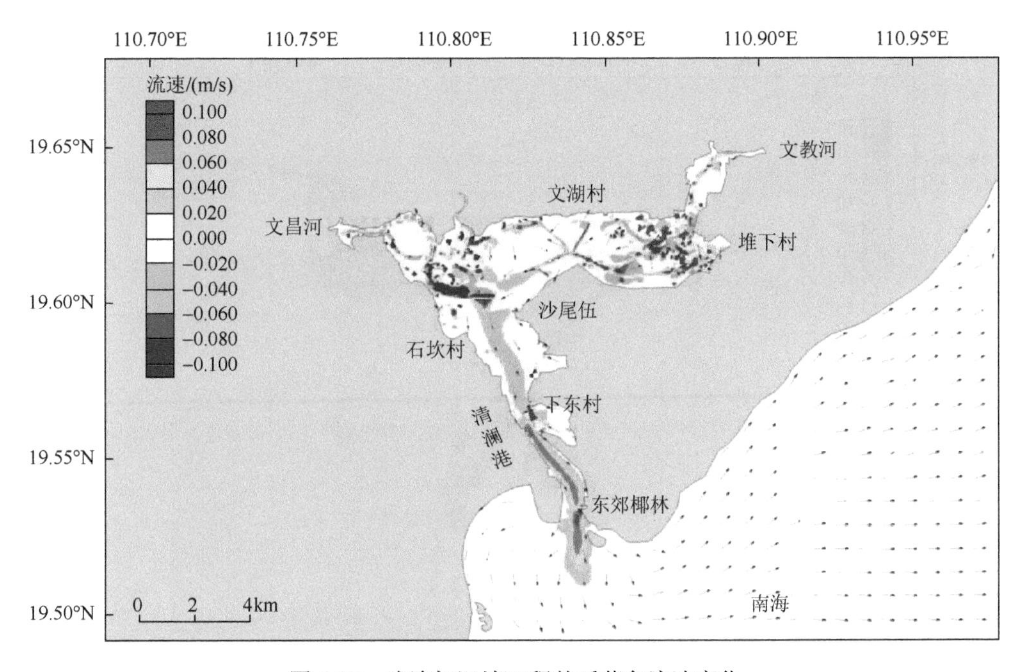

图 6-37　疏浚加退塘工程前后落急流速变化

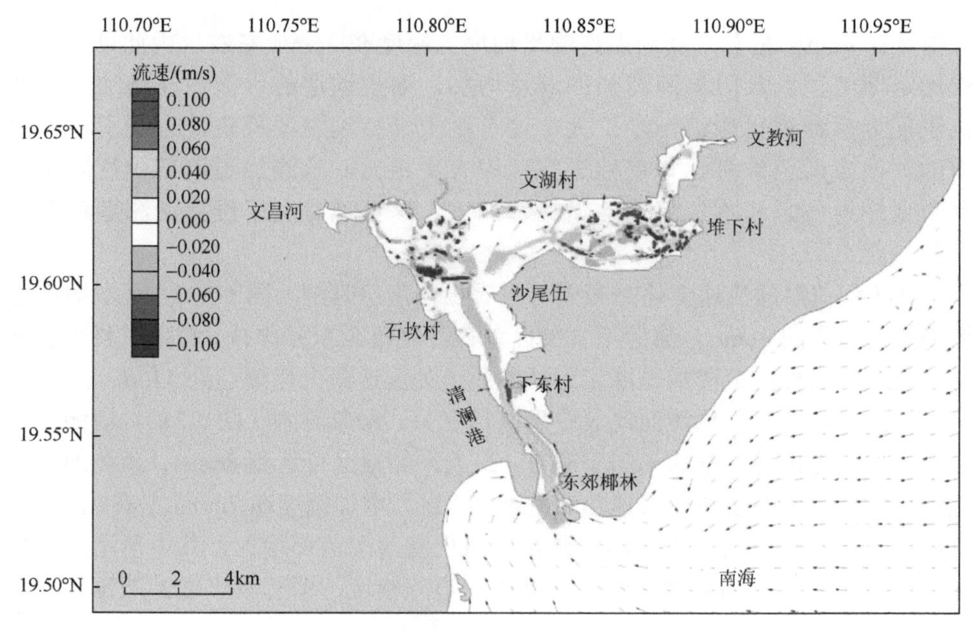

图 6-38 疏浚加退塘工程前后涨急流速变化

2. 疏浚加退塘工程前后水交换能力研究

假设八门湾的保守物质初始浓度为100，外海的保守物质初始浓度为0，计算八门湾内的水交换速率。水交换计算初始浓度场见图6-39。

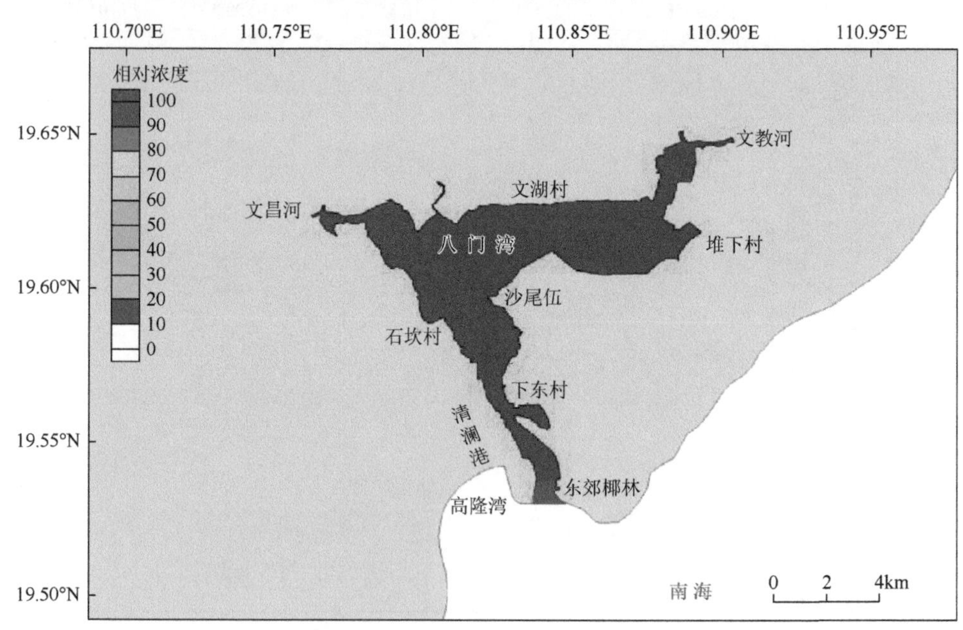

图 6-39 水交换计算初始浓度场

疏浚加退塘工程前，由图6-40可以看出，计算30d以后，清澜港潮汐通道沙尾伍以南水域的相对浓度降到50以下，可见清澜港潮汐通道的水体半交换周期在30d以下。由图6-41可以看出，疏浚加退塘工程后水交换速率大为增加，八门湾潟湖的南部大部分水域相对浓度也下降至80以下，而单单开展疏浚工程后潟湖南部大部分水域相对浓度还在80以上。

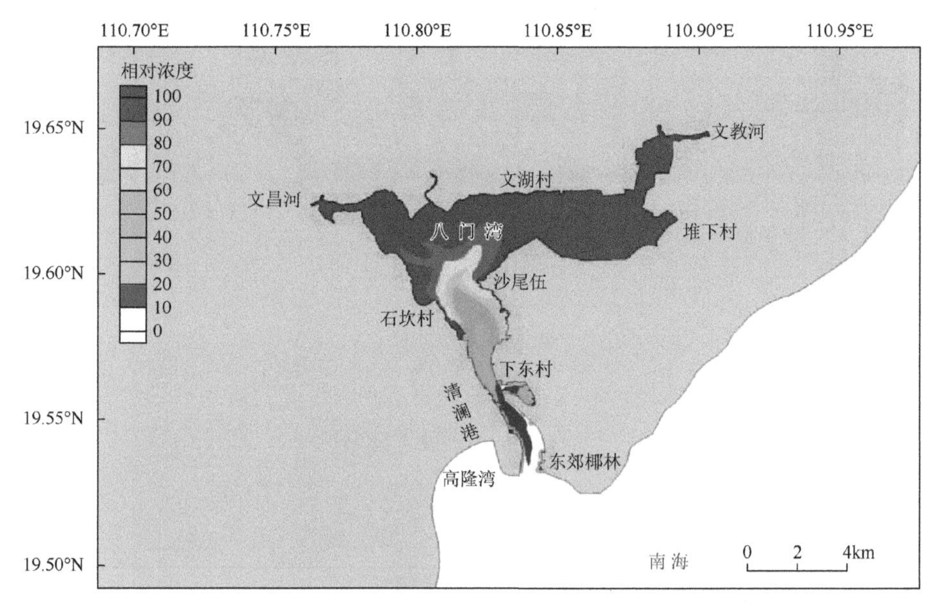

图6-40　计算30d后的相对浓度等值线（疏浚加退塘工程前）

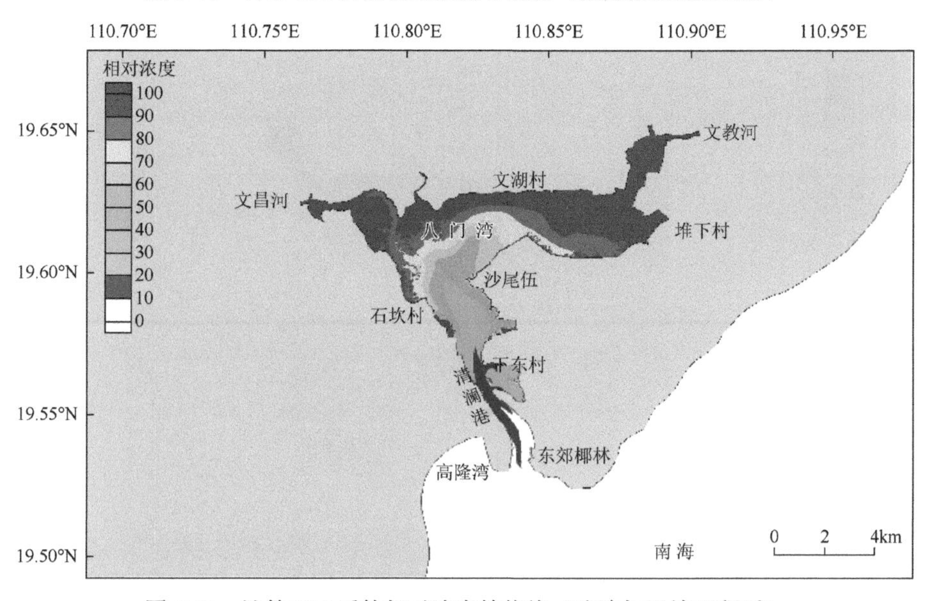

图6-41　计算30d后的相对浓度等值线（疏浚加退塘工程后）

由图 6-42 可以看出，计算 60d 以后，清澜港潮汐通道的相对浓度都降到 40 以下，相对浓度 50 等值线位于石坎村与下东村之间水域。疏浚加退塘工程后（图 6-43）相对浓度为 80 的等值线向内推进至八门湾东部的堆下村附近海域。疏浚加退塘工程比单单进行疏浚工程后的水交换速率大为加快。

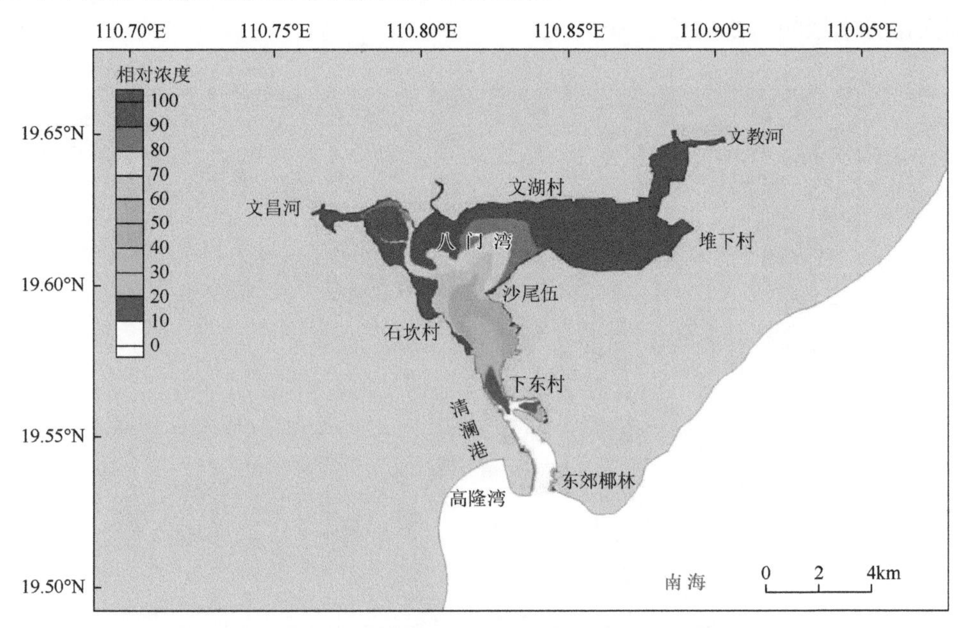

图 6-42　计算 60d 后的相对浓度等值线（疏浚加退塘工程前）

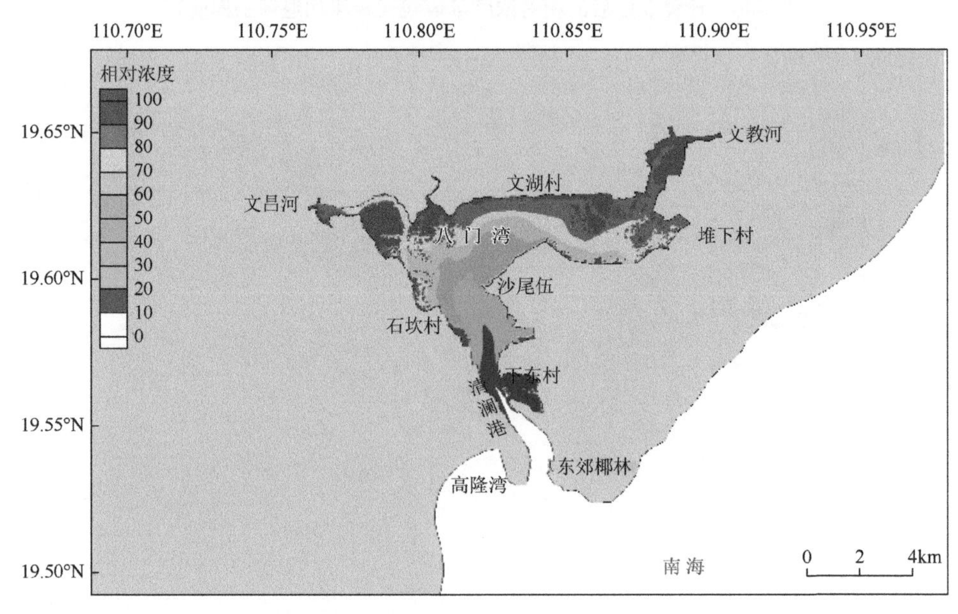

图 6-43　计算 60d 后的相对浓度等值线（疏浚加退塘工程后）

由图6-44可以看出，计算120d以后，清澜港潮汐通道的相对浓度都降到20以下。疏浚加退塘工程后（图6-45）八门湾内大部分水域的相对浓度也下降到50，疏浚加退塘工程后比工程前和单单进行疏浚工程相比，水交换速率也大为加快。

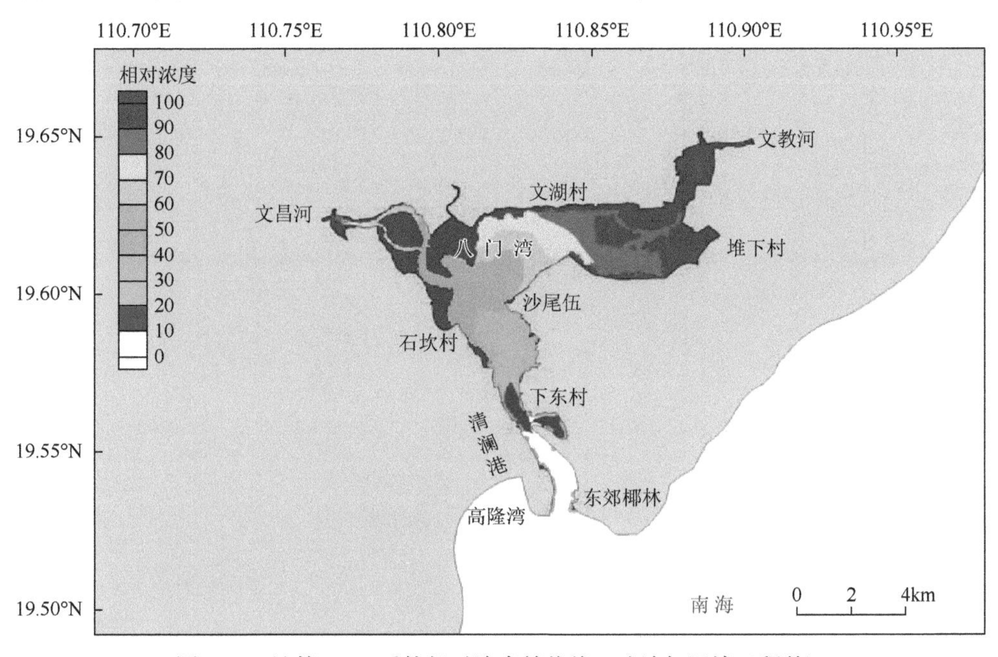

图6-44　计算120d后的相对浓度等值线（疏浚加退塘工程前）

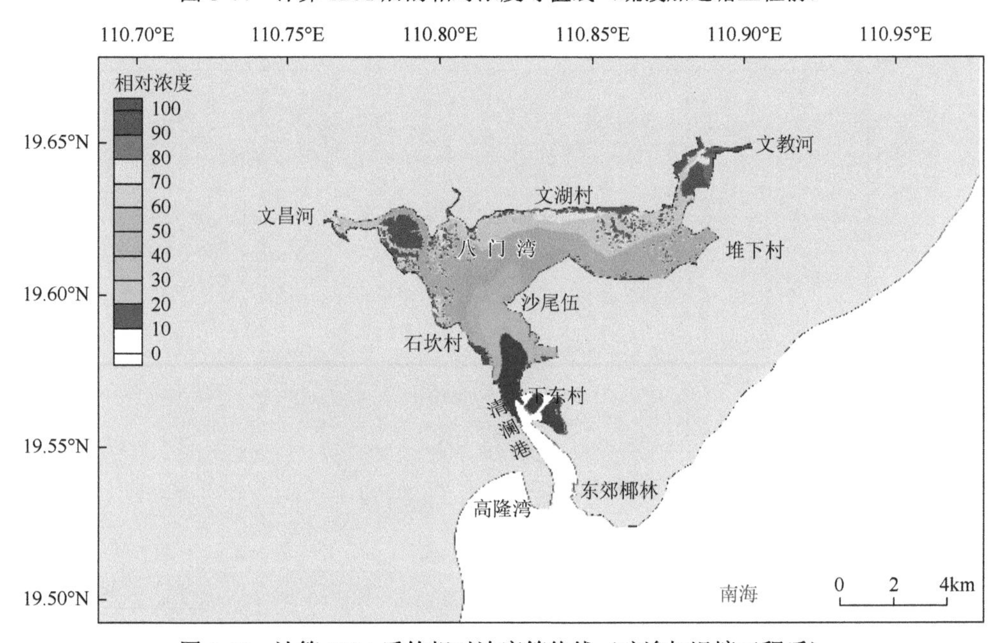

图6-45　计算120d后的相对浓度等值线（疏浚加退塘工程后）

从图 6-46 和图 6-47 可以看出，疏浚加退塘工程后水交换速率大为增加，这主要是八门湾潮汐通道内部分高位池退塘还湖并进行疏浚，导致潮汐通道内的涨潮、落潮流速比工程前和单单进行疏浚工程相比都加快，从而使得八门湾内的水交换速率也大为加快。

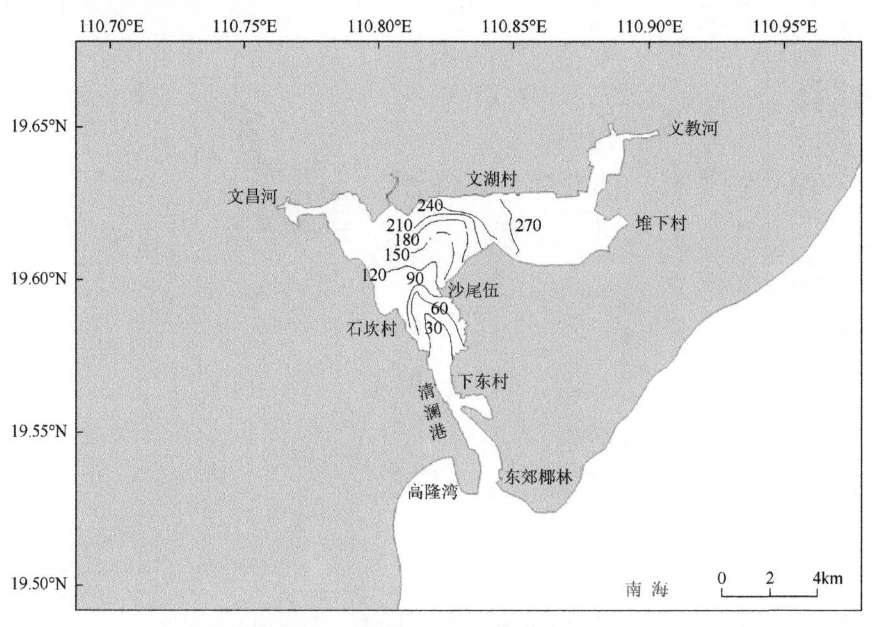

图 6-46 工程前水体半交换周期图

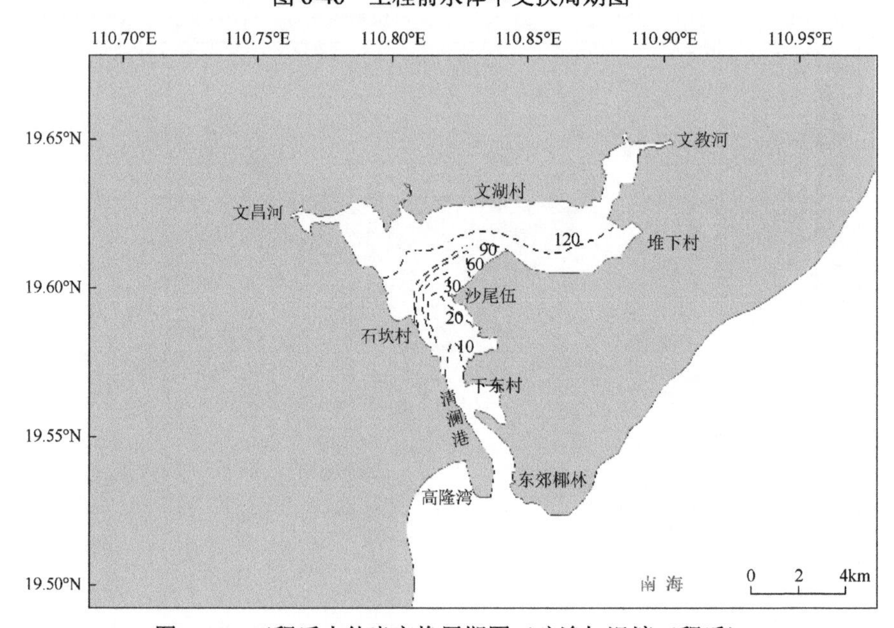

图 6-47 工程后水体半交换周期图（疏浚加退塘工程后）

3. 纳潮量和潮汐汊道稳定性研究

1）纳潮量

根据表 6-5 计算，疏浚加退塘工程后，八门湾纳潮面积增加至 29.68km^2，随之带来的效果是纳潮量增加了 27.4%。这也反映退塘还林或退塘还湖后纳潮面积的增加使得纳潮量随之增加，也使潮汐通道内流速增大，八门湾潟湖内的水交换速率大为加快。

表 6-5　纳潮量计算

工况	纳潮面积/km^2	清澜港口门潮差/m	纳潮量/m^3	增量/m^3	增幅/%
工程前	23.660	0.89	18988410	—	—
疏浚工程后	23.660	0.89	19574880	586470	3.1
疏浚加退塘工程后	29.680	0.89	24351290	5362880	27.4

2）潮汐汊道稳定性分析

疏浚加退塘工程后八门湾潟湖的平均纳潮量增加至 0.02435129km^3，将纳潮量代入公式：

$$A = 8.49 \times 10^{-2} \times P^{0.908} \tag{6-3}$$

得到自然状态均衡条件下的过水断面面积为 2909.8m^2，这要大于现状条件下潮汐通道内最窄处的过水断面面积（2580m^2）。由此可见，工程后的理论过水断面面积将会增加，这有利于维持八门湾潮汐通道的口门宽度。

由此可知，八门湾潮汐通道过水断面面积大于均衡态条件下的过水断面面积，因此在目前情况下，八门湾潮汐通道将缓慢缩窄变浅。疏浚和退塘工程后纳潮量均增加，在自然状态下潮汐汊道平均流速增加，口门宽度将会增加，这有利于维持八门湾和清澜港潮汐汊道的稳定。疏浚加退塘工程后纳潮量增加使口门理论过水断面面积大于现状断面面积，因此口门宽度将会增加，这与工程后潮汐通道内流速增加、水动力增强相一致。

4. 50 年一遇洪水期水位工程前后对比

由表 6-6 可知，八门湾潟湖疏浚加退塘工程实施后，在文昌河和文教河河口，洪水期水位比工程前分别下降 59.3cm 和 83.3cm，可见疏浚加退塘工程实施后与仅开展疏浚工程相比，河口水位进一步下降，这更加有利于行洪。其余各点的水位变化在 5cm 以内，变化幅度较小。

表 6-6　工程前后水位变化　（单位：cm）

对比点	最高水位		差值
	疏浚加退塘工程前	疏浚加退塘工程后	
P1	217.3	158.0	–59.3
P2	90.9	91.9	+1.0
P3	105.1	100.1	–5.0
P4	212.3	129.0	–83.3
P5	87.7	89.0	+1.3
P6	85.4	85.9	+0.5
P7	81.9	82.7	+0.8
P8	78.6	80.6	+2.0

注：“差值”列 + 表示水位增高，–表示水位降低。

6.4.4　养殖池塘整治方案环境影响分析

1. 退塘还林的环境影响分析

红树林是重要的湿地资源，其生态系统与沿海防风减灾、浅海养殖、海洋旅游等密切相关，有着陆地森林不可替代的作用。由于它所发挥的巨大功能日益为人们所认识，保护红树林湿地资源已成为国际社会的共识。国内不少曾经占用滩涂和开挖红树林用于建设养殖池塘的地区，在获得短期的经济效益后，因过度围垦养殖造成水质污染，养殖经济效益急剧下降，这些区域已经逐步开展退塘还林工作，红树林资源的恢复取得了明显成效（图 6-48～图 6-51）。

图 6-48　完全破坏鱼塘堤岸的退塘还林（厦门集美）

图 6-49　造林 4 年后景观（厦门集美）

图 6-50　挖掉部分鱼塘堤岸退塘人工还林（海南东寨港）

图 6-51　鱼塘堤岸决口后红树林自然恢复（海南澄迈花场）

八门湾沿岸几乎被高位池和低位池所占据，毁林挖塘挤占红树林生长空间，使湾内红树林遭到严重破坏，面积减少，造成海岸生态环境恶化，滩涂湿地资源损失，防风减灾能力下降，一定程度上也危害到沿岸居民安全。同时，养殖废水未经处理直接排放，养殖排泄物产生的废物大部分沉降于海底，成为海底沉积物的永久性污染源，造成水体二次污染，导致八门湾潟湖内的红树林大量枯死，养殖污染事故时有发生、养殖效益下降。因此，通过对文昌河和文教河河道内、河道两侧及八门湾沿岸养殖池实施退塘还林，加上河道及潟湖底泥清淤工程的实施，可以增加河道和潟湖水域面积和水体总量，增加八门湾纳潮量，有利于红树林的自然恢复、生长，使红树林的净化水质、促淤保滩、固岸护堤、为海洋生物提供栖息地等功能得以发挥，改善河道、潟湖内水体环境和生态环境。

2. 退塘还湖的环境影响分析

文昌河、文教河上游输沙及河口两侧大规模围垦养殖，造成河道淤积、排洪不畅，水体交换能力下降，水质质量下降。目前八门湾口门外海域水质较好，处于二类海水水质标准，而潟湖内湾的水质污染严重，处于四类海水水质标准。退塘还湖工程实施后，由于河道、潟湖水域面积增加，行蓄洪能力增强，水流加快，水体自净作用增强，同时纳潮量增加，潟湖内湾水体得到稀释，污染程度会有所减轻。

河道泥沙淤积和围垦养殖，使得河道、潟湖水深变浅，水域面积减小，同时依湾而建的高位池采用硬水泥面，破坏了沿岸植被和水生生物赖以生存的基础，水文环境的变化加速了沿岸植物群落向中生植物和旱生植物的演替，固化的水泥面阻止了水域与沿岸植被的水汽循环，不仅使很多陆上植物丧失了生存空间，还使一些水生动物失去了生存、避难地[40]，湿地生态系统遭受严重破坏。退塘还湖工程实施后，可以保障沿岸与水域之间的水分交换和调节功能，红树林、水草、芦苇等水生植被得以恢复，鱼类、鸟类栖息地得到扩大，食源也会得到改善，有利于鱼类资源的恢复及生物多样性的增加，同时还具有一定的抗洪功能，并能增强水体的自净作用，对改善河流及潟湖内湾的水质也具有促进作用。

6.5 侵蚀岸段修复方案研究

6.5.1 侵蚀修复的必要性

清澜港潮汐通道东侧的岸滩侵蚀已经影响到当地居民的生产生活，如不采取有效措施，岸滩侵蚀将进一步加剧，尤其是台风天气将会对岸上居民及设施产生巨大威胁，因此需要一定的防护措施防止岸线进一步侵蚀后退。

6.5.2　侵蚀的原因

根据现场踏勘和当地村民反映，清澜港潮汐通道口东岸面临较严重的侵蚀（图 5-20）。侵蚀原因可能有以下三个：一是清澜港航道疏浚，深槽下切造成过水断面坡度变陡，边滩泥沙向深槽倾塌导致岸滩侵蚀；二是清澜港潮汐通道口门西侧围填海导致落潮流主流方向偏向潮汐通道口门东侧，水流冲刷通道东侧造成岸滩侵蚀；三是自东向西进入清澜港潮汐通道的沿岸输沙变少，使清澜港潮汐通道东侧的泥沙来源消失，间接加剧岸滩侵蚀。

6.5.3　侵蚀海岸修复方案

侵蚀海岸修复防护措施包括人工补沙和修筑海岸工程等，由于该岸段位于潮汐通道，为了减少修复工程对潮汐通道的影响，采用丁坝方式保护岸滩。

丁坝是广泛使用的海滩整治和维护构筑物，其主要功能为保护海滩不受来流直接冲蚀而产生掏刷破坏，同时它也在改善航道、维护海滩以及保护海洋生物生息场多样化方面发挥着作用。丁坝修建后局部地改变了海流流动形态，坝体尾部旋涡的产生、分离和衰减使水流呈强三维紊动特性，相应流动结构十分复杂。用于海岸整治的丁坝，一般有调整流向，改善局部水流流态，或束窄过水断面，增大水深，减缓水面比降，固定边滩等作用。

本方案共设置六条丁坝（图 6-52），每条丁坝长 80m，间距 150m，丁坝呈东北—西南走向，主要为了阻止落潮流对岸滩的冲刷。

6.5.4　方案效果分析

从丁坝工程前后的流场对比图（图 6-53～图 6-58）可以看出，工程前近岸区的潮流流速最大可达到 30cm/s，这足以掀起粉砂质底床沉积物，推移质细砂也可起动。在清澜潮汐汊道西侧岸段多数经过固化工程变成人工岸线后，西侧岸段的泥沙运动几乎停止，而仍处于自然岸线的清澜潮汐汊道东岸则遭受侵蚀。从工程后的水动力场可以看出，由于丁坝对水流的阻挡作用，工程后丁坝之间近岸区的潮流流速都在 10cm/s 以下，水动力已很微弱，泥沙运动也不活跃，因此工程后受侵蚀岸段即可得到有效保护。

图 6-52　清澜潮汐通道防护措施示意图

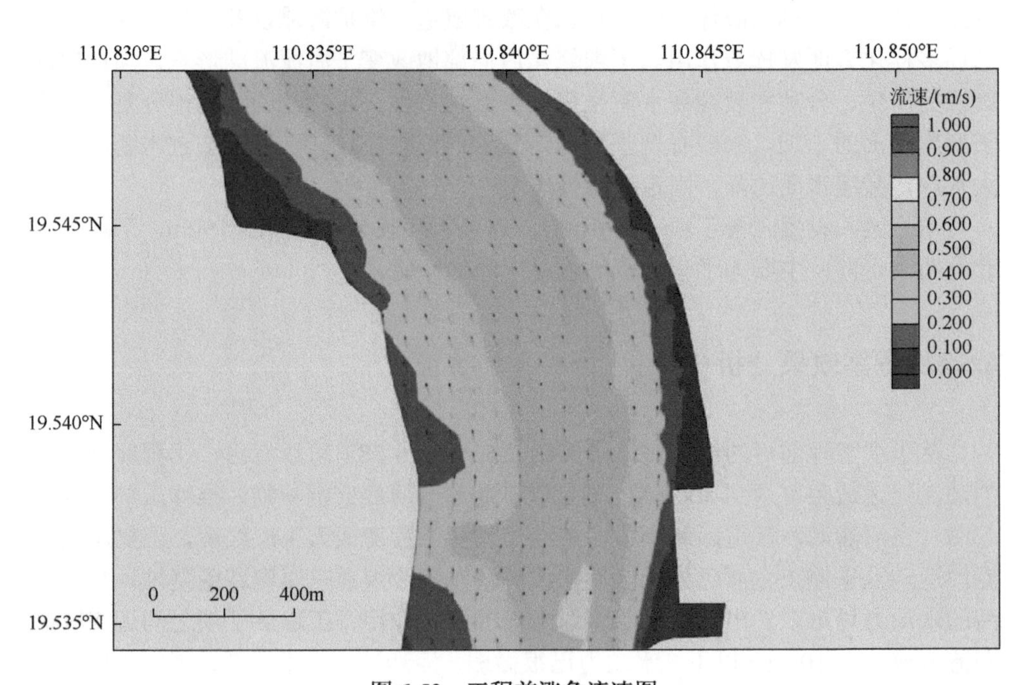

图 6-53　工程前涨急流速图

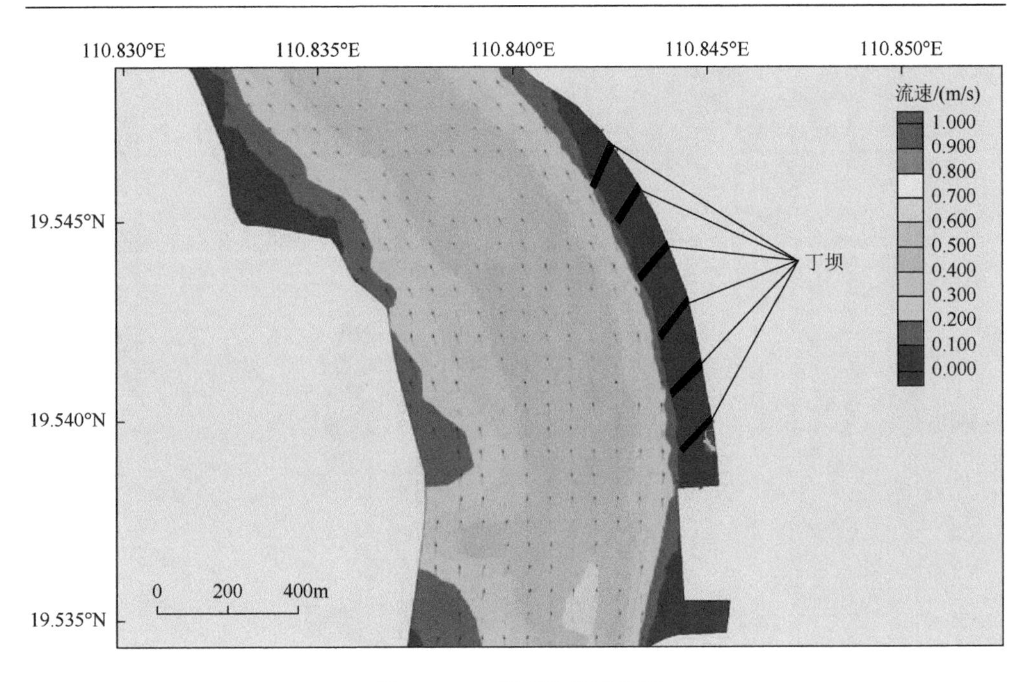

图 6-54　工程后涨急流速图

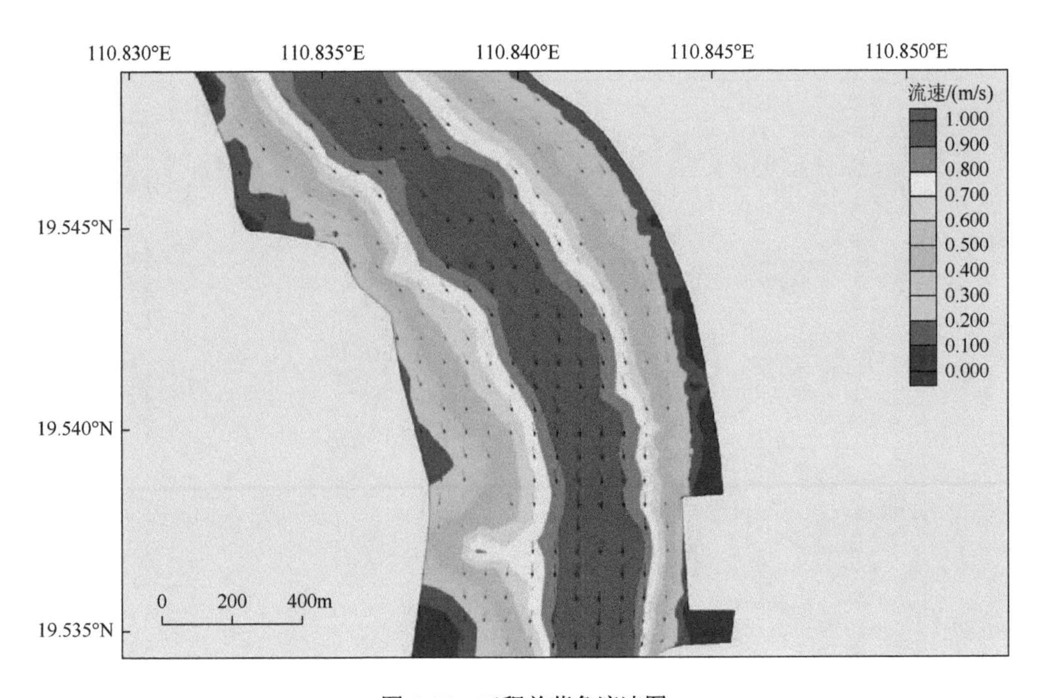

图 6-55　工程前落急流速图

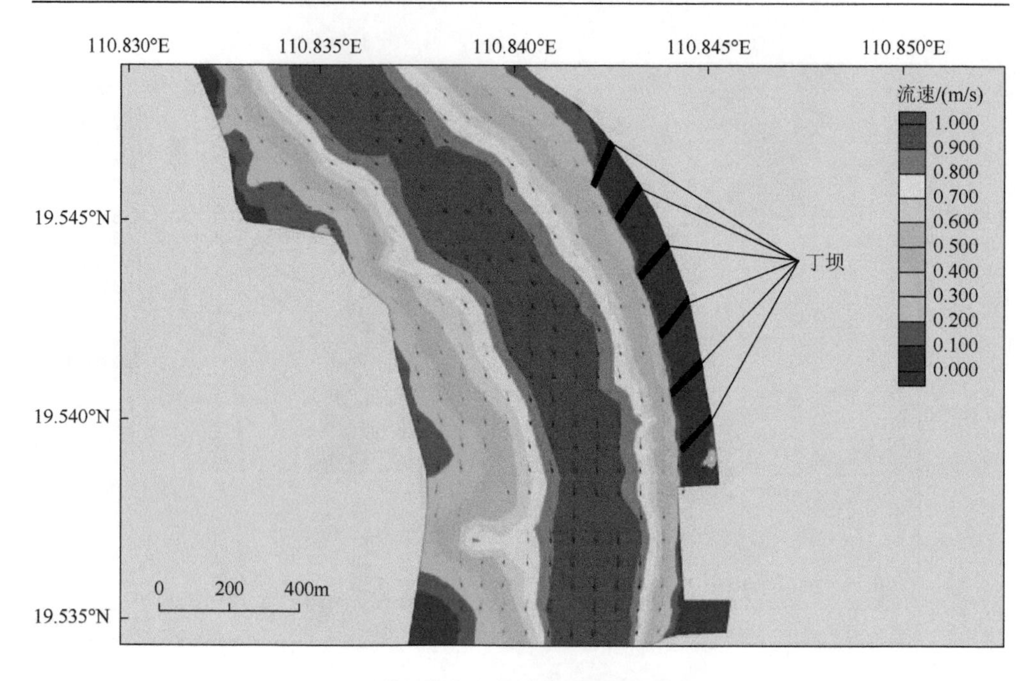

图 6-56　工程后落急流速图

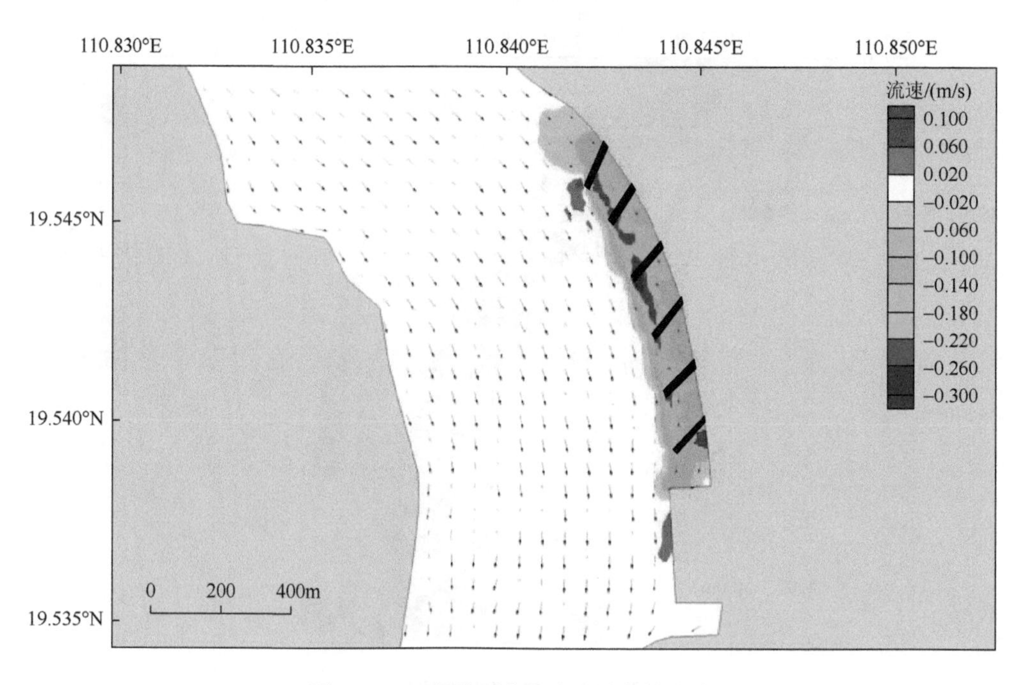

图 6-57　工程前后落急流速改变等值线

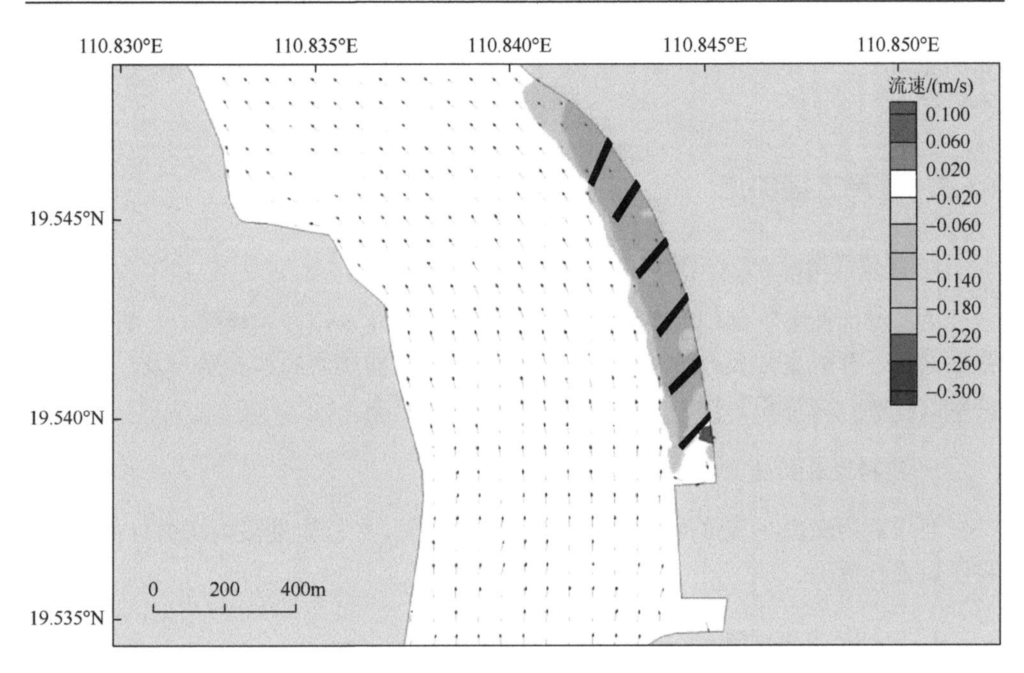

图 6-58　工程前后涨急流速改变等值线

6.6　定置网捕捞整治与渔排改造方案

6.6.1　定置网捕捞整治方案

目前八门湾内湾捕捞定置网数量已明显减少，但仍有部分定置网随意分布，影响船舶通行安全。考虑疏浚方案和清塘方案的可操作性，建议在疏浚和清塘方案开展前，一次性清除全部定置网捕捞设施，待工程建设完成后在适当区域规划定置网捕捞体验区，结合休闲渔业开展捕捞体验活动，但规模不宜过大。

6.6.2　渔排改造方案

根据实地调查，八门湾渔排网箱养殖主要分布在清澜港港口区靠近东郊镇一侧近岸海域及清澜港口门海域，面积 1.15hm^2。根据海南省海洋功能区划，清澜港港口航运区不兼顾渔业和旅游功能，现有养殖渔排对港口航运功能将产生一定影响，因此渔排现状布局不符合海南省海洋功能区划，需对港口区养殖渔排进行清理。

规划对网箱养殖渔排另行选址后，进行标准化改造，改造后的渔排以休闲渔业功能为主，可开展养殖、垂钓、餐饮、娱乐、观光等休闲渔业活动，渔排规模不宜过大。

6.6.3 整治方案实施

1. 宣传动员

由海洋渔业主管部门或整治领导小组牵头，涉及乡镇需积极配合，进村入户张贴通告，开展宣传大会等，做到家喻户晓，争取捕捞渔民和养殖户及广大人民群众的理解、支持和配合，营造整治工作的良好氛围。

2. 捕捞设施拆除

要求捕捞渔民在规定期限内自行拆除捕捞渔具，在规定期限内未自行拆除的，将予以强行拆除。

3. 渔排标准化改造

规划制订渔排标准化改造方案，并统一安排部署实施。

6.6.4 方案实施的环境影响分析

八门湾潟湖中部定置网网具数量较多，网目小，对八门湾渔业资源造成严重破坏，导致渔获物呈小型化、低值化趋势。同时，潟湖内定置网捕捞设施的屏障效应使水体流速降低，造成水动力交换更加缓慢，影响营养物质的输入和污染物的输出，使陆源污染物得不到及时稀释扩散而滞留在潟湖内，造成潟湖内湾水域水体环境恶化[41]。

口门附近海域的渔排网箱养殖设施的屏障效应，同样使水体流速降低，不利于污染物的稀释扩散。同时，养殖残饵、排泄废物、有机碎屑等富集在沉积物中，容易造成底质环境恶化，可能对水体环境造成二次污染。

八门湾潟湖内的定置网清除、口门附近的渔排网箱养殖标准化改造后，可以使水流加快，利于污染物的稀释扩散，改善潟湖内水体环境质量和八门湾海岸景观环境，促进渔业资源的恢复。

6.7 小　　结

（1）八门湾潟湖水域面积和纳潮量减小、潮汐汊道过水断面面积缩窄、水质下降、红树林面积减小等各种问题产生的主要原因是过度的人类开发活动。

（2）疏浚工程后落急时刻清澜潮汐通道的流速增大约 3cm/s，涨急时刻的流速基本无变化，即变化幅度小于 2cm/s；疏浚工程后清澜潮汐通道内工程前后涨潮流基本不变，而落潮流增大，这有利于泥沙向潮汐通道外输运，即有利于维持清澜潮汐通道的稳定。疏浚加退塘工程后落急时刻清澜潮汐通道的流速增大约 6cm/s，涨急时刻流速增大约 3cm/s，落潮和涨潮流都增强，而且落潮流增幅比涨潮流增幅大，使得落潮优势更加明显，这与只开展疏浚工程相比更加有利于维持潮汐通道的稳定。

（3）疏浚工程前后清澜港潮汐通道内的水体交换速率增加，水动力增强，水流流速加快，有利于潮汐通道与外海的水体交换，清澜港潮汐通道内石坎村与沙尾伍连线水域的半交换周期在 90d 左右。八门湾潟湖内，疏浚工程前后的水体半交换周期并未加快，这是由于疏浚后八门湾潟湖内的水体总量增加，即使单次涨落潮引起的水体交换量加快，但单次涨落潮引起的水体交换率略微下降，由此造成八门湾潟湖内的水交换速率减缓。疏浚工程后八门湾潟湖内文湖村以东水域的半交换周期在 330d 以上。整体上疏浚工程后的水体交换速率变缓，出现这一现象的原因是疏浚工程的实施，使八门湾潟湖内的水体总量增加，虽然单个潮周期内的水体交换量也同时增加，但增长速率比水体总量增加率小，因此，八门湾潟湖内的水体半交换周期变长，而清澜港潮汐汊道的水体半交换周期变短。因此，八门湾潟湖内的水体半交换周期变长，而清澜港潮汐汊道的水体半交换周期变短。与疏浚工程前后相比，疏浚加退塘工程后潮汐通道内水动力增强，水流流速加快，这也使八门湾潟湖内的水交换速率大为加快，八门湾内水体半交换周期的时间大为缩短。

（4）疏浚工程后纳潮量增加 3.1%。在目前情况下，八门湾潮汐通道将缓慢缩窄变浅。疏浚工程后纳潮量增加，在自然状态下潮汐汊道平均流速增加，口门宽度将会增加，这有利于维持八门湾和清澜港潮汐汊道的稳定。疏浚加退塘工程后纳潮面积扩大，纳潮量增加 27.4%，工程后潮汐通道的理论平衡过水面积要大于现状条件下的过水断面面积，这表明疏浚加退塘工程将更加有利于维持潮汐通道的水深。

（5）疏浚工程后的理论过水断面面积将会增加，这有利于维持八门湾潮汐通道的口门宽度。

（6）疏浚工程后八门湾内的平均盐度上升了 0.3‰左右。

（7）疏浚工程后文昌河和文教河河口洪水期水位比工程前分别下降 33.7cm 和 37.6cm，疏浚加退塘工程后文昌河和文教河河口洪水期水位比工程前分别下降 59.3cm 和 83.3cm，可见疏浚工程有利于泄洪，疏浚加退塘工程更加有利于洪水下泄。

（8）清澜潮汐汊道东侧受侵蚀的原因有航道开挖、落潮流主流向东偏转和沿岸输沙被拦截，可以采取修筑丁坝的方式防止落潮流对岸滩的侵蚀以保护岸滩，也可对岸线进行加固修建顺岸式码头在开发中保护岸线。

（9）疏浚加退塘工程可以改善河道、潟湖内水体环境和生态环境，使红树林、水草、芦苇等水生植被得以恢复，鱼类、鸟类栖息地得到扩大且食源得到改善，有利于鱼类资源的恢复及生物多样性的增加。

（10）八门湾潟湖内的定置网清除、口门附近的渔排网箱养殖标准化改造后，可以使水流加快，利于污染物的稀释扩散，改善潟湖内水体环境质量和八门湾海岸景观环境，促进渔业资源的恢复。

第7章　八门湾潟湖适度利用方案与建议

随着八门湾内湾疏浚工程的开展，河道及内湾水深可达–2.0～–3.0m，能满足游艇、游船通航需求，可根据八门湾海洋资源状况和社会经济发展需要，结合八门湾环境整治适度开展娱乐休闲和观光活动。

根据《海南海洋生态红线区选定报告》，八门湾内的文昌清澜港红树林海洋保护区（八门湾片区）的核心区和缓冲区为禁止红线区，区内不得建设任何生产设施，无特殊原因禁止任何单位或个人进入，开发活动遵守《中华人民共和国自然保护区条例》和《海洋特别保护区管理办法》的相关制度；文昌清澜港红树林海洋保护区（八门湾片区）的实验区为一级限制红线区，开发活动遵守《中华人民共和国自然保护区条例》和《海洋特别保护区管理办法》的相关制度；其他海域为二级限制红线区，禁止围填海等改变海域自然属性、设置直排排污口等破坏潟湖生态功能的开发活动，合理控制潟湖内养殖规模，严格控制沿岸高位池养殖废水直排进入潟湖，保护入海河口的正常泄洪功能。

依据生态红线管控要求，结合八门湾生态环境综合整治工程，提出八门湾适度休闲观光活动规划建议，逐步将其建设成为八门湾生态旅游区、国家级海洋公园。鉴于该报告核心任务是提出八门湾综合整治方案，开发利用方案只做到总体框架和功能布局，不做具体规划设计，旨在为后续深入规划设计和具体实施建设提供思路和指南。

7.1　适度利用规划方案建议

7.1.1　捕捞体验区

为了便于在八门湾开展休闲渔业活动，在内湾布局捕捞体验区，使游客可以尝试渔民捕捞作业方式及亲身体验捕捞渔获物的感觉。

1. 捕捞体验区布局考虑的因素

（1）从渔业资源的角度考虑，鱼类洄游通道处和红树林周边渔业资源较为丰富，适宜开展捕捞体验活动。

（2）规划布局在二级限制红线区内，禁止红线区和一级限制红线区不进行布局规划。

（3）应避开排洪通道区域，以免对八门湾排洪功能产生影响，也避免洪水期排洪对捕捞设施的破坏。

（4）避开船舶航道区，保障通航安全。

2. 捕捞体验区的布局方案

在内湾靠近文教河河口处规划定置网捕捞体验区，规模不宜过大，可布置2～4口正规的网具，面积控制在1.5hm^{2}范围内。

3. 捕捞网具

捕捞体验网具采用抬网模式，即用10m×10m的尼龙网片四角固定，并配有4个滑轮，固定于水中，网目尺寸不宜过大。

4. 捕捞体验方案

改造5～10艘小马力渔船作为捕捞体验船，培训20名转产转业的渔民，作为捕捞体验服务人员，将渔业捕捞、游览观光、渔业知识普及教育有机结合，让游客直接参与传统捕捞作业，使其在和渔民一起坐渔船、拉渔网、尝海鲜的过程中，亲身体验海上渔民生活的乐趣。

7.1.2 标准化渔排网箱养殖体验区

1. 渔排布局考虑的因素

（1）根据网箱养殖的特点，渔排应选择在水流条件适宜的水域，应有较强的水交换能力。

（2）渔排网箱养殖和休闲渔业的开展对水环境将造成一定程度污染，因此，渔排不宜布局在保护区范围内。

（3）渔排网箱养殖对海上航行安全有一定影响，根据海南省海洋功能区划，清澜港港口航运区不兼顾渔业和旅游功能，因此渔排不得布局在清澜港航道区。

（4）渔排适宜布局在清澜港农渔业区，但应避开渔业基础设施区、航道区和锚地区。

（5）渔排规划布局在二级限制红线区内，禁止红线区和一级限制红线区不进行布局规划。

（6）渔排布局区水深应达–1.5～–2.0m。

2. 渔排布局方案

综合考虑上述因素，规划渔排网箱养殖体验区位于清澜港农渔业区靠近东郊镇一侧，清澜跨海大桥两侧，规模控制在 20～30 座。目前，该区域水深为–1.0m 左右，布局方案通过后可对区域水深疏浚至–2.0m 后统一布局实施。

3. 渔排模式

将原有渔排改造建设成标准化休闲渔排（图 7-1），开展垂钓、餐饮、娱乐等休闲活动。应从休闲平台、休闲网箱、护栏、走廊、浮具、承载设计等方面考虑设计建造休闲渔排，对厨房、卫生间污水处理装置、固体垃圾桶等做出规定，在防风、固泊、用电用水安全、雷电防护、防火、救生等方面提出要求。

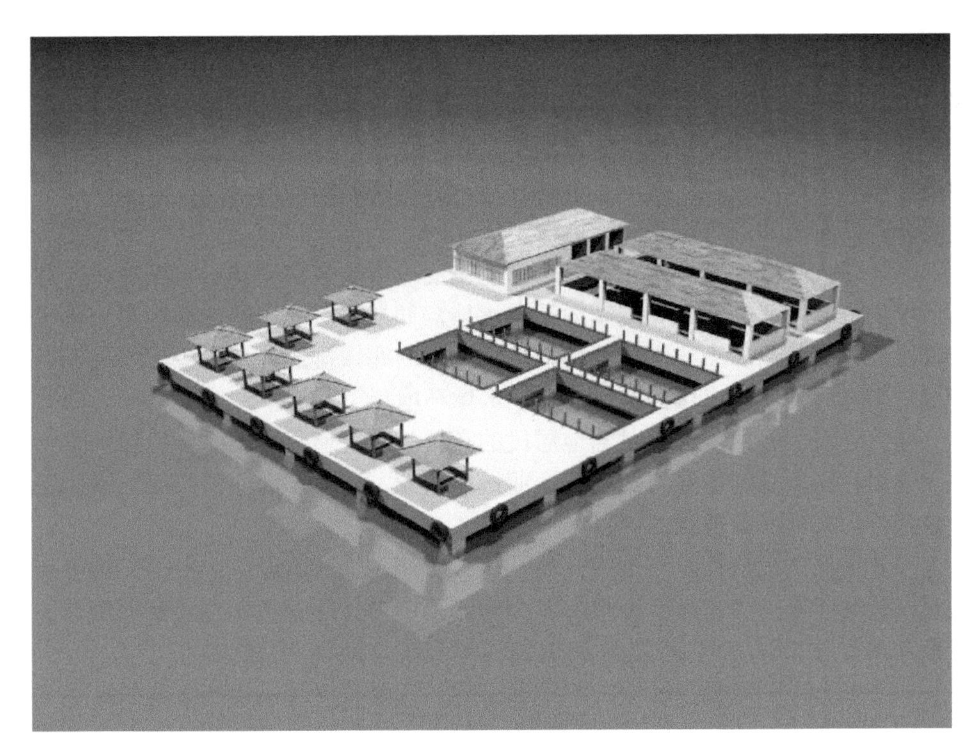

图 7-1　标准化休闲渔排示意图

7.1.3　水鸟观赏与投喂区

在适宜区域布置一些园路、木栈道、景亭、生态净化池、鸟巢和服务房等，在材料选择上采用风格统一、易融于环境的天然材料，如木材、石材等，同时在造型设计上也要贯彻生态节能的理念，在符合现代审美要求的基础上尽量减少能源消耗[42]。游客可在该区域开展水鸟观赏、拍照和投喂等体验性活动。

7.2　问题与建议

本章只针对八门湾现存问题提出海洋工程方面的整治措施，并对工程措施进行效果校验。陆域截污工程和海洋管理措施只作为建议提出，建议有关部门进行深入研究。

（1）八门湾行洪安全最大的症结在于潮汐通道和口门狭窄，然而潮汐通道两侧也是八门湾开发程度最高的区域，近期拓宽口门和潮汐通道的可能性较小，导致整治方案对洪水期水位控制作用有限。如政府部门能加大力度对潮汐通道和口门进行拓宽，八门湾整治效果将更加明显。

（2）大量未经处理的城镇生活污水、工业废水直接排入文昌河、文教河，最终进入八门湾内，已对湾内水体环境造成了污染，使生态环境遭受破坏。建议政府部门加快八门湾一带市政污水管网的建设，对未经处理直排入文昌河、文教河的废污水实施截污，减少入湾污水排放量，并提高城市污水处理厂脱氮脱磷等处理能力，以避免八门湾水体环境进一步恶化。

（3）建议政府部门加强对八门湾沿湾生活垃圾的收集、转运设施建设，避免生活垃圾直接堆放在河道和潟湖内污染水体，并加强对清澜港、渔港船舶排污的监督管理，严禁船舶废物未经处理直接在潟湖内海域排放，从源头上控制各类废污水、固体废物排放，保护八门湾潟湖水体环境。

（4）建议政府部门加强对当地居民的宣传教育，增强居民的环境保护意识，自觉使用合法合规的作业方式进行渔业捕捞作业，同时，渔业部门应加强监管，促进八门湾海域渔业资源的恢复。

（5）退塘工程只针对海岸线向海一侧。陆域高位池清退工作根据文昌市人民政府办公室印发的《文昌市海岸陆域 200 米范围内鱼虾塘和养殖场专项清理工作实施方案》，由文昌市自然资源和规划局牵头统一清理和规划。

参 考 文 献

[1] 姜来想. 1973～2009 年山东半岛沿岸潟湖遥感监测与变迁分析[D]. 青岛：国家海洋局第一海洋研究所，2010.

[2] 王琦，朱而勤. 海洋沉积学[M]. 北京：科学出版社，1989.

[3] 罗章仁. 海南岛现代海岸地貌[J]. 热带地理，1986，7（1）：65-74.

[4] 孙伟富，张杰，马毅，等. 1979～2010 年我国大陆海岸潟湖变迁的多时相遥感分析[J]. 海洋学报，2015，37（3）：54-69.

[5] 汪秀丽. 国外典型河流湖泊水污染治理概述[J]. 水利电力科技，2005，31（1）：14-23.

[6] 覃永晖，于小俸. 环洞庭湖区村镇水生态系统的问题分析与整治对策[J]. 中国农业资源与区划，2010，31（5）：6-11.

[7] 朱威，徐雪红. 东太湖综合整治规划研究[M]. 南京：河海大学出版社，2011.

[8] 李辉解. 城市湿地生态修复与景观规划研究：以厦门五缘湾湿地公园为例[J]. 福建热作科技，2011，36（3）：38-41.

[9] 杨灿朝，蔡燕，梁伟. 海南岛各主要林区雨季鸟类多样性[J]. 动物学杂志，2009，44（2）：108-114.

[10] 崔金瑞，夏东兴. 山东半岛海岸地貌与波浪、潮汐特征的关系[J]. 黄渤海海洋，1992，30（3）：20-25.

[11] 吴瑞，王道儒. 海南省海草床现状和生态系统修复与重建[J]. 海洋开发与管理，2013，（6）：69-72.

[12] Bruun P. Sea-level rise as a cause of shore erosion[J]. Journal of the Waterways and Harbors Division，1962，88：117-130.

[13] 李春初，罗宪林，张镇元，等. 粤西水东沙坝潟湖海岸体系的形成演化[J]. 科学通报，1986，（20）：1579-1586.

[14] 李春初. 滨面转移与我国沉积性海岸地貌的几个问题[J]. 海洋通报，1987，6（1）：69-73.

[15] 任景玲，姜喆，张桂玲，等. 海南万泉河、文昌/文教河河口溶解态铝的分布及季节差异[J]. 中国海洋大学学报（自然科学版），2011，41：283-290.

[16] 葛晨东，Slaymaker O，Pedersen T F. 海南岛万泉河口沉积环境演变[J]. 科学通报，2003，48（19）：2079-2083.

[17] 葛晨东，王颖，Pedersen T F，等. 海南岛万泉河口沉积物有机碳、氮同位素的特征及其环境意义[J]. 第四纪研究，2007，27（5）：845-852.

[18] 王世俊，李春初，田向平. 海南岛小海沙坝-泻湖-潮汐通道体系自动调整及恶化[J]. 台湾海峡，2003，22（2）：248-253.

[19] 龚文平，陈明和，温晓骥，等. 海南陵水新村港潮汐汊道演变及其稳定性分析[J]. 热带海洋学报，2004，23（4）：25-32.

[20] 林卫海，梁振辉. 海南东寨港国家级保护区红树林湿地资源保护中存在问题的探讨[J]. 热带林业，2013，41（3）：20-22.

[21] 李志强，杜健航，刘长华，等. 徐闻大井码头工程对流沙湾潟湖口门冲淤的影响[J]. 广东海洋大学学报，2013，33（6）：67-71.

[22] 李宣廷，赵辰光. 基于 SWOT-AHP 模型对智慧城市的 PPP 建设模式研究[J]. 智能城市，2019，5（4）：1-4.

[23] Cadée G C，Hegeman J. Primary production of the benthic microflora living on tidal flats in the Dutch Wadden Sea[J]. Netherlands Journal of Sea Research，1974，8（2-3）：260-291.

[24] 韩新，曾传智. 清澜港（八门湾）自然保护区红树林调查[J]. 热带林业，2009，37（2）：50-51.

[25] 孙蕴婕，吴莹，张经. 海南八门湾红树林柱状沉积物中有机生物标志物的分布和降解[J]. 热带海洋学报，2011，30（2）：94-101.

[26] 王芳，栾乔林，过建春. 发展农业循环经济促进海南农业可持续发展[J]. 中国集体经济，2008，（24）：11-12.

[27] 严竹青. “品清湖”水污染状况调查及防治措施[J]. 科技信息（学术版），2006，（1）：25，27.

[28] 文昌市统计局. 2015 年文昌市国民经济和社会发展统计公报[R]. 2016.

[29] 周诗萍，戴垂武，唐真正，等. 儋州市沿海基围湿地红树林现状及发展对策[J]. 热带林业，2002，30（4）：30-31，29.

[30] 郑向荣，李燕，张海鹏，等. 河北沿海大型水母生物量调查[J]. 河北渔业，2014，（1）：15-18，42.

[31] 孙松，于志刚，李超伦，等. 黄、东海水母暴发机理及其生态环境效应研究进展[J]. 海洋与湖沼，2012，43（3）：401-405.

[32] 孙松. 水母暴发研究所面临的挑战[J]. 地球科学进展，2012，27（3）：257-261.

[33] 孙松，苏纪兰，唐启升，等. 全球变化下动荡的中国近海生态系统[EB/OL]. (2010-03-11) [2022-04-30]. http://www.cas.cn/ xw/zjsd/201003/t20100311_2795422.shtml.

[34] 孙松. 对黄、东海水母暴发机理的新认知[J]. 海洋与湖沼，2012，43（3）：406-410.

[35] 程家骅，李圣法，丁峰元，等. 东、黄海大型水母暴发现象及其可能成因浅析[J]. 现代渔业信息，2004，19（5）：10-12.

[36] 岑竞仪，欧林坚，吕淑果，等. 海南清澜港水母暴发期间浮游生物生态特征研究[J]. 海洋与湖沼，2012，43（3）：595-601.

[37] 荆雷. 长江口深水航道治理工程环境保护研究[J]. 水运工程，2008，（10）：259-263，275.

[38] 王志勇，杨细根，李皑菁. 天津港北大防波堤围海造陆工程建设对生态环境和渔业资源影响[C]. 第十二届中国海岸工程学术讨论会论文集，2005：714-718.

[39] 罗嘉佳，郑国权. 广东省海堤加固达标工程规划实施对红树林的影响及对策分析[J]. 广东水利水电，2012，（6）：18-20.

[40] 陈克坚，金腊华，申小艾，等. 深圳市福田河水环境综合整治工程研究[J]. 环境科学与技术，2006，29（4）：56-57，73.

[41] 汕尾市海洋与渔业局. 汕尾市品清湖综合治理规划[R]. 2010.

[42] 俞志成. 城市湿地生态修复与景观规划研究：以厦门五缘湾湿地公园为例[J]. 数位时尚（新视觉艺术），2012，（3）：39-41.